职业院校教学用书（电子类专业）

电工电子类专业技能大赛实战丛书

电子产品装配与调试

张天富　主　编

张悦旺　副主编

电子工业出版社

Publishing House of Electronics Industry

北京·BEIJING

内 容 简 介

本书根据现代电子产品制造生产一线技术岗位如电子产品装配岗位、SMT 岗位和电子产品调试、检验等岗位所需知识和技能，制定了具体的工作任务，通过任务的具体实施，培养电子产品装配、测量与调试、检测三项核心能力。

本书结合社会经济发展对中职人才培养的要求，以及近几年中等职业教学的实际情况，精心策划了电子产品装配与调试的项目，包括直流稳压电源电路、OTL 功率放大电路、声光控楼道灯电路和数字显示抢答器电路的安装；直流稳压电源电路、音频功率放大电路、数字显示抢答器电路和循环灯控制器电路的测量与调试；直流稳压电源电路、音频功率放大电路、声光控楼道灯电路和数字显示抢答器电路的检测以及综合训练（音频功率放大器电路、充电器和稳压电源两用电路、环境湿度控制器电路和波形检测与报警电路）四部分内容。

本书可作为中等职业学校及技工学校电子类专业的教学用书，技能大赛赛前训练用书，也可作为高职院校实训教材以及相关专业工作人员自学与参考用书。

图书在版编目（CIP）数据

电子产品装配与调试 / 张天富主编. —北京：电子工业出版社，2012.9

（电工电子类专业技能大赛实战丛书）

职业院校教学用书. 电子类专业

ISBN 978-7-121-18130-6

Ⅰ. ①电…　Ⅱ. ①张…　Ⅲ. ①电子产品－装配（机械）－中等专业学校－教学参考资料②电子产品－调试－中等专业学校－教学参考资料　Ⅳ. ①TN

中国版本图书馆 CIP 数据核字（2012）第 205920 号

策划编辑：杨宏利　　yhl@phei.com.cn
责任编辑：杨宏利　　特约编辑：赵红梅
印　　刷：北京虎彩文化传播有限公司
装　　订：北京虎彩文化传播有限公司
出版发行：电子工业出版社
　　　　　北京市海淀区万寿路 173 信箱　　邮编　100036
开　　本：787×1 092　1/16　印张：17.75　字数：454.4 千字
版　　次：2012 年 9 月第 1 版
印　　次：2024 年 7 月第 19 次印刷
定　　价：34.50 元

凡所购买电子工业出版社图书有缺损问题，请向购买书店调换。若书店售缺，请与本社发行部联系，联系及邮购电话：（010）88254888，88254888。

质量投诉请发邮件至 zlts@phei.com.cn，盗版侵权举报请发邮件至 dbqq@phei.com.cn。

本书咨询联系方式：（010）88254592，bain@phei.com.cn。

前　言

《电子产品装配与调试》课程旨在培养电子类专业学生职业岗位群的职业能力，即熟练地检测电子元器件，熟练地焊接与安装电子产品，熟练地使用常规的仪器设备对电路进行测量与调试，能对电子产品进行检测与维护，具有基本的识图和读图能力。

本书以基于"任务引领、工作过程导向"的职业教育思想为指导，以电子产品装配工、测试技术员、生产工艺技术员、维修技术员等为主要职业岗位，以电子产品的装配、测量与调试和检测为岗位职业能力，培养学生的综合职业能力和职业素养。

本书结合社会经济发展对中职人才培养的要求，以及近几年中等职业学校教学的实际情况，精心策划了电子产品装配与调试的项目，通过完成本课程的各个项目和任务，可以掌握电子产品装配、测量与调试和检测的基本技能，同时掌握模拟电路和数字电路的基础知识，还可掌握与电子产品相关的新器件、SMT 新技术、新工艺，为学生未来在企业从事电子技术类的相关工作培养核心技能。

本书的主要特色是：

（1）书中的每一个任务均由实例引入，并有大量实物图片，相关知识浅显易学，内容呈现方式为"看→做→学"，真正引领学生"做中学"、"学中做"。

（2）在内容编排上符合中等职业学校学生的认知规律，从易到难，引导学生由比较简单的单元电路入手逐步进入综合实训，让学生不断感受成功，增强信心。

（3）所有项目都贴近生活并配有实际的电子产品，方便学生自学或教师教学。

（4）有任务评价记录，可以采用"学生自评"或"教师评价"的方式进行有效评价。

本书配有教学指南和电子教案，欢迎登录 www.hxedu.com.cn 免费下载。

本书由张天富担任主编，由张悦旺担任副主编。在编写大纲的制定和教材编写的过程中得到全国职教名师聂辉海老师的悉心指导；许多同仁也对本书的编写给予大力支持与热情帮助。在这里，谨对他们表示衷心的感谢。

由于编者水平有限，书中存在的不妥和错误之处，敬请读者批评和指正。

编　者
于 2012 年 5 月

目　录

电路的安装

项目 1.1 直流稳压电源电路的安装

一、任务名称

本任务是直流稳压电源电路的安装。当今社会人们极大地享受着电子设备带来的便利，但是任何电子设备都有一个共同的电路即电源电路，当然这些电源电路的样式、复杂程度千差万别，但目的都是为了能给电子设备提供持续稳定，满足负载要求的电能，而且通常情况下都要求提供稳定的直流电能，提供这种稳定的直流电能的电源就是直流稳压电源。

另外，直流稳压电源是进行电子制作和电子产品维修时的必备设备。本项目利用三端可调式集成稳压块制作直流稳压电源电路，可为后续电子小产品的安装与调试提供直流电源。

二、任务描述

1. 直流稳压电源的电路组成

直流稳压电源电路原理如图 1.1.1 所示，直流稳压电源由整流电路、滤波电路和稳压电路组成。

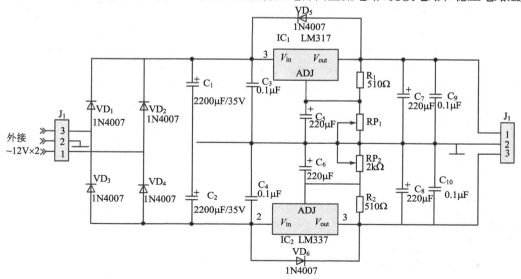

图 1.1.1　直流稳压电源电路原理图

2. 直流稳压电源电路的安装

① 元器件安装图如图 1.1.2 所示。

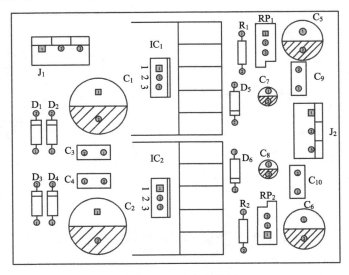

图 1.1.2 元器件安装图

② 电路元器件明细表见表 1.1.1。

表 1.1.1 元器件表

序 号	标 称	名 称	规 格	序 号	标 称	名 称	规 格
1	C_1	电解电容	2200μF/35V	13	VD_3	整流二极管	1N4007
2	C_2	电解电容	2200μF/35V	14	VD_4	整流二极管	1N4007
3	C_3	电容	0.1μF	15	VD_5	整流二极管	1N4007
4	C_4	电容	0.1μF	16	VD_6	整流二极管	1N4007
5	C_5	电解电容	220μF/35V	17	IC_1	集成块	LM317
6	C_6	电解电容	220μF/35V	18	IC_2	集成块	LM337
7	C_7	电解电容	220μF/35V	19	J_1	接线座	CON3
8	C_8	电解电容	220μF/35V	20	J_2	接线座	CON3
9	C_9	电容	0.1μF	21	R_1	电阻	510Ω
10	C_{10}	电容	0.1μF	22	R_2	电阻	510Ω
11	VD_1	整流二极管	IN4007	23	RP_1	电位器	20kΩ
12	VD_2	整流二极管	IN4007	24	RP_2	电位器	20kΩ

3. 直流稳压电源电路工艺要求

图 1.1.3 电阻的插装与焊接

（1）元器件的插装、焊接要求

根据图 1.1.1 所示直流稳压电源电路原理图可知，构成直流稳压电源的元器件主要有电阻、电容、整流二极管、电位器、三端集成稳压器、散热片和接插件等。各元器件按图纸的指定位置、孔距进行插装、焊接，具体要求如下。

① 电阻插装焊接。电阻采用卧式安装，并紧贴电路板，如

图 1.1.3 所示。电阻应排列整齐，电阻的色环方向应该一致，以便于检查和日后的维修，如图 1.1.4 所示。

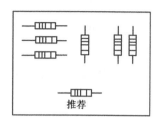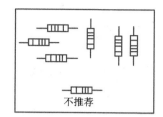

图 1.1.4　电阻按色环方向排列

② 电位器插装焊接。电位器采用立式安装，应按照图纸要求紧贴电路板安装焊接，如图 1.1.5 所示。

③ 电容器插装焊接。本电路中电容有涤纶电容和电解电容，涤纶电容与一般的瓷介电容的安装要求一致，采用直立式安装，并保证元件底面离电路板距离不大于 4mm；电解电容插到底安装，要注意其正负极性，如图 1.1.6 所示。

④ 二极管插装焊接。二极管采用卧式安装，二极管的插装应在离电路板 3～5mm 处插装焊接，注意正负极不要装错。

图 1.1.5　电位器的安装　　　　　　　图 1.1.6　电容的安装

⑤ 三端稳压器的安装。三端稳压器采用立式安装，底面离印制板距离为 6mm±2mm。三端稳压器安装在散热片上，在三端稳压器正面的上方螺钉孔的位置，用螺钉将三端稳压器固定在散热片上，如图 1.1.7 所示。

⑥ 所有插入焊盘孔的元器件引线及导线均采用直脚焊。

⑦ 接线柱按照图纸要求紧贴电路板安装焊接，注意接线孔应该朝外，方便接线，所有紧固件接线时必须旋紧，如图 1.1.8 所示。

图 1.1.7　三端稳压器的安装　　　　　图 1.1.8　接线柱的安装

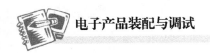

（2）元器件成形的工艺要求

元器件的引线要根据电路板上焊盘插孔和安装的具体要求弯折成所需的形状。元器件成形有以下要求。

① 引线成形后，元器件不应产生破裂，表面封装不应损坏，引线弯曲部分不允许出现模印、压痕和裂纹。

② 凡是有标记的元器件，在引线成形后，其型号、规格、标志符号应该向上、向外，以便目视识别。

③ 引线成形尺寸应符合安装要求。

● 成形跨距允许公差为 0.5mm，如图 1.1.9 所示。

● 引线不平行度应小于 1.5mm，如图 1.1.10 所示。

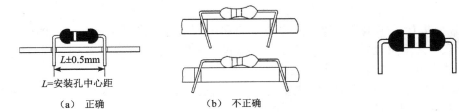

（a）正确　　　　　　　　（b）不正确

图 1.1.9　成形跨距示意图　　　　　　　　　图 1.1.10　引线平行度

● 引线弯曲处要有圆弧形，其弯曲半径 R 不得小于引线直径的 2 倍，伤痕长度不大于引线直径的 1/10，如图 1.1.11 所示。

● 引线长度剪脚留头在焊面以上 0.5～1mm，如图 1.1.12 所示。

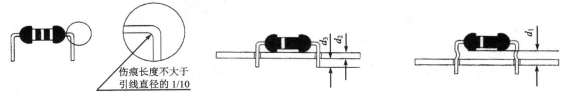

图 1.1.11　引线弯曲处弧形　　　　　　　　图 1.1.12　引线长度

（3）元器件成形加工时的注意事项

元器件引线预加工处理主要包括引线的校直、表面清洁及搪锡三个步骤。

① 弯曲引线时，应使用专门的工具固定弯曲处和器件管座之间的引线，不要拿着管座弯曲，如图 1.1.13 所示。

（a）正确　　　　　　　　　　　　　　（b）不正确

图 1.1.13　引线弯曲方法

② 弯曲引线时，弯曲线的角度不要超过最终成形的弯曲角度。不要反复弯曲引线，不要在引线较厚的方向弯曲引线，如对扁平形状的引线不能进行横向弯折。

③ 不要沿引线引出方向施加过大的拉力，以免损坏元件。

三、任务完成步骤

1. 直流稳压电源电路焊接安装的方法和步骤

（1）元器件检测

电路元器件明细表如表 1.1.1 所示，对元器件进行检测，并将检测结果填入表 1.1.2。

表 1.1.2　元器件检测表

序　号	标　称	名　称	检测结果	序　号	标　称	名　称	检测结果
1	C_1	电解电容		13	VD_3	整流二极管	
2	C_2	电解电容		14	VD_4	整流二极管	
3	C_3	电容		15	VD_5	整流二极管	
4	C_4	电容		16	VD_6	整流二极管	
5	C_5	电解电容		17	IC_1	集成块	
6	C_6	电解电容		18	IC_2	集成块	
7	C_7	电解电容		19	J_1	接线座	
8	C_8	电解电容		20	J_2	接线座	
9	C_9	电容		21	R_1	电阻	
10	C_{10}	电容		22	R_2	电阻	
11	VD_1	整流二极管		23	RP_1	电位器	
12	VD_2	整流二极管		24	RP_2	电位器	

（2）元器件插装前预处理、成形

① 检查元器件引线的可焊性。元器件预加工处理主要包括引线的校直、表面清洁及搪锡三个步骤，若元器件引出端可焊性好，可省略预加工处理过程，如图 1.1.14 所示。

图 1.1.14　校直元器件引线

② 元器件引线成形。

元器件引线进行整形前，应先目测焊点插孔距离，如图 1.1.15 所示。

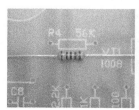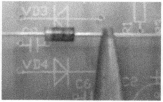

图 1.1.15　引线元件的目测

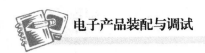

然后再使用尖嘴钳或镊子等工具进行手工成形加工。在本电路中，只有电阻和整流二极管两种元件的引线需要进行成形，如图 1.1.16 和图 1.1.17 所示。其他元器件直接进行插装即可。

图 1.1.16　电阻引线成形

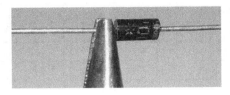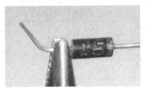

图 1.1.17　二极管引线成形

（3）元器件的插装与焊接

按照直流稳压电源电路插装、焊接的基本要求进行元器件的插装与焊接。焊接按焊接五步操作法（准备、加热焊点部位、加焊锡、移开焊锡、撤离电烙铁）完成焊点焊接。

2．实物电路

焊接好后将伸出长的引线剪掉，焊接好的直流稳压电源电路如图 1.1.18 所示。

图 1.1.18　实物电路

3．直流稳压电源电路焊接安装的检查

手工焊接的检查可分为目视检查和手触检查两种。

（1）目视检查

目视检查就是从外观上检查焊接质量是否合格，有条件的情况下，建议用 3～10 倍放大镜进行目检，目视检查的主要内容有：

①　是否有错焊、漏焊、虚焊。

②　有没有连焊，焊点是否有拉尖现象。

③　焊盘有没有脱落，焊点有没有裂纹。

④　焊点外形润湿应良好，焊点表面是不是光亮、圆润。

⑤　焊点周围是否有残留的焊剂。

⑥ 焊接部位有无热损伤和机械损伤现象。

（2）手触检查

手触检查指的是在外观检查中发现有可疑现象时，采用手触检查。主要是用手指触摸元器件有无松动、焊接不牢的现象，用镊子轻轻拨动焊接部位或夹住元器件引线，轻轻拉动观察有无松动现象。常见的不良焊点及其产生的原因见表 1.1.3。

表 1.1.3　常见的不良焊点及其产生的原因

不良焊点形状	现　象	不良焊点产生的原因
 焊料过多	焊料面呈凸形	主要是焊料撤离过迟
 焊料过少	焊接面积小于焊盘的 80%，焊料未形成平滑的过渡面	焊锡流动性差或焊丝撤离过早，助焊剂不足，焊接时间太短或焊接面局部氧化
 过热	焊点发白，无金属光泽，表面较粗糙，呈霜斑或颗粒状	烙铁功率过大，加热时间过长，焊接温度过高过热
 冷焊	焊点表面呈颗粒状，表面会有裂纹	电烙铁加热时间过短，焊接时温度过低或焊锡未凝固前被焊件抖动
 松动	外观粗糙，似豆腐渣一般，且焊角不匀称，导线或元器件引线可移动	焊锡未凝固前引线移动造成空隙，引线未处理好（浸润差或不浸润）
 拉尖	焊点出现尖端或毛刺	加热时间过长，焊接时间过长，烙铁撤离角度不当
 松香焊	焊缝中还将夹有松香渣	助焊剂过多或已失效，助焊剂未充分发挥作用，焊接时间不够，加热不足，表面氧化膜未去除
 浸润不良	焊锡与被焊件相邻处接触角过大、不平滑	被焊件氧化未清理干净，被焊件加热不足
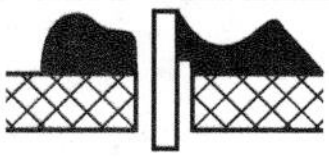 不对称	焊锡未流满焊盘	焊料流动性差，助焊剂不足或质量差，加热不足

不良焊点形状	现　象	不良焊点产生的原因
 气泡和针孔	引线根部有喷火式焊料隆起，内部藏有空洞，目测或低倍放大镜可见有孔	引线与焊盘孔间隙大，引线浸润性不良，焊接时间长，孔内空气膨胀
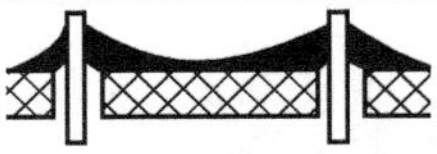 桥焊	焊锡将相邻的印制导线连接起来	焊锡过多，焊接时间过长，焊接室温度过高，烙铁撤离角度不
 虚焊	元器件引线或与铜箔之间有明显黑色界线，焊锡向界线凹陷	印制板和元器件引线未清洁好，助焊剂质量差，加热不够充分，焊料中杂质过多
 铜箔翘起或剥离	铜箔从印制电路板上翘起，甚至脱落	主要原因是焊接温度过高，焊接时间过长、焊接次数过多、焊盘上金属镀层不良

四、相关知识

1. 电子产品装配的基本知识

电子产品的装配与调试在电子工程技术中占有重要位置。任何一个电子产品都是由设计→焊接→组装→调试形成的，而焊接是保证电子产品质量和可靠性的最基本环节，调试则是保证电子产品正常工作的最关键环节。从生产制造的角度来讲，整个生产过程可以分为电子元器件的工艺准备、电路单元的加工制作、电路部件的安装调试、整机的装配、电路调试、整机检验等程序，在每一个环节中还可以细分为多个工位。在这里，我们主要简单介绍电子产品装配阶段的基本过程，主要工作内容一般包括装配前的准备、装配、总装和调试。

（1）装配前的准备

① 熟悉加工工艺文件和产品装配图；

② 根据要求选择恰当的设备和工具；

③ 对元器件进行分类和筛选、元器件引线成形、导线加工、线把扎制等工作；

④ 对特殊要求的元器件进行测试、试验，如有不合格及时修配或退换。

（2）装配阶段

① 通过手工焊接或自动焊接把元器件与印制线路板的焊盘牢固连接在一起；

② 通过螺纹连接、铆接、胶接、压接等方法把零件、部件按要求装配到规定的位置；

③ 装配时要确保连接的可靠性和位置的准确性，不能破坏元器件、零部件和焊盘。

（3）总装阶段

按照设计要求及工艺规范把各部件装联成完整的电子设备。

（4）调试阶段

确保产品质量过关，装配结束后需对电子设备进行严格的测试，以达到该产品相关的要求和技术指标。整个装配工艺过程如图 1.1.19 所示。

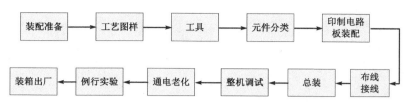

图 1.1.19　电子产品装配工艺过程

如图 1.1.20 所示为电子产品直流稳压电源的装配过程。

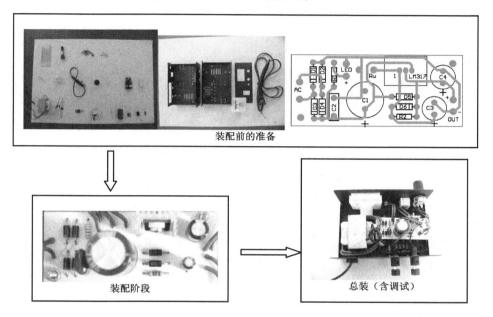

图 1.1.20　直流稳压电源的装配过程

2. 元器件装配的基本要求

在电子产品开始装配、焊接以前，除了要事先做好对于全部元器件的测试筛选以外，还要进行两项准备工作：一是要检查元器件引线的可焊性，若可焊性不好，就必须进行引线的校直、表面清洁及镀锡处理；二是要根据元器件在印制板上的安装形式，对元器件的引线进行整形，使之能迅速而准确地插入电路板的插孔内。为保证引线成形的质量和一致性，整形应使用专用工具或成形模型。例如，在加工少量元器件时，可采用手工成形，使用镊子或尖嘴钳等一般工具，也可使用专用的成形模具；自动组装时一般采用专用的成形设备。

元器件进行安装时，通常分为卧式安装和立式安装两种，如图 1.1.21 和图 1.1.22 所示。

卧式安装的优点：元器件排列整齐，重心低，牢固稳定，元器件的两端点距离较大，有利于排版布局，便于焊接与维修，也便于机械化装配，缺点是所占面积较大。

立式安装的优点：元器件在印制电路板上所占的面积小，安装密度高；其缺点是元器件容易相碰造成短路，散热差，不适合机械化装配。

采用立式安装的元器件，一般来说可以紧贴板面安装，对某些特殊的元器件的安装要求元器件离开板面一定距离。如图 1.1.22（a）所示三极管 $m=4\sim6\mathrm{mm}$，图 1.1.22（b）所示元器件插到台阶处。

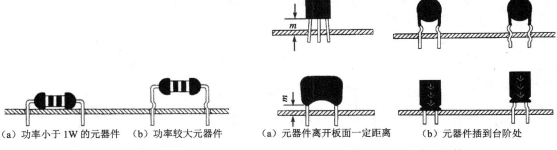

（a）功率小于1W的元器件　（b）功率较大元器件

图 1.1.21　卧式元器件

（a）元器件离开板面一定距离　（b）元器件插到台阶处

图 1.1.22　立式元器件

元器件安装的基本技术要求如下。

① 安装时应遵循先小后大、先低后高、先里后外、先易后难、先一般元器件后特殊元器件的基本原则。如先安表面安装元件、卧式安装元件、IC 插座等小型器件，再安装立式安装元件、中小功率器件的安装支架或散热片等，再安装大容量电容、变压器等大体积元器件，最后安装传感器类等敏感元器件、连接导线等。

② 安装元件的方向应一致，如电阻、无极电容、电感等无极性的元件，应使标记和色码朝上，以利于辨认。插装方向，建议水平方向安装的元器件的标记读数应从左到右，垂直方向安装的读数应从上到下。

③ 有极性元器件(晶体管、电解电容、集成电路等)极性方向不能插反。

④ 安装元器件要求将元器件插正，不允许明显歪斜，如图 1.1.23 所示。

⑤ 安装卧式插装的元器件时，对功率小于1W的元器件可贴紧印制电路板板面插装，如图 1.1.21（a）所示；功率较大的元器件应距离印制电路板 2mm，以利于元器件散热，如图 1.1.21（b）所示。

⑥ 插装时不要用手直接碰元器件的引线和印制板上的铜箔，因为汗渍会影响焊接。

⑦ 安装体积、重量较大的元件时，应采用黏合剂将其底部粘在 PCB 板上，加橡胶衬垫或采用安装支架。

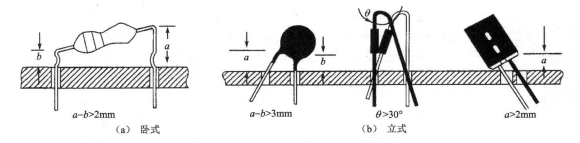

（a）卧式　　　　　　　　　　（b）立式

图 1.1.23　歪斜不正

⑧ 高频部分的元器件应尽量靠近，连线与元件引线尽量短，以减少分布参数。

⑨ 大功率的三极管、功放集成电路等需要散热的元器件，要预先做好散热片的装配准备工作。

⑩ 功率器件工作时要发热，依靠散热器将热量散发出去，安装质量对传热效率关系重大。以下三点是安装要点：

a．器件和散热器接触面要清洁平整，保证接触良好。

b．有必要可以在接触面上加硅脂。

c．两个以上螺钉安装时要对角线轮流紧固，防止贴合不良。

⑪ 元器件引线穿过焊盘后应至少保留 0.5～1mm 的长度。建议不要先把元器件的引线剪断，待焊接以后再剪断元件引线。

3．元器件焊接要求知识

手工焊接是利用电烙铁加热焊料和被焊金属，实现金属间牢固连接的一种焊接工艺技术。手工焊接适合于产品试制、电子产品的小批量生产、电子产品的调试与维修以及某些不适合自动焊接的场合，是电子产品装配中的一项基本操作技能。

（1）焊点的外观要求

一个高质量的焊点从外观上看，应具有以下特征：

① 形状以焊点的中心为界，左右对称，锡点成内弧形。

② 焊料量均匀适当，锡点表面要圆满、光滑、无针孔、无松香渍、无毛刺。

③ 单面焊盘焊点润湿角小于 45°，金属化孔焊点润湿角小于 30°，如图 1.1.24 和图 1.1.25 所示。

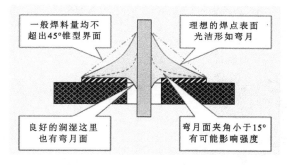

图 1.1.24　单面焊盘焊点　　　　　　图 1.1.25　双面焊盘焊点

（2）焊点的技术要求

焊点在技术上应满足以下几方面的要求。

① 焊点有足够的机械强度：为保证被焊件在受到震动或冲击时不至脱落、松动，因此要求焊点要有足够的机械强度，但不能使用过多的焊锡，应避免焊锡堆积出现短路或桥焊现象。

② 焊接可靠，保证导电性能：焊点应具有良好的导电性能，必须要焊接可靠，防止出现虚焊、假焊。

③ 焊点表面整齐、美观：焊点的外观应光滑、圆润、清洁、均匀、对称、整齐、美观、充满整个焊盘并与焊盘大小比例合适。

（3）焊接的基本步骤

要形成一个合格的焊点，需经过以下几个过程。

浸润：焊接部位达到焊接的工作温度时助焊剂应首先熔化，然后焊锡熔化并与被焊件和焊盘表面接触。

流淌：液态的焊锡充满整个焊盘和焊缝，将助焊剂排出。

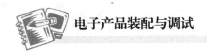

合金：流淌的焊锡在被焊件和焊盘表面产生合金（只发生在表面）。

凝结：移开电烙铁，温度下降，液态焊锡冷却凝固变成固态，从而将焊件固定在焊盘上。

显然，焊接质量离不开一个好的焊接工艺流程，为了保证焊接质量，一般手工焊接的步骤根据被焊件的热容量采用五步法焊接操作法和三步操作法，通常采用五步焊接操作法。

① 准备施焊。左手拿焊锡丝，右手握烙铁，进入备焊状态。要求烙铁头保持干净，无焊渣等氧化物，如图 1.1.26 所示。

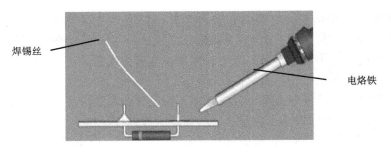

图 1.1.26　准备施焊

② 加热焊接部位。将烙铁头加热焊接部位，使焊接部位的温度加热到焊接需要的温度，时间为 1～2s。对于在印制板上焊接元器件来说，要注意使烙铁头同时接触两个被焊接物。如图 1.1.27 所示中的元器件引线与焊盘要同时均匀受热。

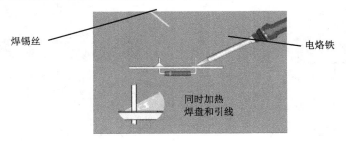

图 1.1.27　加热焊接部位

③ 供给焊锡。焊件的焊接面被加热到一定温度时，焊锡丝从烙铁对面接触焊件，如图 1.1.28 所示。注意：不要把焊锡丝直接送到烙铁头上。

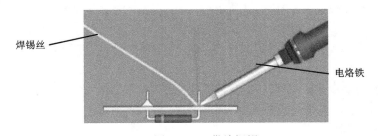

图 1.1.28　供给焊锡

④ 移开焊锡丝。焊锡丝熔化一定量后，立即朝左上 45°方向迅速移开焊锡丝，如图 1.1.29 所示。

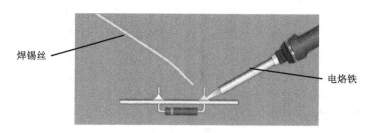

图 1.1.29 移开焊锡丝

⑤ 移开电烙铁。焊锡浸润焊盘和焊件的施焊部位以后，向右上 45°方向迅速移开烙铁，结束焊接，如图 1.1.30 所示。从第三步开始到第五步结束，散热量较小的器件如小功率电阻、电容、二极管等，时间控制在 1～2s。散热量较大的器件如变压器、接线柱、插座等，时间控制在 3～5s。

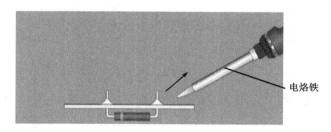

图 1.1.30 移开电烙铁

在整个焊接过程中，应注意：

a．焊点应自然冷却。

b．在焊料尚未完全凝固前，不能改变被焊件的位置，以防产生假焊。

c．一般焊点整个焊接操作的时间控制在 2～3s，若没完成，可以等一会儿再焊一次。

4．相关元器件

（1）晶体二极管

① 晶体二极管的基本知识。

一个 P 型的半导体和一个 N 型的半导体结合，其结合的交界面处，会形成特殊的薄层，这个薄层叫 PN 结。将一个 PN 结封装起来，并引出两个脚，便组成了一只晶体二极管，如图 1.1.31 所示。

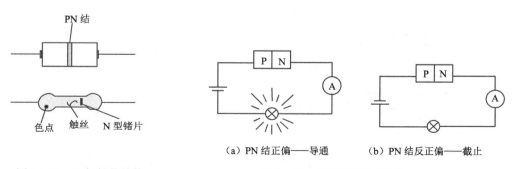

图 1.1.31 二极管的结构

（a）PN 结正偏——导通　　（b）PN 结反正偏——截止

图 1.1.32 PN 结的导电特性

　　二极管是电子线路中经常使用的一种半导体器件，二极管的主要特性是单向导电性，如图 1.1.32 所示，在正向电压的作用下，电阻很小，二极管导通，灯亮；而在反向电压作用下，电阻极大或无穷大，二极管截止，灯灭。

　　二极管的伏安特性如图 1.1.33 所示，正向特性——当外加正向电压较小时，外电场不足以克服内电场对多子扩散的阻力，PN 结仍处于截止状态，当正向电压大于死区电压后，正向电流随着正向电压增大迅速上升。通常死区电压硅管约为 0.5V，锗管约为 0.1V，只要外加正向电压小于死区电压，二极管基本上不导通；反向特性——外加反向电压时，PN 结处于截止状态，反向电流很小，当反向电压大于击穿电压时，反向电流急剧增加。

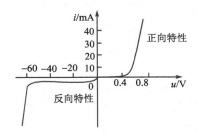

图 1.1.33　普通硅二极管伏安特性曲线

　　普通二极管的文字符号为 **VD**，其电路图形符号如图 1.1.34 所示，符号的左端为正极（阳极），右端为负极（阴极）。本电路中使用到整流二极管，如图 1.1.35 所示。

图 1.1.34　二极管图形符号

图 1.1.35　整流二极管

　　② 二极管的种类。

　　二极管按用途分普通二极管、整流二极管、开关二极管、稳压二极管、发光二极管、变容二极管、光电二极管等；按材料不同分为硅管和锗管；按封装材料不同分为玻璃管壳、塑料管壳和环氧树脂管壳等多种，如表 1.1.4 所示为常用的各种二极管。

表 1.1.4　常见二极管种类及其符号

名　称	符　号	实　物	用　途
整流、检波开关二极管	▷|		通常用于整流电路、检波电路和开关电路
稳压二极管	▷|		通常用于稳压电路
发光二极管	▷|⚡		通常用于指示电路

续表

名　称	符　号	实　物	用　途
光电二极管			通常用于控制、报警电路
变容二极管			通常用于高频调谐电路
桥堆			通常用于整流电路

③ 二极管正、负极的判别。

a. 从二极管外观判别。二极管极性的判别可以通过观察二极管外壳上的标注来判别，在二极管外壳一端印有色环（或色点）表示负极（阴极），则另一端的电极为正极（阳极），如图 1.1.36 所示；有些二极管用符号标志为"P"（正极）、"N"（负极）来确定二极管极性；有的二极管外壳上印有电路符号"—▷⊢—"来标识二极管的正、负极；发光二极管的正负极可从引线长短来识别，长脚为正，短脚为负；贴片二极管表面有色带或者有缺口的一端为负极。

b. 用万用表测二极管正、反向电阻判别。将指针式万用表拨至"R×1k"挡，测量二极管的电阻值，若测得其电阻值较小（约为几百欧至几千欧）时，二极管导通，则黑表笔所接电极为二极管的正极（阳极），与红表笔连接的电极为二极管的负极（阴极）。反之，若测得其电阻值接近∞，二极管截止，表明与黑表笔所接电极为负极（阴极），与红表笔连接的电极为正极（阳极），如图 1.1.37 所示。值得注意的是，若采用数字万用表测量，由于其表笔极性与表内电源极性一致，所以测量结果同指针式万用表所测结果相反。

图 1.1.36　二极管外壳极性

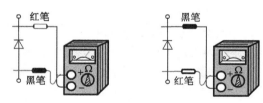

图 1.1.37　用万用表测二极管正、反向电阻

④ 鉴别二极管质量。

二极管质量最简单的鉴别方法就是测它的正反向电阻，用万用表"R×1k"挡测出它的正反向电阻相差数百倍以上，则说明二极管的单向导电性基本上是好的；如果测得正反向电阻都很小（接近或等于零），说明该二极管已经击穿；如果测得正反向电阻都很大（为∞），则该二极管已开路。

（2）三端可调稳压器 LM317/LM337

LM317/LM337 是美国国家半导体公司的三端可调正稳压器集成电路，是使用极为广泛的一类优秀串联集成稳压器。

LM317/LM337 的输出电压范围是 1.2～37V，它的使用非常简单，仅需两个外接电阻来设置输出电压。此外还使用内部限流、热关断和安全工作区补偿使之基本能防止烧断熔断器。

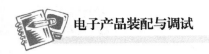

外形图和符号如图 1.1.38 所示。

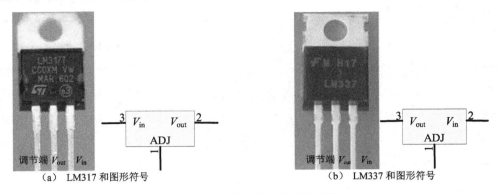

（a）LM317 和图形符号　　　　（b）LM337 和图形符号

图 1.1.38　三端可调式集成稳压器

三端稳压器的使用：

① 应根据电路的工作电压、工作电流，合理选择稳压器件。

② 稳压器件使用时，工作电流较大时必须加装合适的散热器，如图 1.1.7 所示，以防止器件过热造成损坏，应尽量减小输入与输出电压差，这样可降低在稳压器上的功耗，减少受热。

③ 使用时，引线不能接错。

五、任务评价

1. 评分标准

（1）电路板焊接安装完成情况分级评价

A 级：焊接安装无错漏，电路板插件位置正确，元器件极性正确，接插件、紧固件安装可靠牢固，电路板安装对位；整机清洁无污物。

B 级：元器件均已焊接在电路板上，但出现错误的焊接安装（1～2 个）元器件；或缺少（1～2 个）元器件或插件；或 1～2 个插件位置不正确或元器件极性不正确；或元器件、导线安装及字标方向未符合工艺要求；或 1～2 处出现烫伤和划伤处，有污物。

C 级：缺少（3～4 个）元器件或插件；3～4 个插件位置不正确或元器件极性不正确；或元器件、导线安装及字标方向未符合工艺要求；3～5 处出现烫伤和划伤处，有污物。

D 级：严重缺少（5 个以上）元器件或插件；5 个以上插件位置不正确或元器件极性不正确，元器件导线安装及字标方向未符合工艺要求；5 处以上出现烫伤和划伤处，有污物。

（2）元器件焊接工艺分级评价

A 级：所焊接的元器件的焊点适中，无漏、假、虚、连焊，焊点光滑、圆润、干净，无毛刺，焊点基本一致，引线加工尺寸及成形符合工艺要求；导线长度、剥线头长度符合工艺要求，芯线完好，捻线头镀锡。

B 级：所焊接的元器件的焊点适中，无漏、假、虚、连焊，但个别（1～2 个）元器件有毛刺，不光亮，或导线长度、剥线头长度不符合工艺要求现象，或捻线头无镀锡。

C 级：3～4 个元器件有漏、假、虚、连焊，或有毛刺。不光亮，或导线长度、剥线头长度不符合工艺要求，捻线头无镀锡。

D 级：有严重（超过 5 个元器件以上）漏、假、虚、连焊，或有毛刺，不光亮，导线长度、剥线头长度不符合工艺要求，捻线头无镀锡。

　　E 级：超过五分之一（超过 5 个元器件以上）的元器件没有焊接在电路板上。

　　2. 评价基本情况

　　元器件的插装与焊接情况评价见表 1.1.5，评分等级表见表 1.1.6。

表 1.1.5　元器件插装与焊接评价表

项目名称	直流稳压电源的安装			得分
评价项目	内　容	配分	评分标准	
元器件引线成形及插装	1. 元器件引线成形情况 2. 插装位置	30	1. 元器件引线加工尺寸及成形应符合装配工艺要求。每错误一处扣 2 分 2. 插装位置正确，电阻色环方向一致，字标方向易看，极性正确无误。每错误一处扣 3 分	
焊接质量	1. 焊点质量情况 2. 元器件引出端处理情况	50	1. 焊点大小适中，无漏、假、虚、连焊等现象，焊点光滑、圆润、干净，无毛刺。每错误一处扣 1 分 2. 焊盘脱落。每出项一处扣 3 分 3. 元器件引线修剪长度适当，一致，美观。每错误一处扣 1 分	
信号连接线	导线的制作情况	5	导线长度、剥线头长度符合工艺要求，芯线完好，捻线头镀锡，每错误一处扣 1 分	
安装质量	板面整体情况	5	1. 集成电路以及二、三极管等及连接线安装均应符合工艺要求 2. 元器件安装牢固，排列整齐，同类元器件高度一致 3. 电路板无烫伤和划伤处，整机清洁无污物。每错误一处扣 1 分	
安全文明操作	1. 工具的摆放情况 2. 工具的使用和维护	10	1. 工作台上的工具按要求摆放整齐，工作完成后台面整洁卫生。每错误一处扣 2 分 2. 注意用电安全，各工具的使用应符合安全规范，每错误一处扣 5 分	
合计		100		
教师 总体 评价				

表 1.1.6　评分等级表

评价分类	A	B	C	D	E
电路焊接完成情况					
焊接工艺情况					

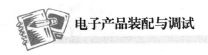

六、任务小结

1．总结在实施本任务的过程中所出现的问题以及解决方法。

2．简要叙述在本任务的学习中有哪些收获，掌握了哪些完成直流稳压电源电路安装的知识和技能关键点。

项目 1.2　OTL 功率放大电路的安装

一、任务名称

本任务是 OTL 功率放大电路的安装。功率放大电路通常作为多级放大电路的输出级。在很多电子设备中，要求放大电路的输出级能够带动某种负载，例如驱动仪表，使指针偏转；驱动扬声器，使之发声；或驱动自动控制系统中的执行机构等。总之，要求放大电路有足够大的输出功率。本任务通过 OTL 功率放大电路来学习有关低频功率放大器的基本知识。

二、任务描述

1．OTL 功率放大电路组成

OTL 功率放大电路如图 1.2.1 所示。

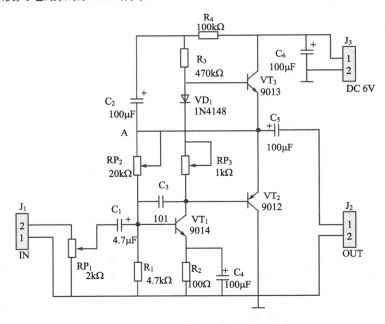

图 1.2.1　OTL 功率放大电路原理图

2. OTL 功率放大电路的安装

① 元器件安装如图 1.2.2 所示。

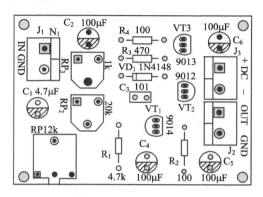

图 1.2.2　元器件安装图

② 电路元器件明细表见表 1.2.1。

表 1.2.1　元器件表

序　号	标　称	名　称	规　格	序　号	标　称	名　称	规　格
1	C_1	电解电容	4.7μF	11	RP_1	音量电位器	2kΩ
2	C_2	电解电容	100μF	12	RP_2	电位器	20kΩ
3	C_3	电容	101	13	RP_3	集成块	1kΩ
4	C_4	电解电容	100μF	14	VD_1	二极管	IN4148
5	C_5	电解电容	100μF	15	VT_1	三极管	9014
6	C_6	电解电容	100μF	16	VT_2	三极管	9012
7	R_1	电阻	4.7kΩ	17	VT_3	三极管	9013
8	R_2	电阻	100Ω	18	J_1	接线座	IN
9	R_3	电阻	470	19	J_2	接线座	OUT
10	R_4	电阻	100Ω	20	J_3	接线座	DC 6V

3. OTL 功率放大电路工艺要求

构成直流稳压电源的元器件主要有电阻、电容、二极管、三极管、音量电位器、可调电阻和接插件等。其中电阻、电容、二极管和接插件的安装方式与项目 1.1 中的要求基本一致，其他元器件插装和焊接的具体要求如下。

① 三极管的成形、插装焊接。三极管的安装采用直立式安装，三极管的引线成形只需用镊子将塑封管引线拉直即可，三个电极引线分别成一定角度，有时也可以根据需要将中间引线向前或向后弯曲成一定角度，应由印制电路板上的安装孔距来确定引线的尺寸，如图 1.2.3 所示。

插装焊接时要按要求将三极管的 E、B、C 三个引脚插入相应孔位，不要插错，焊接时应尽量缩短焊接时间，并可用镊子夹住引脚，以帮助散热。焊接大功率三极管，需要加装散热片，应将散热片的接触面加以平整，打磨光滑，涂上硅脂后再紧固，以加大接触面积。要注意，有的散热片与管壳间需要加绝缘垫片。引脚与印制电路板上的焊点需要进行导线连接时，应尽量采用绝缘导线。本电路中的三极管引脚成形与安装如图 1.2.3 和图 1.2.4 所示。

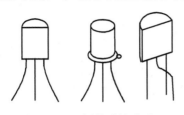 

图 1.2.3　三极管引线成形　　　　　　　图 1.2.4　三极管安装

② 电位器和音量电位器的插装焊接。电位器从结构上可以分为旋钮式和直线式两种，如图 1.2.5 所示为常用的各种电位器及其电路图形符号。电位器采用立式安装，要求紧贴电路板。对于需要固定在 PCB 的旋转式电位器安装时需要将定位销子套好后再拧紧螺母。

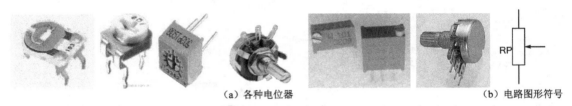

（a）各种电位器　　　　　　　　　　　　　　　　（b）电路图形符号

图 1.2.5　电位器

三、任务完成步骤

1. OTL 功率放大电路焊接安装的方法和步骤

（1）元器件检测

对照电路元器件明细表（见表 1.2.1），对除三极管以外的元器件进行检测，并将检测结果填入表 1.2.2。

表 1.2.2　元器件检测表

序　号	标　称	名　称	检测结果	序　号	标　称	名　称	检测结果
1	C_1	电解电容		11	RP_1	音量电位器	2kΩ
2	C_2	电解电容		12	RP_2	电位器	20kΩ
3	C_3	电容		13	RP_3	集成块	1kΩ
4	C_4	电解电容		14	VD_1	二极管	1N4148
5	C_5	电解电容		15	J_1	接线座	IN
6	C_6	电解电容		16	J_2	接线座	OUT
7	R_1	电阻		17	J_3	接线座	DC 6V
8	R_2	电阻					
9	R_3	电阻					
10	R_4	电阻					

将待测三极管的型号填入表 1.2.3 中。

用万用表_____挡，判别三极管的引脚极性、管型，是硅管还是锗管，并画出引脚排列示意图，填入表 1.2.3 中。

表 1.2.3　三极管极性和管型的判别

序　号	型　号	管　型	管　脚　图	管　材　料
1				
2				
3				
4				

在判定管型和极性的基础上，通过测量三极管 B-E、B-C、C-E 间的正、反向电阻，判断三极管质量的好坏，并将测试结果填入表 1.2.4。

表 1.2.4　三极管好坏的判断

序　号	型　号	发射结电阻		集电结电阻		C-E 间电阻		判断质量
		正　向	反　向	正　向	反　向	正　向	反　向	
1								
2								
3								
4								

（2）元器件插装前预处理、成形

元器件的引线要根据焊盘插孔和安装的要求弯折成所需要的形状，基本要求与"项目 1.1→三、→1→（2）"相关内容要求相同。

（3）元器件的插装与焊接

按图 1.2.1 所示的电路图和图 1.2.2 所示的安装图进行焊接安装，各元器件按图纸的指定位置、孔距进行插装、焊接。

2. 实物电路

焊接好后对元器件的引线进行修剪，焊接安装后的 OTL 功率放大电路如图 1.2.6 所示。

图 1.2.6　OTL 功率放大电路实物电路

3. OTL 功率放大电路焊接安装的检查

手工焊接的检查可分为目视检查和手触检查两种。均可按照"项目 1.1→三→3"要求完成。

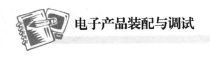

四、相关知识

1. 半导体三极管

在日常生活及科学技术领域中经常会需要将微弱信号放大，使人们能感觉到它，仪器设备能检测到它，或利用它来实现自动控制。如扩音机就是一个典型的信号放大系统，通过话筒将声音（较弱的信号）转变为电信号，经扩音机将音频信号放大后，输送给扬声器发出洪亮的声音（即将弱的信号进行了放大）。通常放大器的核心元件是半导体三极管，这是因为半导体三极管具有电流放大作用。

半导体三极管简称为晶体管或三极管，它由两个相互联系、相互影响的 PN 结构成，是电子电路中最重要的器件之一，它在电路中的最主要功能是电流放大和开关作用。

三极管的种类较多。按三极管制造的材料来分，有硅管和锗管两种；按三极管的内部结构来分，有 NPN 和 PNP 两种；按三极管的工作频率来分，有低频管和高频管两种；按三极管允许耗散的功率来分，有小功率管、中功率管和大功率管。如图 1.2.7 所示为几种常见三极管。

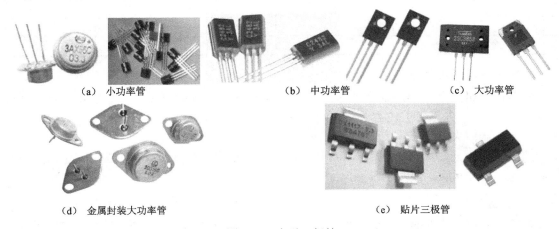

（a）小功率管　　　　　（b）中功率管　　　　　（c）大功率管

（d）金属封装大功率管　　　　　（e）贴片三极管

图 1.2.7　各种三极管

（1）结构与符号

根据结构不同，三极管可分为 NPN 型和 PNP 型两大类，三极管文字符号为 VT。管子内部都是由三层半导体构成，分别称为发射区、基区和集电区；由三个区各引出一个电极，分别称为集电极（C）、基极（B）和发射极（E）；三层半导体形成两个 PN 结，分别称为发射结和集电结，如图 1.2.8 所示。有一个箭头的电极是发射极，箭头朝内的是 PNP 型三极管，而箭头朝外的是 NPN 型，实际上箭头所指的方向是电流的方向。引出的电极分别称为发射极 E，基极 B 和集电极 C。

三极管制造工艺特点是发射区掺杂浓度高，基区掺杂浓度低且很薄，集电区面积大。这种内部结构和工艺特点是保证晶体管具有电流放大作用的内因。在使用时，发射极和集电极不能互换。

（2）三极管的电流放大作用

在图 1.2.9 所示电路中，断开 S_1，即断开三极管基-射极回路中的电源，这时基极电流 I_B 为零，VD_1 不发光，将看到 VD_2 也不发光，这说明三极管集电极电流 I_C 也为零。如果将 S_1、S_2 均闭合，将看到 VD_1 微亮，而 VD_2 明亮，这反映出当基极有小的电流通过时，能使三极管导通，集电极会有较大的电流流过，这就是电流放大现象。

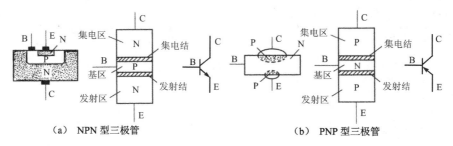

（a）NPN 型三极管　　　　　　　　　　（b）PNP 型三极管

图 1.2.8　三极管的内部结构及电路符号

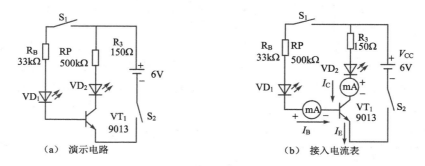

（a）演示电路　　　　　　　　　　（b）接入电流表

图 1.2.9　三极管电流放大作用

若在电路中接入毫安表，如图 1.2.9（b）所示。可测集电极电流 I_C 为基极电流 I_B 的几十甚至几百倍。若 I_B 是 μA 级，I_C 将放大成 mA 级；若 I_B 是 mA 级的，I_C 将放大成 A 级。

在图 1.2.9 所示电路中，保持其他元件参数不变，仅改变基极回路中的电阻值 R_B。可看到 I_B、I_C 电流值都发生变化，数据如表 1.2.5 所示。

表 1.2.5　电流受控关系

次　序 电　流	第 1 次	第 2 次	第 3 次	第 4 次
基极电流 I_B/mA	0	0.035	0.07	0.11
集电极电流 I_C/mA	0	8.7	16.2	23.6
基极电流变化 ΔI_B/mA	0	0.035−0=0.035	0.07−0.035=0.035	0.11−0.07=0.04
集电极电流变化 ΔI_C/mA	0	8.7−0=8.7	16.2−8.7=7.5	23.6−16.2=7.4

从表 1.2.5 中数据可以看出：I_B=0 时，I_C=0，当 I_B 增大，I_C 也增大，而且 I_C 远大于 I_B，ΔI_C 远大于 ΔI_B，即较小的基极电流变化，就可引起较大的集电极电流变化，这就是三极管的电流放大作用。

注意：三极管能实现电流放大除了前面所述的内部结构特点外，还必须给三极管的 3 个极加上合适的工作电压，这就是三极管能实现电流放大外部条件。这里合适的工作电压要求使得三极管的发射结正向偏置，集电结反向偏置。

根据三极管的外部偏置电压条件，三极管的三极电位有如下关系：

NPN 型管应符合 $V_C>V_B>V_E$；

PNP 型管应符合 $V_C<V_B<V_E$；

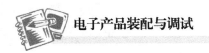

硅材料三极管发射结压降 U_{BE} 约为±0.7V；

锗材料三极管发射结压降 U_{BE} 约为±0.3V。

当三极管处于放大工作状态时，集电极电流 I_C、基极电流 I_B 和发射极电流 I_E 之间有如下关系：

$I_C = \beta I_B$；

$I_E = I_B + I_C$；

$I_E = (1+\beta)I_B$。

（3）三极管的型号识别

三极管类型很多，它们的性能各不相同，为了能正确地识别和选用三极管，三极管都按一定的规则进行了命名。例如，管型是 NPN 还是 PNP 可从管壳上标准的型号来辨别的。我国生产的半导体三极管的命名规则如表 1.2.6 所示。三极管型号的第二位（字母），A、C 表示 PNP 管，B、D 表示 NPN 管，例如，3AX 为 PNP 型低频小功率管，3BX 为 NPN 型低频小功率管；3CG 为 PNP 型高频小功率管，3DG 为 NPN 型高频小功率管；3AD 为 PNP 型低频大功率管，3DD 为 NPN 型低频大功率管；3CA 为 PNP 型高频大功率管，3DA 为 NPN 型高频大功率管。

表 1.2.6　国产半导体器件型号的符号及意义

第一部分		第二部分		第三部分	
符　号	意　义	符　号	意　义	符　号	意　义
2	二极管	A	N 型，锗材料	P	普通管
3	三极管	B	P 型，锗材料	V	微波管
		C	N 型，硅材料	W	稳压管
		D	P 型，硅材料	C	参量管
		A	PNP 型，锗材料	Z	整流器
		B	NPN 型，锗材料	L	整流堆
		C	PNP 型，硅材料	S	隧道管
		D	NPN 型，硅材料	N	阻尼管
		E	化合物材料	U	光电器件
				K	开关管
				X	低频小功率管（f_α<3MHz，P_c<1W）
				G	高频小功率管（f_α≥3MHz，P_c<1W）
				D	低频大功率管（f_α<3MHz，P_c≥1W）
				A	高频大功率管（f_α≥3MHz，P_c≥1W）
				T	晶闸管整流器
				Y	体效应器件
				B	雪崩管
				J	阶跃恢复管
				CS	场效应器件
				BT	半导体特殊器件
				FH	复合管
				PIN	PIN 型管
				JG	激光器件

美国电子工业协会（EIA）规定的半导体器件的命名型号由五部分组成，第一部分为前缀，第五部分为后缀，中间部分为型号的基本部分，如表 1.2.7 所示。

表 1.2.7　EIA 半导体器件的命名规则

第一部分		第二部分		第三部分		第四部分		第五部分	
用符号表示用途		用数字表示 PN 结数目		美国电子工业协会注册标志		美国电子工业协会登记号		用字母表示器件分挡	
符号	意义	符号	意义	符号	意义	符号	意义	符号	意义
JAN 或 J	军用品	1	二极管	N	该器件是在美国电子工业协会注册登记的半导体器件	数字	该器件是美国电子工业协会登记号	A	同一型号器件的不同挡别
		2	三极管					B	
无	非军用品	3	三个 PN 结器件					C	
		n	n 个 PN 结器件					D	

此外，常见的半导体三极管还有用国际标准编号的 90×× 系列。除 9012 和 9015 为 PNP 管外，其余均为 NPN 型管，包括低频小功率管 9013、低噪声管 9014、高频小功率管 9018 等。它们的型号一般都标在塑壳上，而且外观形状都一样，均是 TO-92 标准封装。

（4）三极管伏安特性和主要参数

① 三极管伏安特性。三极管各电极电压和电流之间的关系，用伏安特性曲线来描述，它包括输入特性曲线和输出伏安特性曲线。

输入特性是指在 u_{CE} 一定的条件下，加在三极管基极和发射极之间电压 u_{BE} 和基极电流 i_B 之间的关系曲线。如图 1.2.10 所示为某 NPN 型三极管的输入特性，三极管的输

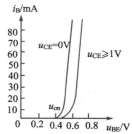

图 1.2.10　三极管的输入特性曲线

入特性曲线与二极管正向特性曲线相似，因为它们反映的均是 PN 结两端电压与流过此 PN 结电流的关系。所以只有当发射结正向电压 u_{BE} 大于死区电压（硅管 0.5V，锗管 0.1V）时，才产生基极电流 I_B。

当三极管工作于放大状态时，是处于特性曲线的线性段，其发射结两端电压变化很小，在估算时可看做不变值：硅管约为 0.7V，锗管约为 0.3V。

输出特性是指在 i_B 一定的条件下，三极管集电极与发射极之间电压 u_{CE} 与集电极电流 i_C 之间的关系曲线。

用晶体管特性图示仪可测出三极管此特性，图 1.2.11（a）即为晶体管特性图示仪所显示的输出伏安特性，图 1.2.11（b）为某 NPN 型三极管的输出伏安特性。

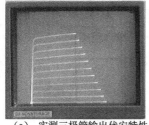

（a）实测三极管输出伏安特性

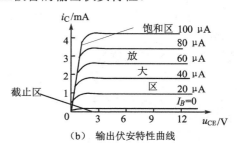

（b）输出伏安特性曲线

图 1.2.11　三极管的伏安特性曲线

由图 1.2.11 可知，对应一个 i_B 值，有一条输出伏安特性，而每条曲线可分为线性上升、弯曲、平坦 3 部分，对应不同 i_B 可得不同的特性曲线，从而形成曲线簇。各条曲线的上升部分很陡，几乎重合；平坦部分则按 i_B 值大小从上往下排列，i_B 的取值间隔均匀，相应的特性曲线在平坦部分间隔也比较均匀。随着 i_B 的增大，曲线逐级往上抬，反映 i_C 随 i_B 逐级增大。

可以将三极管的输出特性划分为 3 个工作区，如图 1.2.11（b）所示，分别称为截止区、放大区和饱和区。分别对应三极管的三种状态，即截止状态、放大状态和饱和状态，3 种状态的工作条件及特性见表 1.2.8 所示。

表 1.2.8 三极管的三种状态

名 称	截止状态	放大状态	饱和状态
工作区域	$i_B=0$ 曲线以下区域称为截止区，I_{CEO} 值很小	曲线平坦部分称为放大区，i_B 增大，曲线上抬	曲线上升和弯曲部分称为饱和区，U_{CE} 很小
条件	发射结反偏（或零偏），集电极反偏	发射结正偏，集电极反偏	发射结正偏，集电极正偏
特性	$i_B=0$，$i_C=i_{CEO}\approx0$ C、E 极间相当于开关断开，故称截止	1. i_B 一定时，i_C 大小与 u_{CE} 基本无关，具有恒流特性 2. i_B 不同时，对应不同曲线，$\Delta i_C=\Delta i_B$，具有电流放大特性（电流受控）	1. i_C 几乎不受 i_B 控制 2. 此时的 u_{CE} 称饱和管压降，记做 U_{CES}。U_{CES} 值很小，硅管约为 0.3V，锗管约为 0.1V，C、E 极相当于开关接通

② 三极管的主要参数。三极管的具体参数很多，可以分为直流参数、交流参数和极限参数等。

a．共射直流电流放大系数。

静态时，I_C 与 I_B 的比值称为直流电流放大系数，用 $\bar{\beta}$ 表示。

$$\bar{\beta}=\frac{I_C}{I_B}$$

b．共射交流电流放大系数 β。

U_{CE} 一定时，集电极电流的变化量与基极电流变化量的比值，称为交流电流放大系数，用 β 表示。

$$\beta=\frac{\Delta I_C}{\Delta I_B}$$

$\bar{\beta}$ 和 β 定义不同，但两者数值较为接近。一般在工作电流不十分大的情况下，可以认为 $\bar{\beta}\approx\beta$，故常混用。通常中小功率晶体管的 β 在 20～200，大功率晶体管的 β 在 10～50。

③ 极间反向电流。

a．集电极—基极反向饱和电流 I_{CBO}。

I_{CBO} 指发射极开路，集电结反偏时流过集电结的反向饱和电流。性能良好的小功率硅管一般在 1μA 左右，小功率锗管为 10μA 左右。

b．穿透电流 I_{CEO}。

I_{CEO} 指基极开路，集电结反偏时的集电极电流，习惯称穿透电流，且有：

$$I_{CEO} = (1 + \overline{\beta})I_{CBO}$$

I_{CEO} 数值较小，但随温度变化大，它是衡量晶体管质量好坏的重要参数之一，其值越小越好。

④ 极限参数。

a．集电极最大允许电流 I_{CM}。

I_{CM} 指的是当 I_C 过大时，电流放大系数 β 值将下降，使 β 下降至正常值的 2/3 时的 I_C 值。

b．集电极最大允许耗散功率 P_{CM}。

c．集—射极反向击穿电压 $U_{(BR)CEO}$

（5）三极管管型和极性的判别

将万用表设置在 R×100Ω 或 R×1kΩ 挡，用黑表笔与任一引脚相接（假设它是基极 b），红表笔分别和另外两个引脚相接，如果测得两个阻值都很小，则黑表笔所连接的就是基极，而且是 NPN 型的管子。如图 1.2.12（a）所示。如果按上述方法测得的结果均为高阻值，则黑表笔所连接的是 PNP 管的基极。如图 1.2.12（b）所示。无一个电极符合上述测量结果，说明三极管已坏。

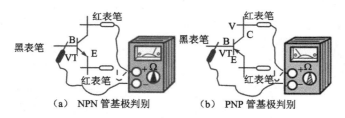

（a）NPN 管基极判别　　　　　（b）PNP 管基极判别

图 1.2.12　三极管管型和基极的判别

在三极管管型和极性判别的基础上，通过测量三极管 C-E 极之间的电阻可以判别三极管的集电极和发射极。以 NPN 型三极管为例，把黑表笔接到假设的集电极 C 上，红表笔接到发射极 E 上，并用手捏住 B 极和 C 极（B、C 不能直接接触，相当于在 B、C 之间接入偏置电阻），读出表头所示 C、E 极间的电阻值，然后将红、黑两表笔反接重测。若第一次电阻值比第二次小，说明原假设成立，即黑表笔接的是集电极，红表笔接的是发射极。NPN 型三极管的集电极和发射极的判别如图 1.2.13（a）所示。

对 PNP 型管的集电极和发射极的判别方法，原理与上相同，测试时只要将两支表笔对调，用同样的方法、步骤即可得到正确的结果，红表笔接的是集电极，黑表笔接的是发射极。PNP 型三极管的集电极和发射极的判别如图 1.2.13（b）所示。

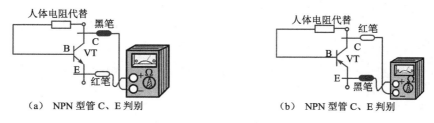

（a）NPN 型管 C、E 判别　　　　　（b）NPN 型管 C、E 判别

图 1.2.13　集电极和发射极的判别

（6）三极管好坏的判别

选用万用表的 R×100Ω 或 R×1kΩ 挡，检测硅材料 NPN 三极管时，将黑表笔接基极，红表笔分别接集电极和发射极，测该管 PN 结正向电阻应为几百欧至几千欧。调换表笔后，测试 PN 结反向电阻，应在几十千欧到几百千欧以上；集电极和发射极间的电阻，无论表笔如何接，其阻值均应在几百千欧以上。

检测锗 PNP 管用 R×100Ω 挡更合适一些，且测出的各阻值应小于 NPN 型管的检测值。

2．电子产品电路图的知识

图纸是工程技术的通用语言。识图技能在电子产品的开发、研制、设计和装配中起着重要的指导作用。电子产品电路图主要有电路原理图、方框图、装配图、零件图、逻辑图、软件流程图等。

（1）电路原理图

电路原理图用于将该电路所用的各种元器件用规定的符号表示出来，并用连线画出它们之间的连接情况，在各元器件旁边还要注明其规格、型号和参数。电路原理图主要用于分析电路的工作原理，如图 1.1.1 所示为直流稳压电源电路原理图。

在数字电路中，电路原理图是用逻辑符号表示各信号之间逻辑关系的逻辑图，应注意的是，采用逻辑符号来表示电路的工作原理，不必考虑器件的内部电路。例如在逻辑符号上没有画出电源和接地线，当逻辑符号出现在逻辑图上时，应理解为数字集成电路内部已经接通了电源，如图 1.2.14 所示为某数字电路的逻辑电路图。

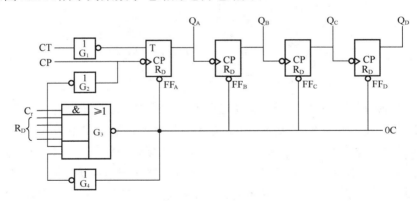

图 1.2.14　逻辑电路图

（2）电路方框图

电路方框图是将整个电路系统分为若干个相对独立的部分，每一部分用一个方框来表示，在方框内写明该部分电路的功能和作用，在各方框之间用连线来表明各部分之间的关系，并附有必要的文字和符号说明。

方框图用简单的"方框"代表一组元器件、一个部件或一个功能模块，用它们之间的连线表达信号通过电路的途径或电路的动作顺序。

方框图对于了解电路的工作原理非常有用。一般，比较复杂的电路原理图都附有方框图作为说明。图 1.2.15 所示为收音机方框图。

（3）实物装配图

实物装配图是工艺图中最简单的图，它以实际元器件的形状及其相对位置为基础，画出产品的装配关系。这种图一般只用于教学说明或指导初学者制作入门。但与此同类性质的局部实物图，则在产品生产装配中仍有使用，图 1.2.16 所示为某仪器中的波段开关接线图。

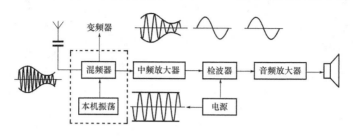

图 1.2.15　收音机方框图

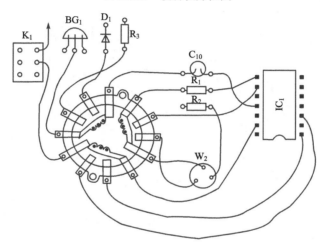

图 1.2.16　某仪器中的波段开关接线图

（4）印制板装配图

印制板装配图是将电路图中的元器件及连接线按照布线规则绘制的图，各元器件所在的位置上有元器件的名称和标号。印制板装配图主要用于指导对电子设备的安装、调试、检查和维修。

印制板装配图是用于指导工人装配焊接印制电路板的工艺图。印制板装配图一般分成两类：画出印制导线和不画出印制导线的。画出印制导线的装配图一般适用于让初学者练习装配焊接，如图 1.2.17 所示。

读这种装配图时要注意以下几点。

● 在板上的元器件可以是标准符号和实物示意图，也可以两者混合使用。

● 对有极性的元器件，如电解电容的极性、二极管、三极管的极性一定要看清楚。

● 对同类元件可以直接标出参数、型号，也可只标出代号，另有附表列出代号的内容。

● 对特别需要说明的工艺要求，如焊点的大小、焊料的种类、焊后的处理方法等技术要求，在图上一般都有标注。

不画出印制导线的图形，而是将元件的安装面作为印制板的正面，画出元器件的外形及位置，指导工作人员进行元件的装配插接，如图 1.2.18 所示为某电源电路装配图。

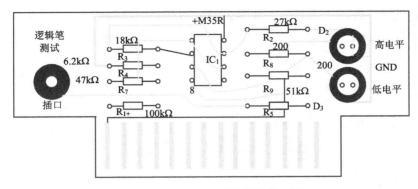

图 1.2.17　画出印制导线的装配图

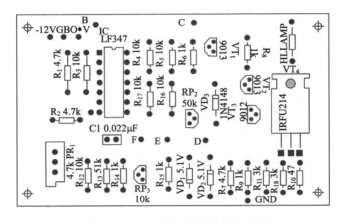

图 1.2.18　不画出印制导线的装配图

读这种安装图时要注意以下几点。

- 图上的元器件全部用图形符号或实物表示，但没有印制导线图形，只有外形轮廓。
- 对有极性或方向定位的元件，按照实际排列时要找出元件极性的安装位置。
- 图上的集成电路都有引脚顺序标志，且大小和实物成比例。
- 图上的每个元器件都有代号。
- 对某些规律性较强的器件如数码管等，有时在图上是采用了简化表示方法。

（5）布线图

布线图是用来表示各零部件之间相互连接情况的工艺接线图，是整机装配时的主要依据。常用的布线图有直连型、简化型和接线表等。图 1.2.19 所示为直连型接线图，图 1.2.20 所示为简化型接线图。

（6）电子产品电路原理图读图

对电路原理图的读图一般采用以下步骤：

① 了解电路的用途和功能。开始读图时首先要大致了解电路的用途和电路的总体功能，这对进一步分析电路各部分的功能将会起到指导作用。电路的用途可以从电路的说明书中找到，或通过分析输入信号和输出信号的特点以及它们的相互关系中找出。

② 查清每块集成电路的功能。集成电路是组成电路系统的基本器件，特别是中大规模集成电路的应用越来越广泛，几乎每一个电子设备中都离不开集成电路。当接触到一个新的

集成电路时，必须从集成电路手册或其他资料中查出该器件的功能，以便进一步分析电路的工作原理。

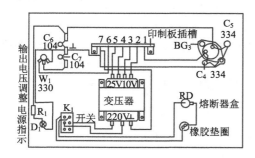

图 1.2.19　直连型接线图

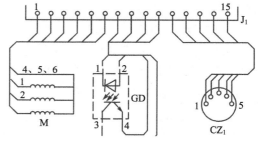

图 1.2.20　简化型接线图

③ 将电路划分为若干个功能块。根据信号的传送和流向，结合已学过的电子知识，将电路分成若干个功能块（用方框图表示）。一般是以晶体管或集成电路为核心进行划分，尤其是以在电子电路中学过的基本电路为一个功能块，粗略地分析出每个功能块的作用，找出该功能块的输入与输出之间的关系。

④ 将各功能块联系起来进行整体分析。按照信号的流向关系，分析整个电路从输入到输出的完整的工作过程，必要时还要画出电路的工作波形图，以搞清楚各部分电路信号的波形以及时间顺序上的相互关系。对于一些在基本电路中没有的元器件，要单独对其进行分析。

因为各个电路系统的复杂程度、组成结构、采用的器件集成度各不相同，因此上述的读图步骤不是唯一的，读图时，可根据具体情况灵活运用。

将电子电路的读图方法可总结成口诀：化整为零，找出通路，跟踪信号，分析功能。

五、任务评价

1. 评分标准

（1）电路板焊接安装完成情况分级评价

A 级：焊接安装无错漏，电路板插件位置正确，元器件极性正确，接插件、紧固件安装可靠牢固，电路板安装对位；整机清洁无污物。

B 级：元器件均已焊接在电路板上，但出现错误的焊接安装（1～2 个）元器件；或缺少（1～2 个）元器件或插件；或 1～2 个插件位置不正确或元器件极性不正确；或元器件、导线安装及字标方向未符合工艺要求；或 1～2 处出现烫伤和划伤处，有污物。

C 级：缺少（3～4 个）元器件或插件；3～4 个插件位置不正确或元器件极性不正确；或元器件、导线安装及字标方向未符合工艺要求；3～5 处出现烫伤和划伤处，有污物。

D 级：严重缺少（5 个以上）元器件或插件；5 个以上插件位置不正确或元器件极性不正确，元器件导线安装及字标方向未符合工艺要求；5 处以上出现烫伤和划伤处，有污物。

（2）元器件焊接工艺分级评价

A 级：所焊接的元器件的焊点适中，无漏、假、虚、连焊，焊点光滑、圆润、干净，无毛刺，焊点基本一致，引线加工尺寸及成形符合工艺要求；导线长度、剥线头长度符合工艺要求，芯线完好，捻线头镀锡。

B 级：所焊接的元器件的焊点适中，无漏、假、虚、连焊，但个别（1～2 个）元器件有毛刺，不光亮，或导线长度、剥线头长度不符合工艺要求现象，或捻线头无镀锡。

C 级：3～4 个元器件有漏、假、虚、连焊，或有毛刺，不光亮，或导线长度、剥线头长度不符合工艺要求，捻线头无镀锡。

D 级：有严重（超过 5 个元器件以上）漏、假、虚、连焊，或有毛刺，不光亮，导线长度、剥线头长度不符合工艺要求，捻线头无镀锡。

E 级：超过五分之一（超过 5 个元器件以上）的元器件没有焊接在电路板上。

2. 评价基本情况

元器件的插装与焊接情况评价见表 1.2.9，评分等级表见表 1.2.10。

表 1.2.9　元器件插装与焊接评价表

项目名称	OTL 功率放大电路的安装			得分
评价项目	内　容	配分	评分标准	
元器件引线成形及插装	1. 元器件引线成形情况 2. 插装位置	30	1. 元器件引线加工尺寸及成形应符合装配工艺要求。每错误一处扣 2 分 2. 插装位置正确，电阻色环方向一致，字标方向易看，极性正确无误。每错误一处扣 3 分	
焊接质量	1. 焊点质量情况 2. 元器件引出端处理情况	50	1. 焊点大小适中，无漏、假、虚、连焊等现象，焊点光滑、圆润、干净，无毛刺。每错误一处扣 1 分 2. 焊盘脱落。每出项一处扣 3 分 3. 元器件引线修剪长度适当、一致、美观。每错误一处扣 1 分	
信号连接线	导线的制作情况	5	导线长度、剥线头长度符合工艺要求，芯线完好，捻线头镀锡，每错误一处扣 1 分	
安装质量	板面整体情况	5	1. 集成电路以及二、三极管等及连接线安装均应符合工艺要求 2. 元器件安装牢固，排列整齐，同类元器件高度一致 3. 电路板无烫伤和划伤处，整机清洁无污物。每错误一处扣 1 分	
安全文明操作	1. 工具的摆放情况 2. 工具的使用和维护	10	1. 工作台上的工具按要求摆放整齐，工作完成后台面整洁卫生。每错误一处扣 2 分 2. 注意用电安全，各工具的使用应符合安全规范，每错误一处扣 5 分	
合计		100		
教师总体评价				

表 1.2.10　评分等级表

评价分类	A	B	C	D	E
电路焊接完成情况					
焊接工艺情况					

六、任务小结

1. 总结在实施任务的过程中所出现的问题以及解决方法。

2. 简要叙述在本任务的学习中有哪些收获，掌握了哪些知识和技能。

项目 1.3　声光控楼道灯电路的安装

一、任务名称

本任务是声光控楼道灯电路的安装。声光控楼道灯电路是利用声波作为控制源的新型智能开关，它避免了烦琐的人工开灯，同时具有自动延时熄灭的功能，更加节能，且无机械触电，无火花，寿命长，广泛应用于各种建筑的楼梯过道、洗手间等公开场所。

二、任务描述

1. 声光控楼道灯电路组成

声光控楼道灯的电路如图 1.3.1 所示。

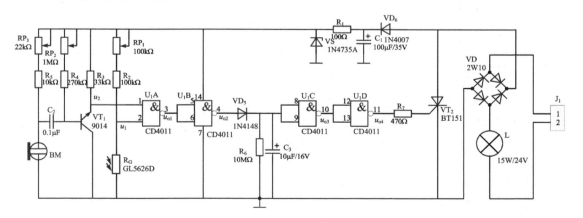

图 1.3.1　声光控楼道灯电路

2. 声光控楼道灯电路的安装

① 印制电路板元器件装配图如图 1.3.2 所示。

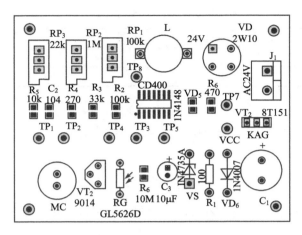

图 1.3.2　印制电路板元器件装配图

② 电路元器件明细表见表 1.3.1。

表 1.3.1　声光控楼道灯元器件表

序 号	标 称	名 称	规 格	序 号	标 称	名 称	规 格
1	C_1	电解电容	100 μF/16V	13	RP_3	可调电阻	22 kΩ
2	*C_2	电容	104	14	R_G	光敏电阻	GL5626D
3	C_3	电解电容	10μF/16V	15	VD	整流桥堆	2W10
4	*R_1	电阻	1kΩ	16	*VD5	二极管	1N4148
5	*R_2	电阻	100 kΩ	17	VD6	二极管	1N4007
6	*R_3	电阻	33 kΩ	18	VS	稳压管	1N4735A
7	*R_4	电阻	270 kΩ	19	VT_1	晶闸管	BT151
8	*R_5	电阻	10 kΩ	20	VT_2	三极管	9014
9	*R_6	电阻	10MΩ	21	*IC_1	集成块	CD4011
10	R_7	电阻	470Ω	22	L	灯泡	15W/24V
11	RP_1	可调电阻	100 kΩ	23	BM	话筒	
12	RP_2	可调电阻	1MΩ	24	J_1	接插件	2Pin

注：表格中名称旁边标有*号的元器件为贴片元器件。

3. 声光控楼道灯电路工艺要求

（1）元器件的插装、焊接要求

各元器件按元器件装配图的指定位置和孔距进行插装、焊接。焊接完成后的电路板要求表面干净无痕、无发白、无异物。

本电路中，分立元件如电阻、电容的插装和焊接要求与前面各任务的要求一致。电路中的表面安装元器件有以下要求。

① 贴片电阻、电容的焊接。电路中用到的贴片电阻和贴片电容为具有矩形端子的元件，按图 1.3.3 焊接。要求贴片电阻刚好能坐落在焊盘的中央且未发生偏出，所有各金属封头都能完全与焊盘接触；焊锡带是凹面并且从焊盘端延伸到元件端 2/3H 以上，焊锡能良好地附着在焊盘的可焊接面上，焊锡带能完全涵盖元件端金属镀面。

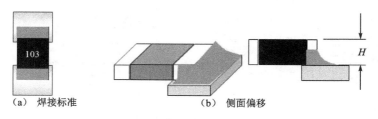

（a）焊接标准　　　　　　　（b）侧面偏移

图 1.3.3　贴片电阻、电容焊接

② 贴片二极管的焊接。电路中贴片二极管为具有圆柱体帽形端子的元件，按图 1.3.4 所示焊接。要求其侧面偏移 A 小于或等于元件直径 W 或焊盘宽度 P 的 25%；末端偏移 B 要求无偏移，末端连接宽度等于或大于元件直径 W 或焊盘宽度 P 其中较小者；焊接过程中要注意其极性，不要焊反。

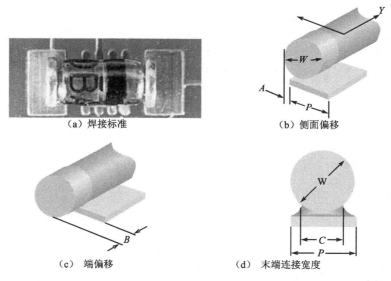

（a）焊接标准　　　　　　　　　（b）侧面偏移

（c）端偏移　　　　　　　　　（d）末端连接宽度

图 1.3.4　贴片二极管的焊接

③ 贴片集成电路的焊接。电路中的集成电路 CD4011 封装为 SO（Short Out-line）封装。对于 SO 封装集成电路的焊接标准如图 1.3.5 所示。要求侧面偏移不大于引脚宽度 W 的 50% 或 0.5mm 其中较小者；趾部偏移 B 不违反最小电气间隙；末端连接宽度 C 大于或等于引脚宽度；跟部填充高度要延伸到引脚厚度以上但未爬升至引脚上方弯曲处，焊料不接触元件体，如图 1.3.6 所示。

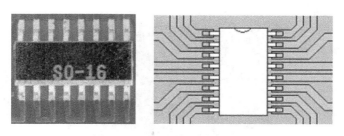

图 1.3.5　SO 贴片 IC 焊接标准

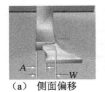
（a）侧面偏移

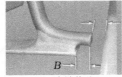
（b）末端偏移

（c）末端连接宽度

（d）末端连接宽度

图 1.3.6　SO 贴片 IC 焊接要求

三、任务完成步骤

1. 声光控楼道灯电路焊接安装的方法和步骤

（1）元器件检测

根据材料清单，对所有的电路元器件进行检测，并将检测结果填入表 1.3.2 中。

表 1.3.2　声光控楼道灯元器件检测表

序　号	标　称	名　称	检测结果	序　号	标　称	名　称	检测结果
1	C₁	电解电容		13	RP₃	可调电阻	
2	*C₂	电容		14	R_G	光敏电阻	
3	C₃	电解电容		15	VD	整流桥堆	
4	*R₁	电阻		16	*VD5	二极管	
5	*R₂	电阻		17	VD6	二极管	
6	*R₃	电阻		18	VS	稳压管	
7	*R₄	电阻		19	VT₁	晶闸管	
8	*R₅	电阻		20	VT₂	三极管	
9	*R₆	电阻		21	*IC₁	集成块	
10	R₇	电阻		22	L	灯泡	
11	RP₁	可调电阻		23	BM	话筒	
12	RP₂	可调电阻		24	J₁	接插件	

注：表格中名称旁边标有*号的元器件为贴片元器件。

（2）元器件插装前预处理、成形

为保证引线成形的质量和一致性，应使用专业工具和成形模具，按"项目 1.1→四→2"要求完成。

（3）元器件的插装与焊接

按照声光控楼道灯电路插装、焊接的基本要求进行元器件的插装与焊接。焊接安装完成后的声光控楼道灯电路如图 1.3.7 所示。

图 1.3.7　焊接好的声光控楼道灯电路

2. 声光控楼道灯电路焊接安装的检查

手工焊接的检查可分为目视检查和手触检查两种，均可按"项目 1.1→三→3"的要求完成。

四、相关知识

1. 表面装配技术

（1）表面组装技术

表面组装技术，英文全称为"Surface Mount Technology"，简称 SMT，是将电子元器件直接安装在印制电路板（PCB）或其他基板导电表面的一种装接技术。

SMT 涉及表面安装元件（SMC）、表面安装器件（SMD）、表面安装机电元件、表面安装印制电路板（SMB）、普通混装印制电路板（PCB）、表面安装设备、元器件取放系统、点胶、涂膏、焊接及在线测试等技术，是一种涉及面广、包括内容多，跨多种学科的综合性的高新生产技术。

表面组装技术与传统的通孔插装技术相比，具有组装密度高、可靠性好、抗干扰能力强、电性能优异、便于自动化生产等优点，目前 SMT 已成为安装技术的主流。如图 1.3.8 所示为 SMT 与 THT 结构示意图。

图 1.3.8　SMT 与 THT 结构示意图

（2）表面安装元器件简介

片状元器件（SMC 和 SMD）是无引线或短引线的新型微小型元器件，它适合于在没有通孔的印制板上安装，是表面组装技术的专用元器件。片状元器件可以用多种包装形式提供给用户，如图 1.3.9 所示。

（a）散料包装（Bulk）

（b）杆式包装

（c）编带包装盘

（d）华夫盘包装

图 1.3.9　片状元器件的包装形式

常见的表面安装元器件分类见表 1.3.3。

表 1.3.3　常见的表面安装元器件分类

种　类		矩　形	圆柱形	实物举例
片状无源元件（SMC）	片状电阻器	厚膜/薄膜电阻器、热敏电阻器	碳膜/金属膜电阻器	
	片状电容器	陶瓷独石电容器、薄膜电容器、云母电容器、微调电容器、铝电解电容器、钽电解电容器	陶瓷电容器、固体钽电解电容器	
片状无源元件（SMC）	片状电位器	电位器、微调电位器		
	片状电感器	绕线电感器、叠层电感器、可变电感器	绕线电感器	
	片状敏感元件	压敏电阻器、热敏电阻器		
	片状复合元件	电阻网络、滤波器、谐振器、陶瓷电容网络		
片状有源器件（SMD）	小型封装二极管	塑封稳压、整流、开关、齐纳、变容二极管	玻封稳压、整流、开关、齐纳、变容二极管	
	小型封装晶体管	塑封 PNP 型、NPN 型晶体管、塑封场效应管		
	小型集成电路	扁平封装、芯片载体		
	裸芯片	带形载体、倒装芯片		

表 1.3.4 为 SMC 系列的外形尺寸规格。

表 1.3.4　典型 SMC 系列的外形尺寸（单位：mm/inch）

公制/英制型号	L	W	A	B	T
3216/1206	3.2/0.12	1.6/0.06	0.5/0.02	0.5/0.02	0.6/0.024
2012/0805	2.0/0.08	1.25/0.05	0.4/0.016	0.4/0.016	0.6/0.016
1608/0603	1.6/0.06	0.8/0.03	0.3/0.012	0.3/0.012	0.45/0.018
1005/0402	1.0/0.04	0.5/0.02	0.2/0.008	0.25/0.01	0.35/0.014
0603/0201	0.6/0.02	0.3/0.01	0.2/0.005	0.2/0.006	0.25/0.01

注：公制/英制转换 1inch=1000mil；1inch=25.4mm；1mm≈40mil。

（3）SMT 自动焊接工艺

在工业化生产过程中，THT 工艺常用的自动焊接设备是浸焊机和波峰焊机，从焊接技术上说，这类焊接属于流动焊接，熔融流动的液态焊料和焊件对象做相对运动，实现湿润而完成焊接。

再流焊接是 SMT 时代的焊接方法。它使用膏状焊料，通过模板漏印或点滴的方法涂覆在电路板的焊盘上，贴上元器件后经过加热，焊料熔化再次流动，润湿焊接对象，冷却后形成焊点。焊接 SMT 电路板，也可以使用波峰焊。采用波峰焊所用的贴片胶和采用再流焊所用的焊锡膏是 SMT 特有的工艺材料。

SMT 焊接具有以下特点：

● 元器件本身受热冲击大；

● 要求形成微细化的焊接连接；

● 由于表面组装元器件的电极或引线的形状、结构和材料种类繁多，因此要求能对各种类型的电极或引线都能进行焊接；

● 要求表面组装元器件与 PCB 上焊盘图形的接合强度和可靠性高。

① 波峰焊接工艺。波峰焊接工艺采用特殊的胶黏剂，将表面安装元件粘贴在印制电路板规定的位置上，待烘干固化后进行波峰焊接，这种方法一般适用于混合组装的场合。在焊接时，由于贴片元器件的焊点上无插线孔，因而焊剂在高温汽化时所产生的大量助焊剂蒸气无法排放，在印制板和锡峰表面交界处，容易产生"锡爆"，造成漏焊、桥接等缺陷。为了解决这一问题，采用空心波或双峰焊接。

② 再流焊接工艺。再流焊接工艺是把焊膏涂覆在印制板规定的位置上，然后贴装表面安装元件，经烘干处理后进行焊接。焊接时，对焊膏加热使之再次熔化，完成焊接，这种焊接方法又称做再线焊或重熔炉焊。再流焊加热方法有热风和热板加热、红外线加热、气相加热、激光加热等。

（4）SMT 手工焊接工艺

① 片状 SMC 元件手工焊接方法。片状 SMC 元件手工焊接之前要做好必要的准备工作，准备好被焊印制电路板、元件、电烙铁、焊料、松香水、烙铁架、镊子及其他辅助工具，并按规范摆放整齐；片状 SMC 元件手工焊接操作过程如图 1.3.10 所示，操作步骤如下。

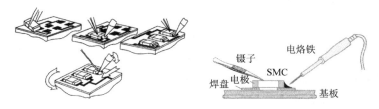

图 1.3.10　SMC（SMD）手工焊接操作方法

a. 在焊盘上涂上松香水。

b. 在一端焊盘焊上适中焊锡。

c. 用镊子夹住片状元件，用烙铁将已上锡的焊盘焊锡焊熔，然后将片状元件平贴摆正在焊盘上，移开烙铁，待焊锡凝固后放开镊子。

d. 在元件的焊盘上涂少量松香。

e. 将烙铁放到元件的另一端焊盘上，加热元件焊极和印制电路板焊盘。

f. 然后向烙铁头端头下熔下适量焊锡，待锡熔开后马上移开烙铁。

g. 如果同时焊多个元件，可先将所有元件一端焊好，然后再焊另一端。

h. 焊接完毕检查焊点，并对不良焊点进行修焊。

i. 用清洗剂清洗印制电路板。

② 表面安装集成电路的手工焊接。

IC 焊前准备工作与片状元件相同，具体操作步骤如下。

a. 在 IC 焊盘上涂上松香水。

b. 在其中一个焊盘焊上适中焊锡。

c. 用镊子夹住 IC，烙铁将已上锡的焊盘的锡焊熔化，把 IC 平贴摆正放在 IC 的焊盘上，完成 IC 定位。

d. 检查 IC 放置是否平贴和摆正，否则重复步骤。

e. 焊接对角线上另一端焊盘，完成 IC 定位固定。

f. 再次在 IC 脚及 IC 焊盘上涂上松香水。

g. 焊接方法有点焊和拖焊两种。

点焊：焊盘逐点加锡焊接。

拖焊：在一排焊盘上加较多焊锡，印制电路板垂直，焊盘倾斜向下，烙铁将焊锡熔化后，利用锡的流动性将多余焊锡拖走，如图 1.3.11 所示。

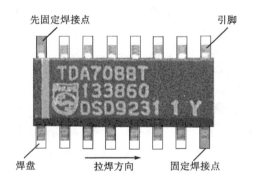

图 1.3.11 贴片集成焊接示意图

h. 检查锡点并对不良锡点焊点修焊。

i. 用清洗剂进行清洗。

③ SMT 手工焊接工艺注意事项。

a. 宜采用直径为 0.6mm 左右含松香芯的焊锡丝。部分 SMC 引出电极由银和钯构成，在焊接它们时应采用含银细焊锡丝，其成分为银 3.5%、锡 60%、铅 36.5%，直径为 0.6mm。

b. 用镊子固定焊一头时，注意镊子要选用尖头的，压住 SMC 时不要压在两端的焊极上，以防损坏。

c. 全部焊点焊完后一定要进行仔细的检查，对不合格的焊点要及时进行修补。

d. 用拖带焊接法时，若一次拖带未能将所有焊点都焊好，可来回拖一二次，使焊锡更均匀，焊点更可靠。但一定注意动作要迅速准确，时间不可过长。

e. 电烙铁最好使用恒温电烙铁或 PTC 电烙铁，温度选择在 300℃左右。

f. 焊接集成电路时，应带上防静电手套及做好相关防静电措施。

（5）热风枪吹焊工艺

随着 SMT 技术的发展，小型化的元器件、IC 使用越来越广泛，对手工焊接的工艺要求越来越高。近年来，在传统的电烙铁焊接工艺的基础上，热风吹焊工艺应运而生。热风吹焊是指根据不同的焊接对象，通过选择热风焊机不同的热风喷嘴，向被焊元器件的焊接点吹喷高达 100°C～420°C 的热风，熔化其上的焊料，完成焊接或拆焊的过程，如图 1.3.12 所示。

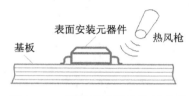

图 1.3.12　用热风吹焊枪进行吹喷

① 集成电路元件热风枪吹焊工艺。

利用热风枪进行吹焊同样要做好准备工作，准备好被焊印制电路板、热风枪、烙铁、IC、植锡板、锡骨、松香水、刮刀、镊子、小纸片、焊锡及其他辅助工具。其操作步骤如下。

a. 将尺寸与 IC 焊盘相符的植锡板对准平压在 IC 焊盘上。

b. 用刮刀取适量锡膏放在植锡板面平刮，使 IC 焊盘涂上锡膏，然后取开植锡板。

c. 如没有锡膏和植锡板，则可在 IC 焊盘上焊上适量焊锡代替锡膏，然后涂上松香水。

d. 用镊子夹住 IC，准确放在 IC 焊盘上。

e. 开启热风枪电源，调好温度和风量，待温度稳定后，用小纸片试温，风嘴离纸片 10mm 左右吹小纸片，纸片迅速由黄变焦，则温度适中，风量不宜过大或过小。

f. 垂直手握热风抢，将风嘴对准离 IC 焊盘 6～10mm 高度左右的位置，垂直绕圈对 IC 脚和焊盘均匀加热，直至锡膏熔化，然后移开风嘴。

g. 检查 IC 对位及焊点，有问题则补焊或重焊。

h. 用清洗剂清洗印制电路板。

② 注意事项。

a. 植锡对位必须准确。

b. IC 放位要对准。

c. 热风枪的风量和温度要控制好，每次吹焊前一定要试温度。

d. 吹焊完要立即关闭电源（有自动保护型），以免长时间工作损坏热风枪。无自动保护型的热风枪则应先将温度调至最低，风量调至最大，吹冷风直到发热丝降温后才关闭电源。

e. 风嘴必须垂直向下吹，以免将其他元件吹走。

f. 热风要对准 IC 焊盘，不能对准 IC 芯片位置，以免高温损坏 IC。

2. 相关元器件识别、检测

（1）光敏电阻

光敏电阻是一种利用光敏材料的内光电效应制成的光电元件，具有精度高、体积小、性能稳定、价格低等特点，被广泛应用于自动化技术中，作为开关式光电信号传感元件。光敏电阻的工作原理简单，它是由一块两边带有金属电极的光电半导体组成的，使用时在它的两电极上施加直流或交流电压，在无光照射时，光敏电阻呈高阻态，回路中仅有微弱的暗电流通过；在有光照射时，光敏材料吸收光能，使电阻率变小，光敏电阻呈低阻态，回路中有较强的亮电流，光照越强，阻值越小，亮电流越大，当光照停止时，光敏电阻又恢复到高阻态。

光敏电阻外形结构及图形符号如图 1.3.13 所示。

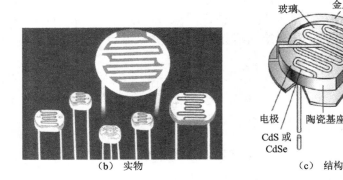

（a）电路图形符号　　　　　　（b）实物　　　　　　（c）结构

图 1.3.13　光敏电阻外形结构及电路图形符号

由于光敏电阻的阻值是随照射光的强弱而发生变化的，如 GL5626L 型光敏电阻的亮阻值小于或等于 5kΩ，暗阻值大于或等于 5MΩ，并且它与普通电阻一样也没有正负极性。因此光敏电阻的检测可以用万用表测量其在有光照射和无光照射情况下的阻值变化情况来判断性能的好坏，具体方法如下：

① 将指针式万用表置于 R×10k 挡。

② 用红黑表笔分别接触光敏电阻的两个引线。

③ 遮住或放开光敏电阻的受光面。

④ 观察万用表指针在光敏电阻的受光面被遮住前后的变化情况。若指针偏转明显，说明光敏电阻性能良好；若指针偏转不明显，则将光敏电阻的受光面靠近电灯，以增加光照强度，同时再观察万用表指针的变化情况，如果指针偏转明显，则光敏电阻灵敏度较低；如果指针无明显偏转，则说明光敏电阻已失效。

检测光敏电阻时，需分两步进行，第一步测量有光照时的电阻值，第二步测量无光照时的电阻值。两者相比较有较大差别，通常光敏电阻有光照时电阻值为几千欧（此值越小说明光敏电阻性能越好）；无光照时电阻值大于 1500 kΩ，甚至无穷大（此值越大说明光敏电阻性能越好），如图 1.3.14 所示。

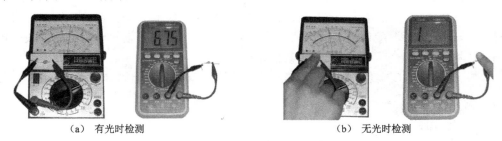

（a）有光时检测　　　　　　　　　　　（b）无光时检测

图 1.3.14　检测光敏电阻

（2）驻极体电容式传声器

驻极体电容式传声器俗称驻极体话筒（麦克风），是一种能将声音信号转换成电信号的声—电转换器件。驻极体是一种永久性极化电介质，利用这种材料制作成的电容式传声器称为驻极体电容式传声器。

驻极体话筒的原理如图 1.3.15（a）所示，驻极体话筒的基本结构由一片单面涂有金属的驻极体薄膜与一个上面有若干小孔的金属电极（称为背电极）构成。驻极体面与背电极相对，中间有一个极小的空气隙，形成一个以空气隙和驻极体作为绝缘介质，以背电极和驻极体上的金属层作为两个电极构成的一个平板电容器。电容的两极之间有输出电极。由于驻极体薄膜上分布有自由电荷。当声波引起驻极体薄膜振动而产生位移时，改变了电容两极板之间的距离，从而引起电容的容量发生变化，由于驻极体上的电荷数始终保持恒定，根据公式：$Q = CU$，所以当 C 变化时必然引起电容器两端电压 U 的变化，从而输出电信号，实现声—电的变换。

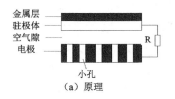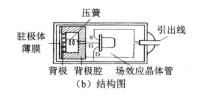

图 1.3.15　驻极体话筒

由于实际电容器的电容量很小，输出的电信号极为微弱，输出阻抗极高，可达数百兆欧以上。因此，它不能直接与放大电路相连接，必须连接阻抗变换器，使其输出阻抗呈低阻抗。通常接入一个专用的场效应管组成阻抗变换器，其内部结构图如图 1.3.15（b）所示，图形符号如图 1.3.15（c）所示。

驻极体话筒的输出端有两个接点或三个接点之分。输出端为两个接点的即外壳、驻极体和结型场效应管的源极 S 相连为接地端，余下的一个接点则是漏极 D；三个接点的输出端即漏极 D、源极 S 与接地电极分开，成三个接点，如图 1.3.16 所示。

对于输出点有两个接点的驻极体话筒，其检测可以用万用表的 R×1k 挡，黑表笔接话筒漏极 D 上，红表笔接话筒的源极 S（即接地端），用嘴轻吹话筒并同时观察万用表指针的变化情况，若万用表指针出现轻微摆动，则话筒工作正常，指针摆动幅度越大，说明话筒的灵敏度越高；若指针完全不动，则说明话筒失效。

图 1.3.16　常见驻极体话筒接线图

对于输出端有三个接点的驻极体话筒，其检测可以用万用表的 R×1k 挡，将两个表笔分别接在两个被测接点上，读出万用表指针所指的阻值，交换表笔重复上述操作，即可得另一个阻值，然后比较两阻值的大小。在阻值小的那次操作中，黑表笔接的为源极 S，红表笔接的为漏极 D，然后保存万用表 R×1k 挡不变，将黑表笔接在漏极 D 接点上，红表笔接源极并同时接地，再按照检测具有两个输出接点的话筒的方法进行操作。

（3）晶闸管

① 晶闸管的结构与符号。晶闸管又叫晶闸管，是一种大功率半导体器件，是在二极管基础上发展起来的一种可用于触发信号控制的整流半导体器件。它不仅具有硅整流器的特性，更重要的是它的工作过程可以控制，能以小功率信号去控制大功率系统，可作为强电与弱电的接口，是用途十分广泛的电子器件。由于它具有体积小、寿命长、效率高、反应速度快等优点，因此在自动控制领域内广泛应用，如可控整流、交流调压、逆变、无触点电子开关、开关电源和保护电路等。晶闸管一般可分为单向晶闸管和双向晶闸管，它们虽然都是三端器件，但内部结构和工作性能都不相同。

晶闸管有多种分类方法。晶闸管按关断、导通及控制方式，可以分为单向晶闸管、双向晶闸管、逆导晶闸管、门极关断（可关断）晶闸管（GTO）、BTG 晶闸管、温控晶闸管、快速晶闸管、逆导晶闸管以及光控晶闸管等多种；按引脚极性可分为二极晶闸管、三极晶闸管和四极晶闸管；按封装形式可分为金属封装晶闸管、塑料晶闸管和陶瓷封装晶闸管。通常讲的晶闸管，在没有特别说明的情况下，均指单向晶闸管。

晶闸管的文字符号一般用 VT，SCR 表示，其外形有小型塑封型（小功率）、平面型（中功率）和螺栓型（中、大功率）几种，如图 1.3.17 所示。平面型和螺栓型使用时应固定在散热器上。晶闸管有三个电极。分别称为阳极（A）、阴极（K）和控制极（G），图 1.3.17（e）所示是晶闸管的电路符号。

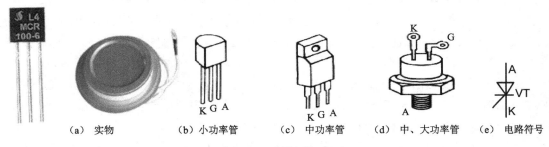

| （a）实物 | （b）小功率管 | （c）中功率管 | （d）中、大功率管 | （e）电路符号 |

图 1.3.17　晶闸管

② 晶闸管的触发特性和工作原理。

验证晶闸管触发特性的电路如图 1.3.18 所示，图中 V_A 为阳极电压，V_G 为控制极控制电压，且 $V_A \gg V_G$。图 1.3.18（a）所示中阳极电位高于阴极，此时开关 S 断开，灯泡不亮，说明单向晶闸管不导通；图 1.3.18（b）所示中，开关 S 闭合，灯泡点亮，说明单向晶闸管导通；图 1.3.18（c）所示中单向晶闸管导通后，断开开关 S，灯泡继续亮，说明晶闸管继续维护导通；图 1.3.18（d）所示中，灯泡不亮，说明单向晶闸管不导通。另外，如果阳极加反向电压，即使控制极加正电压，单向晶闸管也不会导通。

由此可见，晶闸管的触发特性可归纳为如下。

导通条件：控制极加触发信号，G 与 K 之间有足够的正向电压、电流，同时阳极电位高于阴极电位，即 A 与 K 之间加正向电压，A 与 K 之间正向电流大于维持电流。

关断条件：A 与 K 之间正向电流小于维持电流或 A 电位低于 K 电位。

③ 晶闸管的检测。

晶闸管的电极有的可以从外形直接加以判别，常见的大功率单向晶闸管，其金属外壳为阳极，阴极引线比控制极长。若从外形无法判断晶闸管的电极，我们可以用万用表判别。

晶闸管的三个引脚可用指针式万用表 R×100 挡或 R×1k 挡来判断，根据单向晶闸管的内部结构可知：G、K 之间相当一个二极管，G 为二极管正极，K 为负极，所以以测量任两脚之间的正反电阻，两者均为接近无穷大者，该两极即为阳极及阴极，另一脚即为栅极。然后用黑表笔接栅极，红表笔分别碰另外两极，电阻小的一脚为阴极。电阻大的一极为阳极。无法符合上述特性，则晶闸管损坏。

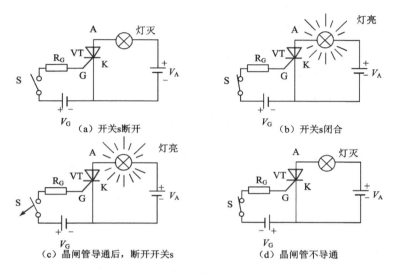

图 1.3.18　晶闸管触发特性实验电路

对 1～10A 的晶闸管，将万用表置 R×1 挡，红表笔接 K 极，黑表笔接 A 极。然后用导线短接一下 G、A 极，如图 1.3.19（a）所示。检测的原理如图 1.3.19（b）所示，也就是相当于给 G 极一正向触发电压，此时应可见到表针明显偏向小阻值方向，示值为几欧姆到几十欧姆，这时断开 G、A 极连接（红、黑表笔仍分别与 K、A 极相连，并且在断开 G、A 连接时不允许 A、K 极与表笔的接触有瞬间的断开），表针示值应保持不变，这就表明管子的触发特性基本正常，否则就是触发特性不良或根本不能触发。

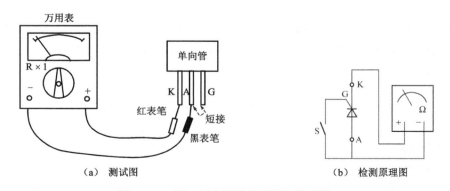

图 1.3.19　用万用表测量鉴别晶闸管质量

对 10～100A 的晶闸管，其处于大电流的控制极触发电压、维持电流都应增大，万用表的 R×1 挡提供的电流低于维持电流，使得导通情况不良，此时可按图 1.3.20（a）所示增加可变电阻 R_w（阻值选取 200～390Ω）和 1.5V 电池相串。测量方法同图 1.3.19（a）所示。

对 100A 以上的晶闸管，其处于更大电流的控制极触发电压、维持电流也更大。此时可采用图 1.3.20（b）所示的电路进行测试，万用表置于直流电流 500mA 挡，测量方法同图 1.3.19（a）所示。

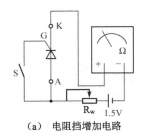

（a）电阻挡增加电路

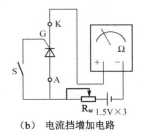

（b）电流挡增加电路

图 1.3.20　用万用表测量鉴别晶闸管质量（续）

晶闸管是否具有可控制性，最好进行通电实验加以判断。其测量电路如图 1.3.21 所示。

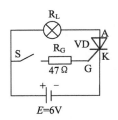

图 1.3.21　通电实验测量晶闸管导通特性

图中 VD 为待测晶闸管，R_L 为 6.3V 小电珠，是晶闸管导通时的负载，E 为电源，R_G 为控制极限流电阻。

当开关 S 断开时，晶闸管处于阻断状态，小电珠应不亮。若小电珠亮，说明晶闸管已击穿；若灯丝发红，说明晶闸管漏电严重。如果用直流电流表代替小电珠，就能测出漏电流的大小。

把开关 S 迅速闭合，晶闸管即被触发导通，小电珠得电点亮；再把开关 S 断开，小电珠应仍被点亮。若小电珠发光暗，说明晶闸管导通压降大，可用万用表直接测量管压降（通态管压降一般为 1V 左右）；若 S 断开，小电珠熄灭，说明控制极已损坏。

④ 晶闸管的主要技术参数。

a．正向阻断峰值电压。正向阻断峰值电压是在控制极断路和晶闸管正向阻断的条件下，可加到晶闸管 A、K 两端的正向电压最大值。使用时，实际正向电压不能超过这个数值。

b．反向阻断峰值电压。反向阻断峰值电压是指控制极断路时，可以加到晶闸管两端的反向电压最大值。此电压规定为反向击穿电压值的 80%。使用时，应注意反向电压不能超过这一数值。正、反向峰值电压一般都相等，统称峰值电压。若两者不等时，峰值电压则是指其中较小的。

c．额定正向平均电流。额定正向平均电流是指在规定的环境温度（400℃以下）和散热条件下，可以连续通过 50Hz 正弦波半波电流的平均值；通常说 5A 或 10A 的晶闸管，是指额定正向平均电流为 5A 或 10A。

d．控制极触发电压。控制极触发电压是指在规定的环境温度及阳极与阴极间加一定正向电压条件下，晶闸管从关断到导通时，控制极所需的最小直流电压。小功率晶闸管的触发电压为 1V 左右，中功率以上的晶闸管为几伏到几十伏。

e．控制极触发电流控制。控制极触发电流是指在规定的环境温度和阳极与阴极间加一定正向电压条件下，使晶闸管完全导通，控制极所需的最小直流电流。小功率晶闸管的触发电流为零点几到几毫安，中功率以上的晶闸管则要用到几十到几百毫安。

f. 维持电流。维持电流是指在规定的环境温度和控制极断路的条件下，维持晶闸管导通的最小正向电流。

五、任务评价

1. 评分标准

（1）电路板焊接安装完成情况分级评价

A 级：焊接安装无错漏，电路板插件位置正确，元器件极性正确，接插件、紧固件安装可靠牢固，电路板安装对位；整机清洁无污物。

B 级：元器件均已焊接在电路板上，但出现错误的焊接安装（1～2 个）元器件；或缺少（1～2 个）元器件或插件；或 1～2 个插件位置不正确或元器件极性不正确；或元器件、导线安装及字标方向未符合工艺要求；或 1～2 处出现烫伤和划伤处，有污物。

C 级：缺少（3～4 个）元器件或插件；3～4 个插件位置不正确或元器件极性不正确；或元器件、导线安装及字标方向未符合工艺要求；3～5 处出现烫伤和划伤处，有污物。

D 级：严重缺少（5 个以上）元器件或插件；5 个以上插件位置不正确或元器件极性不正确，元器件导线安装及字标方向未符合工艺要求；5 处以上出现烫伤和划伤处，有污物。

（2）元器件焊接工艺分级评价

A 级：所焊接的元器件的焊点适中，无漏、假、虚、连焊，焊点光滑、圆润、干净，无毛刺，焊点基本一致，引线加工尺寸及成形符合工艺要求；导线长度、剥线头长度符合工艺要求，芯线完好，捻线头镀锡。

B 级：所焊接的元器件的焊点适中，无漏、假、虚、连焊，但个别（1～2 个）元器件有毛刺，不光亮，或导线长度、剥线头长度不符合工艺要求现象，或捻线头无镀锡。

C 级：3～4 个元器件有漏、假、虚、连焊，或有毛刺、不光亮，或导线长度、剥线头长度不符合工艺要求，捻线头无镀锡。

D 级：有严重（超过 5 个元器件以上）漏、假、虚、连焊，或有毛刺，不光亮，导线长度、剥线头长度不符合工艺要求，捻线头无镀锡。

E 级：超过五分之一（超过 5 个元器件以上）的元器件没有焊接在电路板上。

2. 评价基本情况

元器件的插装与焊接情况评价见表 1.3.5，评分等级表见表 1.3.6。

表 1.3.5　元器件插装与焊接评价表

项目名称	声光控楼道灯电路的安装				得分
评价项目	内　容	配分	评分标准		
元器件引线成形及插装	1. 元器件引线成形情况 2. 插装位置	30	1. 元器件引线加工尺寸及成形应符合装配工艺要求。每错误一处扣 2 分。 2. 插装位置正确，电阻色环方向一致，字标方向易看，极性正确无误。每错误一处扣 3 分		

项目名称	声光控楼道灯电路的安装			得分
评价项目	内　　容	配分	评分标准	
焊接质量	1. 焊点质量情况 2. 元器件引出端处理情况	50	1. 焊点大小适中，无漏、假、虚、连焊等现象，焊点光滑、圆润、干净，无毛刺。每错误一处扣1分 2. 焊盘脱落。每出项一处扣3分 3. 元器件引线修剪长度适当，一致，美观。每错误一处扣1分	
信号连接线	导线的制作情况	5	导线长度、剥线头长度符合工艺要求，芯线完好，捻线头镀锡，每错误一处扣1分	
安装质量	板面整体情况	5	1. 集成电路以及二、三极管等及连接线安装均应符合工艺要求 2. 元器件安装牢固，排列整齐，同类元器件高度一致 3.电路板无烫伤和划伤处，整机清洁无污物。每错误一处扣1分	
安全文明操作	1. 工具的摆放情况 2. 工具的使用和维护	10	1. 工作台上的工具按要求摆放整齐，工作完成后台面整洁卫生。每错误一处扣2分 2. 注意用电安全，各工具的使用应符合安全规范，每错误一处扣5分	
合计		100		
教师总体评价				

表 1.3.6　评分等级表

评价分类	A	B	C	D	E
电路焊接完成情况					
焊接工艺情况					

六、任务小结

1. 总结在实施任务的过程中所出现的问题以及解决方法。

2. 简要叙述在本任务的学习中有哪些收获，掌握了哪些知识和技能。

项目 1.4　数字显示抢答器电路的安装

一、任务名称

本任务是数字显示抢答器电路的安装。在竞赛、文体娱乐活动（抢答活动）中，为了能准确、公正、直观地判断出哪一组或哪一位选手先答题，常使用抢答器来进行判断，通过抢答器以指示灯显示、数码显示和警示显示等手段指示出第一抢答者。本任务通过数字显示抢答器电路的安装，学习数字集成电路的使用常识。

二、任务描述

1. 数字显示抢答器电路组成

数字显示抢答器电路由抢答、编码、优先、锁存、数显及复位电路组成，它的组成原理图如图 1.4.1 所示。

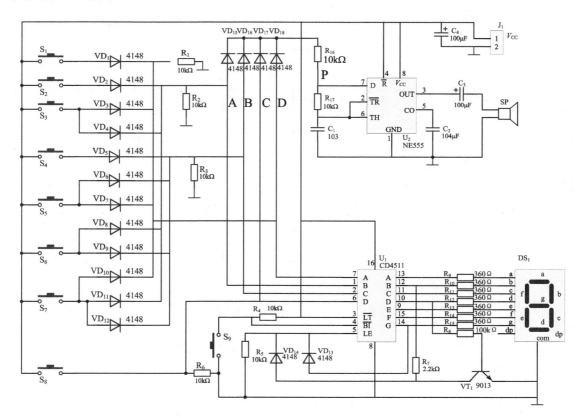

图 1.4.1　数字显示抢答器电路原理图

2. 数字显示抢答器电路的安装

① 印制电路板装配图如图 1.4.2 所示。

② 数字显示抢答器电路元器件列表见表 1.4.1 所示。

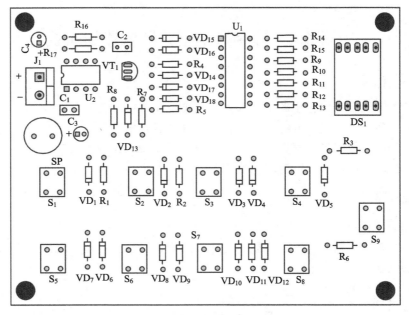

图 1.4.2 印制电路板装配图

表 1.4.1 数字显示抢答器电路元器件列表

序 号	标 称	名 称	规 格	序 号	标 称	名 称	规 格
1	C_1	电容	103	9	R_8	电阻	100kΩ 1/4W
2	C_2	电容	104	10	$R_9 \sim R_{15}$	电阻	360Ω1/4W
3	C_3、C_4	电解电容	100μF/10V	11	R_{16}、R_{17}	电阻	10kΩ 1/4W
4	$VD_1 \sim VD_{18}$	开关二极管	1N4148	12	U_1	集成电路	CD4511
5	DS_1	数码管	5011AH	13	U_2	集成电路	NE555
6	VT_1	三极管	9013	14	$S_1 \sim S_9$	微动开关	6*6*5
7	$R_1 \sim R_6$	电阻	10kΩ 1/4W	15	J_1	接线端子	KF301-2P
8	R_7	电阻	2kΩ	16	SP	蜂鸣器	12095

3. 数字显示抢答器电路安装工艺要求

构成数字显示抢答器电路的元器件主要有电阻、电容、二极管、三极管、集成电路、数码管、蜂鸣器、按键开关和接插件等。其中电阻、电容、二极管、三极管和接插件的引线成形、插装与焊接方式与前面有关章节中的要求基本一致，可以参照完成；对集成电路的安装焊接应该注意如下。

（1）防静电

集成电路如采用 CMOS 工艺，属电荷敏感器件，虽然说现今大多数集成电路内有保护电路，但人体所带静电有时可高达千伏。所以，标准工作环境应用防静电系统，一般情况下也尽可能使用工具夹持 IC，而且通过触摸大件金属体（如水管，机箱等）方式释放静电，也可通过佩戴静电环释放静电，如图 1.4.3 所示。

（2）对方位

无论何种 IC 插入时都有方位问题，通常 IC 插座及 IC 芯片本身都有明确的定位标志，但有些封装定位标志不明显，须查阅说明书。

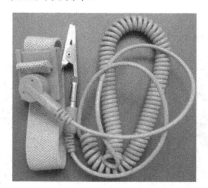

图 1.4.3　防静电手环

三、任务完成步骤

1. **数字显示抢答器电路焊接安装的方法和步骤**

（1）元器件检测

根据表 1.4.1 中所示电路元器件明细表，对元器件进行检测，并将检测结果填入表 1.4.2。

表 1.4.2　数字显示抢答器元器件检测表

序　号	标　称	名　称	检测结果	序　号	标　称	名　称	检测结果
1	C_1	电容		19	R_{13}	电阻	
2	C_2	电容		20	R_{14}	电阻	
3	C_3、C_4	电解电容		21	R_{15}	电阻	
4	VD_1～VD_{18}	开关二极管		22	R_{16}	电阻	
5	DS_1	数码管		23	R_{17}	电阻	
6	VT_1	三极管		24	U_1	集成电路	
7	R_1	电阻		25	U_2	集成电路	
8	R_2	电阻		26	S_1	微动开关	
9	R_3	电阻		27	S_2	微动开关	
10	R_4	电阻		28	S_3	微动开关	
11	R_5	电阻		29	S_4	微动开关	
12	R_6	电阻		30	S_5	微动开关	
13	R_7	电阻		31	S_6	微动开关	
14	R_8	电阻		32	S_7	微动开关	
15	R_9	电阻		33	S_8	微动开关	
16	R_{10}	电阻		34	S_9	微动开关	
17	R_{11}	电阻		35	J_1	接线端子	
18	R_{12}	电阻		36	SP	蜂鸣器	

（2）元器件插装前预处理、成形

为保证引线成形的质量和一致性，应使用专业工具或成形模具，按"项目 1.1→四、→2."要求完成。

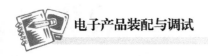

（3）元器件的插装与焊接

按照数字显示抢答器电路插装、焊接的基本要求进行元器件的插装与焊接。焊接安装完成后的数字显示抢答器实物电路如图 1.4.4 所示。

图 1.4.4　数字显示抢答器实物电路

2. 数字显示抢答器电路焊接安装的检查

手工焊接的检查可分为目视检查和手触检查两种，均可按"项目 1.1→三、→3."的要求完成。

四、相关知识

1. 集成电路

集成电路（英文缩写 IC），是将有源元件（如晶体管等）、无源器件（如电阻、电容等）及其互连布线制作在一块极小的硅片上，形成结构上紧密联系，在外面看不出所用器件的一个整体电路。

集成电路的外形封装有圆形金属外壳、菱形金属外壳、双列或单列直插型、扁平封装型等。外形不同或内部电路不同时，引脚数目也不同，常见有 8、10、12、14、16 脚等多种。表 1.4.3 为常见集成电路介绍。

表 1.4.3　常见集成电路

名　称	封装标准	引脚数/间距	特点及其应用
金属圆形 Can TO-99		8，12	可靠性高，散热和屏蔽性能好，价格高主要用于高档产品
功率塑封 ZIP-TAB		3，4，5，8，10，11，12，16	散热性能好，用于大功率器件
双列直插 DIP，SDIP，DIPtab		8，14，16，20，22，24，28，40 2.54mm/1.78mm 标准/窄间距	塑封造价低，应用最广泛，陶瓷封装造价耐高温，造价较高，用于高档产品

续表

名　称	封装标准	引脚数/间距	特点及其应用
单列直插 SIP, SSIP SIPtab		3, 5, 7, 8, 9, 10, 12, 16 2.54mm/1.78mm 标准/窄间距	造价低且安装方便, 广泛用于民品
双列表面安装 SOP SSOP		5, 8, 14, 16, 20, 22, 24, 28 2.54mm/1.78mm 标准/窄间距	体积小, 用于微组装产品
扁平封装 QFP SQFP		32, 44, 64, 80, 120, 144, 168 0.88mm/0.65mm QFP/SQFP	引脚数多, 用于大规模集成电路
软封装		直接将芯片封装在 PCB 上	造价低, 主要用于低价格民品, 如玩具 IC 等。

（1）集成电路的分类

目前，集成电路通常分为数字集成电路和模拟集成电路。前者由若干个逻辑电路组成，后者由各种线性及非线性电路组成。就集成度而言，集成电路分为小规模（SSI，每片数十器件）、中规模（MSI，每片数百器件）、大规模（LSI，每片数千器件）和超大规模（VLSI，每片器件数目大于 1 万器件）集成电路，它表明了一个基片上所集中的元器件的数目。从结构上看，集成电路又有半导体集成电路、厚膜集成电路及混合这两种工艺做成的混合集成电路。

集成电路具有体积小、重量轻、功能集中、工作可靠、功耗低、价格低等特点，大大简化了产品结构等优点，被广泛用于电子设备及电子计算机中。

根据 GB 3430—1989 规定，国产集成电路的型号由五部分组成，各部分的意义如表 1.4.4 所示。

表 1.4.4　国产集成电路型号各部分组成及意义

第一部分		第二部分		第三部分	第四部分		第五部分	
序号	意义	符号	意义	数字	符号	意义	符号	意义
C	中国制造	T	TTL		C	0~70		
		H	HTL		E	−40~85	B	塑料扁平
		E	ECL		R	−55~85	F	多层陶瓷扁平
		C	CMOS		M	−55~125	D	多层陶瓷双列直插
		F	线性放大器				P	塑料双列直插
		D	音响、电视电路				J	黑瓷双列直插
		W	稳压器				K	金属菱形
		J	接口电路				T	金属圆形
		B	非线性电路					
		M	存储器					
		μ	微型机电路					

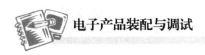

表 1.4.5 所示为美国先进微器件公司（AMD）器件型号命名规则。

表 1.4.5　国外集成电路命名举例

AM	29L509	P	C	B
AMD 首标	器件编号	封装形式	温度范围	分　类
	"L"：低功耗	D：铜焊双列直插（多层陶瓷）	C：商用温度	没有标志的为标准加工产品，标有"B"的为已老化产品
	"S"：肖特基	L：无引线芯片载体	（0～70）℃或（0～70）℃	
	"LS"：低功耗肖特基	P：塑料双列直插	（0～75）	
	21：MOS 存储器	E：扁平封装（陶瓷扁平）	M：军用温度	
	25：中规范（MSI）	X：管芯	（−55～125）℃	
	26：计算机接口	A：塑料球栅阵列	H：商用	
	27：双极存储器或 EPROM	B：塑料芯片载体	（0～110）℃	
	28：MOS 存储器	C、D：密封双列	I：工业用	
	29：双极微处理器	E：薄的小引线封装	（−40～85）℃	没有标志的为标准加工产品，标有"B"的为已老化产品
	54/74：同 25	G：陶瓷针栅陈列	N：工业用	
	60、61、66：模拟，双极	Z、Y、U、K、H：塑料四面引线扁平	（−25～85）℃	
	79：电信	J：塑料芯片载体（PLCC）	K：（特殊军用）	
	80：MOS 微处理器	L：陶瓷芯片载体（LCC）	（−30～125）℃	
	81、82：MOS 和双极处围电路	V、M：薄的四面引线扁平	L：限制军用	
	90：MOS	P、R：塑料双列	（−55～85）℃	
	91：MOS RAM	S：塑料小引线封装	125	

（2）集成电路的选用和使用注意事项

在选用集成电路时，应根据实际情况，查器件手册，选用功能和参数都符合要求的集成电路。集成电路在使用时，应注意以下几个问题。

① 集成电路在使用时，不许超过参数手册规定的参数数值。

② 集成电路插装时要注意引脚序号方向，不能插错。

③ 扁平型集成电路外引出线成形、焊接时，引脚要与印制电路板平行，不得穿引扭焊，不得从根部弯折。

④ 集成电路焊接时，不得使用大于 45W 的电烙铁，每次焊接的时间不得超过 10s。集成电路引出线间距较小，在焊接时不得相互锡连，以免造成短路。

⑤ CMOS 集成电路有金属氧化物半导体构成的非常薄的绝缘氧化膜，可由栅极的电压控制源和漏区之间的电路，而加在栅极上的电压过大，栅极的绝缘氧化膜容易被击穿。一旦发生了绝缘击穿，就不可能再恢复集成电路的性能。CMOS 集成电路为保护栅极的绝缘氧化膜免遭击穿，虽备有输入保护电路，但这种保护也有限，使用时如不小心，仍会引起绝缘击穿。

在数字显示抢答器电路中使用到的数字集成电路有 CD4511 和 555 集成定时器，如图 1.4.5 所示。

2. LED 数码管

（1）数码管的结构和分类

LED 数码管（又称七段半导体数码显示器、七段数码显示器或七段数码管等），是数字式显示装置的重要部件，外形如图 1.4.6（a）所示。由 7 个字段和 1 个小数点组成的，每一段对应一个发光二极管，当发光二极管点亮时，相应的字段点亮，从而组成一个字符并显示出来，如图 1.4.6（b）所示为数字 0～9 的显示。

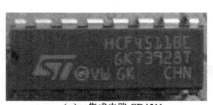

（a）集成电路 CD4511

（b）555 集成定时器

图 1.4.5　集成电路 CD4511 和 TLC555

（a）LED 数码管

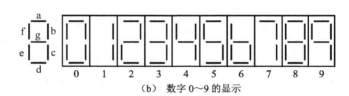

（b）数字 0～9 的显示

图 1.4.6　LED 数码管

外形相同的数码管，由于其内部七段发光二极管的连接方法不同，分为共阳和共阴两种类型，内部结构如图 1.4.7 所示，"COM" 分别表示公共阳极或公共阴极，a～g 是 7 个笔画电极，dp 为小数点。共阳极的数码管其公共端应接电源正极，如图 1.4.8（a）所示；共阴极的数码管其公共端接地，如图 1.4.8（b）所示。发光二极管的正向导通（点亮）电压为 1.2～2.5V，反向击穿电压为 5V。

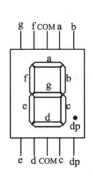

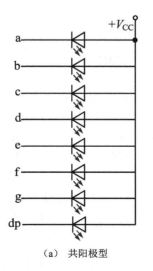

（a）共阳极型

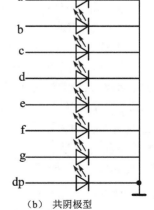

（b）共阴极型

图 1.4.7　某数码管的引脚排列图　　　　图 1.4.8　LED 数码管内部结构

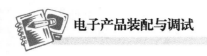

（2）LED 数码管的检测

LED 数码管外观要求颜色均匀、无局部变色及无气泡等，可用万用表和干电池进行检测。

① LED 数码管共阳极、共阴极的检测方法。判断 LED 数码管是共阴极还是共阳极，将万用表置于 R×1 挡，并串联上两节 1.5V 电池（也可以不接电池），检测接法如图 1.4.9 所示。

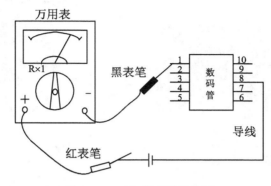

图 1.4.9　LED 数码管的检测

把黑表笔接 LED 数码管的 1 脚（除 3 脚和 8 脚外，其余脚均可接），将电池负极引出一条软线，用软线接触 8 脚（或 3 脚），若 LED 数码管笔画发光，则此 LED 数码管是共阴极的；若 LED 数码管笔画不发光，把红表笔接 LED 数码器的 1 脚（除 3 脚和 8 脚外，其余脚均可接），将电池负极接黑表笔，电池正极引出一条软线，用软线接触 8 脚（或 3 脚），若 LED 数码管笔画发光，则此 LED 数码管是共阳极。

② LED 数码管发光情况检测方法。

a．用干电池进行检测。以共阴极数码管为例介绍检测方法，电路如图 1.4.9 所示。将电池负极引出线固定接触在 LED 数码管的公共阴极上，电池正极引出线依次移动，接触各笔画电极，这一根引出线接触到某一笔画的正极时，那一笔画就应发光。

共阳极 LED 数码管检测方法与共阴极 LED 数码管的检测方法一样，只是把电池、表笔极性互换一下即可。

检测时，若某笔画发光黯淡，说明器件已经老化，发光效率变低。如果某一笔画没有发光就叫断笔，是由于该段的发光二极管损坏造成的。而如果两个笔画都显示出来（或某些笔画连在一起），就叫连笔。

b．用万用表进行检测。使用万用表的 R×10k 挡也可直接检测 LED 数码管是共阳极、共阴极以及 LED 数码管的发光情况。

以共阴极数码管为例介绍检测方法，将万用表置于 R×1k 或 R×10k 挡，红表笔接 3 脚或 8 脚，用黑表笔依次去接触其他引脚，黑表笔接触哪个引脚，对应的笔画就会发光（其发光亮度比上面的方法检测要暗），同时万用表指针应大幅度摆动，如果黑表笔接触引脚时，它对应的笔画不发光，万用表指针也不摆动，说明该笔画已经损坏。

若检测共阳极数码管，只需将表笔对调一下，方法同上。

3．蜂鸣器

蜂鸣器是一种一体化结构的电子发声器，它只能发出单一的音频。不论输入蜂鸣器的是交流电压或是直流电压，只要达到蜂鸣器的额定电压，它就会发出声响。通常采用直流电压供电，广泛应用于计算机、打印机、复印机、报警器、电子玩具、汽车电子设备、电话机、定时器等电子产品中。

蜂鸣器主要有压电式和电磁式两种类型。

压电式蜂鸣器主要由多谐振荡器、压电蜂鸣片、阻抗匹配器及共鸣箱、外壳等组成。有的压电式蜂鸣器外壳上还装有发光二极管。当接通电源后（1.5～15V 直流工作电压），多谐振荡器起振，输出 1.5～2.5kHz 的音频信号，阻抗匹配器推动压电蜂鸣片发声。

电磁式蜂鸣器由振荡器、电磁线圈、磁铁、振动膜片及外壳等组成。接通电源后，振荡器产生的音频信号电流通过电磁线圈，使电磁线圈产生磁场。振动膜片在电磁线圈和磁铁的相互作用下，周期性地振动发声。

蜂鸣器的电路图形符号和常用的蜂鸣器实物图如图 1.4.10 所示，蜂鸣器在电路中常用字母"LS"或"HA"表示。

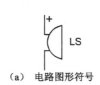

（a）电路图形符号　　　　　　　　（b）实物图

图 1.4.10　蜂鸣器的图形符号及实物图

检测蜂鸣器可以用万用表电阻挡 R×1 挡测试：用黑表笔接蜂鸣器"+"引脚，红表笔在另一引脚上来回碰触，正常的蜂鸣器会发出轻微的"喀喀"声且显示出电阻只有 8Ω 或 16Ω（无源蜂鸣器）；如果能发出持续声音的，且电阻在几百欧以上的，是有源蜂鸣器。如果无"喀喀"声且电阻为无穷大，则表明蜂鸣器损坏。

五、任务评价

1. 评分标准

（1）电路板焊接安装完成情况分级评价

A 级：焊接安装无错漏，电路板插件位置正确，元器件极性正确，接插件、紧固件安装可靠牢固，电路板安装对位；整机清洁无污物。

B 级：元器件均已焊接在电路板上，但出现错误的焊接安装（1～2 个）元器件；或缺少（1～2 个）元器件或插件；或 1～2 个插件位置不正确或元器件极性不正确；或元器件、导线安装及字标方向未符合工艺要求；或 1～2 处出现烫伤和划伤处，有污物。

C 级：缺少（3～4 个）元器件或插件；3～4 个插件位置不正确或元器件极性不正确；或元器件、导线安装及字标方向未符合工艺要求；3～5 处出现烫伤和划伤处，有污物。

D 级：严重缺少（5 个以上）元器件或插件；5 个以上插件位置不正确或元器件极性不正确，元器件导线安装及字标方向未符合工艺要求；5 处以上出现烫伤和划伤处，有污物。

（2）元器件焊接工艺分级评价

A 级：所焊接的元器件的焊点适中，无漏、假、虚、连焊，焊点光滑、圆润、干净，无毛刺，焊点基本一致，引线加工尺寸及成形符合工艺要求；导线长度、剥线头长度符合工艺要求，芯线完好，捻线头镀锡。

B 级：所焊接的元器件的焊点适中，无漏、假、虚、连焊，但个别（1～2 个）元器件有

毛刺，不光亮，或导线长度、剥线头长度不符合工艺要求现象，或捻线头无镀锡。

C 级：3～4 个元器件有漏、假、虚、连焊，或有毛刺、不光亮，或导线长度、剥线头长度不符合工艺要求，捻线头无镀锡。

D 级：有严重（超过 5 个元器件以上）漏、假、虚、连焊，或有毛刺，不光亮，导线长度、剥线头长度不符合工艺要求，捻线头无镀锡。

E 级：超过五分之一（超过 5 个元器件以上）的元器件没有焊接在电路板上。

2．评价基本情况

元器件的插装与焊接情况评价见表 1.4.6，评分等级表见表 1.4.7。

表 1.4.6　元器件插装与焊接评价表

项目名称	数字显示抢答器电路的安装			得分
评价项目	内　容	配分	评分标准	
元器件引线成形及插装	1．元器件引线成形情况 2．插装位置	30	1．元器件引线加工尺寸及成形应符合装配工艺要求。每错误一处扣 2 分 2．插装位置正确，电阻色环方向一致，字标方向易看，极性正确无误。每错误一处扣 3 分	
焊接质量	1．焊点质量情况 2.元器件引出端处理情况	50	1．焊点大小适中，无漏、假、虚、连焊等现象，焊点光滑、圆润、干净，无毛刺。每错误一处扣 1 分 2．焊盘脱落。每出项一处扣 3 分 3．元器件引线修剪长度适当，一致，美观。每错误一处扣 1 分	
信号连接线	导线的制作情况	5	导线长度、剥线头长度符合工艺要求，芯线完好，捻线头镀锡，每错误一处扣 1 分	
安装质量	板面整体情况	5	1．集成电路以及二、三极管等及连接线安装均应符合工艺要求 2．元器件安装牢固，排列整齐，同类元器件高度一致 3．电路板无烫伤和划伤处，整机清洁无污物。每错误一处扣 1 分	
安全文明操作	1．工具的摆放情况 2．工具的使用和维护	10	1．工作台上的工具按要求摆放整齐，工作完成后台面整洁卫生。每错误一处扣 2 分 2．注意用电安全，各工具的使用应符合安全规范，每错误一处扣 5 分	
合计		100		
教师总体评价				

表 1.4.7　评分等级表

评价分类	A	B	C	D	E
电路焊接完成情况					
焊接工艺情况					

六、任务小结

1. 总结在实施任务的过程中所出现的问题以及解决方法。

2. 简要叙述在本任务的学习中有哪些收获，归纳总结任务中所用到的知识和技能。

电路的测量与调试

项目 2.1　直流稳压电源电路的测量与调试

任务 2.1.1　单相桥式整流滤波电路的测量与调试

一、任务名称

本任务为单相桥式整流滤波电路的测量与调试。在生产生活中许多地方需用到直流稳压电源，而在我们周围取用很方便的电源是电网送达的正弦交流电，故怎样将交流电转换为平滑的脉动直流电（即整流滤波）是电子技术中的一项基础技术，二极管和电容在整流、滤波技术中发挥了重要的作用。

二、任务描述

1. 单相桥式整流滤波电路组成

单相桥式整流滤波电路由单相桥式整流电路和电容滤波电路组成，4 个整流二极管 $VD_1{\sim}VD_4$（1N4007）构成桥式整流电路，负载 R_L 两端并联滤波电容 C_1 构成电容滤波电路。单相桥式整流滤波电路如图 2.1.1 所示，外接交流电压为 12V，可以选择 220V/12V 变压器实现或直接选择 12V 工频交流信号接入电路。实物图 PCB 板（本电路与下一节内容为同一块电路板）如图 2.1.2 所示，所用到的元器件列表见表 2.1.1。

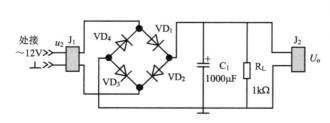

图 2.1.1　单相桥式整流滤波电路原理图

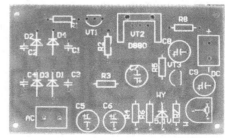

图 2.1.2　单相桥式整流滤波电路实物图

表 2.1.1　单相桥式整流滤波电路元器件表

序　号	标　称	名　称	规　格
1	C_1	电解电容	1000μF/35V
2	R_L	电阻	1kΩ
3	$VD_1 \sim VD_4$	整流二极管	1N4007
4	$J_1、J_2$	接线座	2PIN

2. 单相桥式整流滤波电路功能描述

图 2.1.2 中所示的单相桥式整流滤波电路，将外接的 12V 交流电变成脉动的直流电；经由滤波电容 C_1 滤去部分交流成分（纹波电压）后，将脉动的直流电变得较为平滑输送给负载电阻 R_L，整流滤波电路可作为稳压电源的前级。

3. 要求测试的数据

（1）输入交流电压的大小、输出电压的大小。

（2）需要测试的信号有交流输入电压的波形，未接入滤波电容时输出电压的波形和输出电压的大小，接入滤波电容时输出电压 U_o 的波形和输出电压 U_o 的大小。

4. 仪器设备的使用

在电子产品的测量与调试过程中不能单凭感觉和印象，而要始终借助仪器进行观察，因此，仪器设备的使用在电子产品的测量与调试过程中显得尤为重要。

① 直流稳压电源。为电子线路提供直流电源，有固定输出的电压和可调输出电压两种。

② 指针式万用表或数字万用表。万用表是一种多用途、多量程的仪表，一般能测量直流电压、直流电流、交流电压、交流电流、电阻等，有的万用表还能测量电容、电感和晶体管的 h_{FE} 值（直流电流放大系数）等，是电子工程技术领域中不可缺少的仪表。目前常用的万用表有指针式和数字式两种。

③ 示波器。在实际测量过程中，常常需要知道各种信号波形及波形变化，从而得知波形的各种参数，这就要用到示波器。用示波器可以测量直流电位，各种信号的波形、周期与幅度等参数。用双踪示波器还可同时观察两个波形的相位关系。调试中所用示波器频带要大于被测信号的频率，才能方便地看清楚所测的信号波形。

④ 信号发生器。信号发生器用于产生各种测试信号，如音频，高频，脉冲，函数，扫频等信号。

以上四种仪器是电子产品测量与调试、故障诊断时经常要用到的，通常根据实际需要各种仪器配合起来使用。当然，根据被测电路的需要还可选择其他仪器，比如毫伏表、计数器、逻辑分析仪、集成电路测试仪等。

三、任务完成

1. 正确选择仪器设备

根据被测试信号的特点和测量的要求选择正确的仪器设备，这里要求测试的数据是交流输入电压的波形，以及输出电压的波形，需要知道波形的周期与幅度，选择示波器可以完成该测试；而交流电压有效值、输出电压有效值的测量可以使用万用表来实现。

2. 正确连接仪器设备与测试点

① 示波器与测试点的正确连接：先将示波器探头的接地端与被测电路板的地连接好，再将示波器探头的正端与测试点连接好。

② 万用表与测试点的正确连接：交流地与直流地的区分。

3. 数据的测量

（1）桥式整流电路

① 不接入滤波电容 C_1，如图 2.1.3 所示。

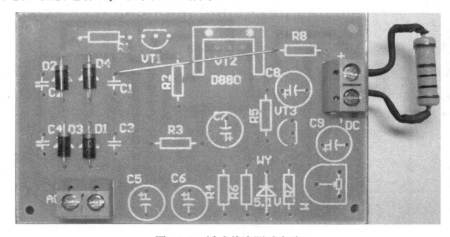

图 2.1.3　桥式整流测试电路

② 用万用表的交流电压挡测量变压器次级电压 u_2 的有效值 U_2，用直流挡测量整流电路输出脉动直流电压 U_o，将测量数据记录于表 2.1.2 中。

表 2.1.2　输入电压 U_2 和输出电压 U_o

交流输入电压 U_2	输出电压 U_o

③ 用示波器观察交流电压 u_2 和整流输出的脉动直流电压 U_o 的波形，并将波形记录于表 2.1.3 和表 2.1.4 中。

表 2.1.3　交流输入电压 u_2 的波形

交流输入电压 u_2 波形	周　　期	幅　　度
	量程范围	量程范围

表 2.1.4 输出电压 U_o 的波形

输出电压 U_o 波形	周　　期	幅　　度
	量程范围	量程范围

（2）桥式整流电容滤波电路

① 接入滤波电容 C_1，如图 2.1.4 所示。

图 2.1.4 桥式整流测试电路

② 用万用表的交流电压挡测量 u_2 的有效值 U_2，用直流挡测量 U_o，并将数据记录于表 2.1.5 中。

表 2.1.5 输入电压 U_2 和输出电压 U_o

交流输入电压 U_2	输出电压 U_o

③ 用示波器观察变压器次级交流电压 u_2 和桥式整流滤波电路输出电压 U_o 的波形，并将波形记录于表 2.1.6 和表 2.1.7 中。

表 2.1.6 交流输入电压 u_2 波形

交流输入电压 u_2 波形	周　　期	幅　　度
	量程范围	量程范围

表 2.1.7　输出电压 U_o 的波形

输出电压 U_o 波形	周　期	幅　度
	量程范围	量程范围

结论：

四、相关知识

1. 直流稳压电路的组成

能将交流电转变成稳定的直流电压输出的电路称为直流稳压电路。直流稳压电源由电源变压器、整流电路、滤波电路和稳压电路四部分组成，如图 2.1.5 所示。变压器将常规的交流电压（220V、380V）变换成低电压；整流电路将交流电压变换成单方向脉动的直流电；滤波电路再将单方向脉动的直流电中所含的大部分交流成分滤掉，得到一个较平滑的直流电；稳压电路用来稳定输出电压。在本任务中，主要涉及二极管整流电路和电容滤波电路。

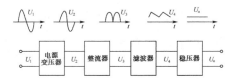

图 2.1.5　直流稳压电源组成框图

（1）整流电路

把交流电转变为脉动直流电的电路称为整流电路。根据整流后输出电压的波形不同，整流电路可分为半波整流电路和全波整流电路（变压器抽头式全波整流电路和桥式整流电路）。

整流二极管在整流技术中发挥着重要的作用。整流二极管是将交流电转变（整流）成脉动直流电的二极管，其特点是允许通过的电流比较大，反向击穿电压比较高，但 PN 结结电容比较大，一般用于处理频率不高的电路中，例如整流电路、嵌位电路、保护电路等。整流二极管在使用中主要考虑的问题是最大整流电流和最高反向工作电压，其值应该大于实际工作中的值。整流二极管的外壳封装常采用金属壳封装、塑料封装和玻璃封装三种形式，如图 2.1.6 所示。

整流二极管的电路图形符号、检测方法与普通的二极管一致。

① 单相半波整流电路。如图 2.1.7（a）所示为单相半波整流电路，变压器 T 的作用是将单相交流电源有效值 220V 降到所需要的电压有效值 U_2，二极管 VD 的作用是实现单向导电，负载 R_L 是指耗用直流电的汽车，如电热毯、锂电池等。R_L 的数值是用电器在电路中呈现的电阻值。正弦交流电经过该电路后将转变成单相半波脉动电，如图 2.1.7（b）所示。

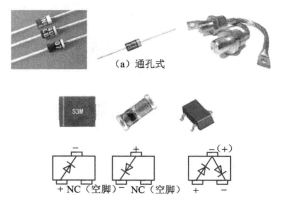

图 2.1.6　整流二极管

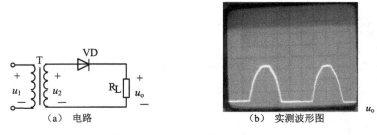

（a）电路　　　　　　　　（b）实测波形图

图 2.1.7　单相半波整流电路

输入波形的正半周，即 $u_2>0$ 时，二极管导通，忽略二极管正向压降，输出波形跟随输入波形，$u_o=u_2$；输入波形的负半周，$u_2<0$ 时，二极管截止，电路无输出电压，$u_o=0$，因此在输出端得到只有正半周输出的信号，如图 2.1.8 所示。因为这种电路只有在交流电压半个周期内才有电流流过负载，即负载上得到一个单向的半波脉动电流，故称半波整流电路。

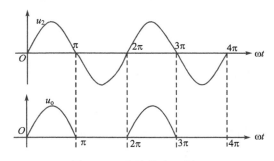

图 2.1.8　半波整流 u_o 波形

注意：整流电路是利用二极管的单向导电性实现将交流电变为单方向波动的直流电。为分析简单起见，把二极管当做理想元件处理，即二极管的正向导通电阻为零，反向电阻为无穷大。

在半波整流电路中，输出电压平均值 U_o（在一个周期内的平均值）为：

$$U_o = U_L = \frac{\sqrt{2}U_2}{\pi} = 0.45U_2 \quad （U_2 为变压器二次绕组电压有效值）$$

上式说明：半波整流负载上得到的直流电压只有变压器次级电压有效值的 45%，如考虑

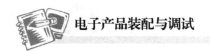

二极管的正向电阻、变压器的次级内阻等实际情况，得到的输出电压值会更低。因此，半波整流电路的效率较低。

② 单相全波整流电路。单相半波整流电路的缺点是只利用了电源的半个周期，整流电压的脉动大，输出电压的平均值小。为了克服这些缺点，通常采用全波整流电路，其中应用广泛的是单相桥式整流电路。

桥式整流电路可由四个二极管接成电桥形式构成，如图 2.1.9 所示。也可由整流器件桥堆实现，常用桥堆如图 2.1.10 所示。桥堆有四根引脚，其中标有"~"符号的两根引脚是交流电源输入引脚，可以互换使用，标有"+"符号的是直流电压正极性输出引脚，标有"−"符号的是直流电压负极性输出引脚。

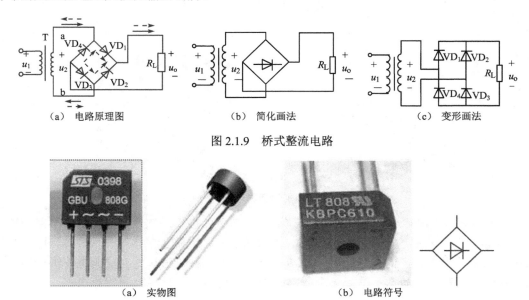

（a）电路原理图　　　　（b）简化画法　　　　（c）变形画法

图 2.1.9　桥式整流电路

（a）实物图　　　　　　　（b）电路符号

图 2.1.10　桥堆及其电路符号

注意：桥堆质量鉴别可以使用万用表的"R×1k"或"R×10k"挡测直流输出端、交流输入端的电阻来进行。正常时直流输出端正反向电阻相差很大，交流输入端电阻均为趋近于无穷大。

在变压器次级电压输入信号 u_2 的正半周，二极管 VD$_1$ 和 VD$_3$ 承受正向电压导通，VD$_2$ 和 VD$_4$ 承受反向电压截止，电流 i_1 的通路为 a→VD$_1$→R_L→VD$_3$→b，负载获得由上至下的正半周电流；在输入信号 u_2 的负半周：VD$_2$、VD$_4$ 导通，VD$_1$、VD$_3$ 截止。负载上面仍然获得由上至下的负半周电流。电流通路 i_2 为：b→VD$_2$→R_L→VD$_4$→a，如图 2.1.9 电路图上的标示，桥式整流 u_o 波形如图 2.1.11 所示。

桥式整流电路输出电压是半波整流的两倍，即

$U_o=0.9U_2$　　　　　　　（U_2 为变压器二次绕组电压有效值）

因此，与半波整流电路相比，全波整流电路有效地利用了交流电的负半周，提高了整流的效率。

（2）滤波电路

交流电经整流后输出单向脉动电，脉动电中有直流成分和交流成分（交流成分通常称为

纹波）。将脉动直流电转换为平滑直流电的电路成为滤波电路。电容和电感是基本的滤波元件，利用它们在二极管导电时储存一部分能量，然后再逐渐释放出来，从而得到比较平滑的波形。常用的滤波电路如图 2.1.12 所示。

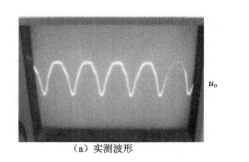

（a）实测波形

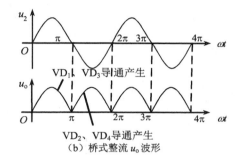

（b）桥式整流 u_o 波形

图 2.1.11　桥式整流波形图

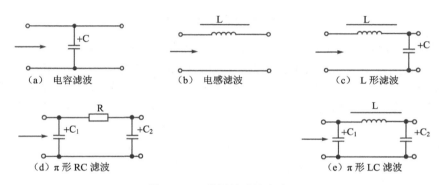

（a）电容滤波　　　（b）电感滤波　　　（c）L 形滤波

（d）π 形 RC 滤波　　　　　　（e）π 形 LC 滤波

图 2.1.12　常用的滤波电路

① 单相半波整流滤波电路。如图 2.1.13（a）所示为单相半波整流滤波电路，滤波电容并接在 A、B 两端（因 A 点电位高于 B 点电位，故滤波电容采用电解电容时不能接反）。图 2.1.13（b）是单相半波整流电容滤波实测波形显示，通过比较输入和输出电压波形，可看到负载 R_L 两端电压 u_o 波形得到明显改善。

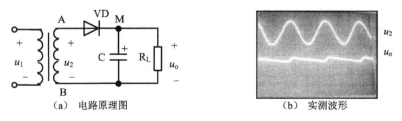

（a）电路原理图　　　　　　　　　（b）实测波形

图 2.1.13　单相半波整流电容滤波电路

在图 2.1.13（a）所示电路中，A 点电位随交流电压 u_2 变化，当 A 点电位大于 M 点电位时，二极管 VD 导通，电容 C 充电，M 点电位随电容充电而升高。当 M 点电位大于 A 点电位时，二极管 VD 截止，电容 C 通过 R_L 放电，M 点电位随电容放电而降低；当 M 点电位小于 A 点 VD 又导通，电容 C 再次充电。如此周而复始进行，负载两端电压 u_o 就是电容上充放电电压，如图 2.1.14 所示。电容器的电容量越大，负载上电压 u_o 的波形就越平滑，脉动就会改善。

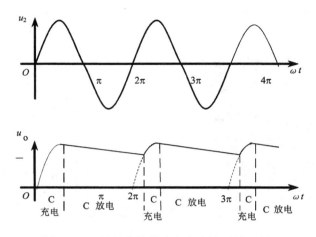

图 2.1.14　单相半波整流电容滤波 u_o 波形图

② 单相桥式整流滤波电路。图 2.1.15 为单相桥式整流滤波电路，由在桥式整流输出端并联滤波电容构成。电容滤波在桥式整流滤波电路中的工作原理与半波整流时一样，不同点是桥式整流电路中 u_2 在负半周也对电容器 C 充电，即在一周期内 u_2 对电容器 C 充电两次，电容器向负载电阻放电的时间缩短，因此输出电压比半波整流滤波电路输出电压更加平滑。

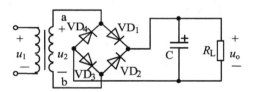

图 2.1.15　单相桥式整流电容滤波电路

③ 整流滤波电路负载上单向脉动电压、电流平均值估算，如表 2.1.8 所示。

表 2.1.8　整流滤波电路的性能

电路形式	输入交流电压有效值	负载两端电压平均值 U_o		负载电流平均值 I_o	二极管流过平均电流 I_V	二极管承受最大反向电压 U_{Rm}
		带负载时	负载开路时			
单相半波整流电容滤波	U_2	（1~1.1）U_2	$\sqrt{2}U_2$	（1~1.1）U_2 / R_L	$I_V = I_o$	$2\sqrt{2}U_2$
单相桥式整流电容滤波	U_2	$1.2U_2$	$\sqrt{2}U_2$	$1.2U_2 / R_L$	$I_V = \dfrac{1}{2}I_o$	$\sqrt{2}U_2$

利用电容滤波时应注意下列问题：

a．滤波电容容量较大，一般用电解电容，应注意电容的正极性接高电位，负极性接低电位。如果接反则容易击穿、爆裂。

b．开始时，电容 C 上的电压为零，通电后电源经整流二极管给 C 充电。通电瞬间二极管流过短路电流，称为浪涌电流。一般是正常工作电流的（5~7）倍，所以选二极管参数时，正向平均电流的参数应选大一些。同时在整流电路的输出端应串一个 0.02~0.01W 的电阻，以保护整流二极管。

c．在桥式整流电容滤波电路中，根据经验负载两端电压平均值在 12~36V，不同输出电流时，滤波电容容量选取的参考值如表 2.1.9 所示，滤波电容的耐压应大于 $2U_2$。

表 2.1.9　滤波电容容量选取参考值

输出电流 L/A	2	1	0.5~1	0.1~0.5	100mA 以下	50mA 以下
滤波电容的容量/μF	4 000	2 000	1 000	470	220~470	220

2．万用表的使用注意事项

（1）万用表测直流电流

使用万用表测直流电流时，应该将万用表串联在电路中（红表笔接高电位，黑表笔接低电位），观察表的指针所指的刻度并读数，如图 2.1.16 所示。

如果不知道被测电流的方向，那么先选择最大电流挡量程，在被测电路一端先接好一支表笔，另一支表笔在电路另一端轻轻地碰一下，如果指针向右摆动，说明接线正确，如果指针向左摆动，说明表笔接反了，应把表笔调换。在看清读数和刻度的同时尽量选用大量程挡位，因为挡位越大，分流电阻越小，电流表对被测电路的影响和引入的误差也越小。

测量完直流电流再去测量直流电压时，一定要记住换到直流电压挡。

（2）万用表测电压

如果不知道被测电压的极性，可按照测量直流电流时的方法试一下，若指针向右偏转即可进行测量；若指针向左偏转，则把红、黑表笔调换位置，才可测量。

测量时，万用表的两支表笔与被测电路并联，并注意被测点的电压极性。正确接法是红表笔接电压高的一端，黑表笔接电压低的一端，如图 2.1.17 所示。

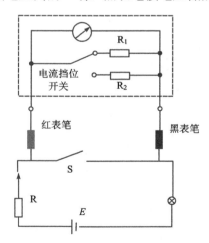

图 2.1.16　直流电流测量原理示意图

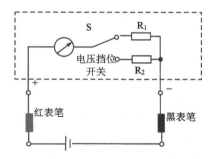

图 2.1.17　直流电压测量原理示意图

注意：电压与电位的关系。

电压又称为电位差，它总是和电路中的两个点有关。电压的方向规定为由高电位端（"+"极性）指向低电位端（"−"极性），即为电位降低的方向。计算电位也要先指定一个计算电位的起点，称为零电位。原则上零电位点可以任意指定，但习惯上常规定大地的电位为零。电路图中，常用符号"⊥"表示参考点。实际上，电子设备的机壳虽然不一定真的和大地连接，但有很多元件都要汇集到一个公共点，为了方便起见，可规定这一公共点为零电位。

参考点的电位规定为零，电路中某点与参考点之间的电压就是该点的电位。低于参考点的电位是负电位，高于参考点的电位是正电位。电位的单位与电压的单位一样，也是 V。

3．示波器的使用方法

双踪示波器是目前实验室中广泛使用的一种示波器。MOS-620CH 双踪示波器，最大灵敏度为 5mV/div，最大扫描速度为 0.2μs/div，并可扩展 10 倍使扫描速度达到 20ns/div。面板如图 2.1.18 所示。

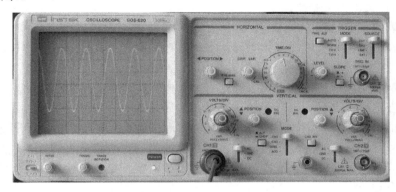

图 2.1.18　GOS-620 双踪示波器

（1）测量前的准备工作

① 将电源线接交流电源插座，然后打开电源，电源指示灯亮，约 20s 后屏幕出现光迹。调节亮度和聚焦旋钮，使光迹清晰度较好。如未出现光迹，检查示波器各控制开关和旋钮的设置是否和表 2.1.10 一致。

表 2.1.10　示波器功能键设置

功　能	设　置	功　能	设　置
电源（POWER）	开	AC—GND—DC	AC
亮度（INTEN）	居中	触发源（TRIG.Source）	CH1（通道 1）
聚焦（FOCUS）	居中	极性（SLOPE）	+
垂直方式（VERT MODE）	通道 1	触发交替选择（TRIG ALT）	释放
交替/断续（ALT/CHOP）	释放（ALT）	触发方式（TRIGGER MODE）	自动
通道 2 反向（CH2 INV）	释放	扫描时间（TIME/DIV）	0.5ms/DIV
垂直位置（▲▼POSITION）	居中	微调（SWP.VER）	校正位置
垂直衰减（VOLTS/DIV）	0.5V/div	水平位置（POSITION）	居中
调节（VARIABLE）	CAL（校正位置）	扫描扩展（×10　MAG）	释放

② 调节 CH1 垂直移位，使扫描基线设定在屏幕的中间，若此光迹在水平方向略微倾斜，调节光迹旋转旋钮使光迹与水平刻度线相平行，如图 2.1.19 所示。

③ 将探头连接到 CH1 输入端，将 CAL（$2V_{P-P}$）校准信号（方波校准信号）加到探头上。当荧光屏上出现如图 2.1.20（a）所示的波形时为最佳补偿，如出现如图 2.1.20（b）和如图 2.1.20（c）所示情况时，可将波形微调至最佳。

图 2.1.19 光迹与水平刻度线相平行

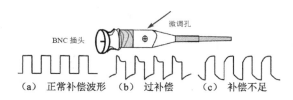

图 2.1.20 标准探头及校准

（2）信号测量的步骤

① 将被测信号输入到示波器通道输入端。注意输入电压不可超过 400V［DC＋AC（P-P）］。使用探头测量大信号时，必须将探头衰减开关拨到×10 位置，此时输入信号缩小到原值的 1/10。实际的 VOLTS/div 值为显示值的 10 倍。如果 VOLTS/div 为 0.5V/div，那么实际值为 0.5V/div×10＝5V/div。测量低频小信号时，可将探头衰减开关拨到×1 位置。如果要测量波形的快速上升时间或高频信号，必须将探头的接地线接在被测量点附近，减小波形的失真。

② 按照被测信号参数的测量方法不同，选择各旋钮的位置，使信号正常显示在荧光屏上，记下一些读数或波形。测量时必须注意将 Y 轴增益微调和 X 轴增益微调旋钮旋至"校准"位置。因为只有在"校准"时才可按旋钮"V/div"及"T/div"指示值计算所得测量结果。同时还应注意，面板上标定的垂直偏转因数"V/div"指的是峰—峰值。

③ 根据记下的读数进行分析、运算和处理，得到测量结果。

（3）示波器的基本测量方法

示波器的基本测量技术是利用它显示被测信号的时域波形，并对信号的基本参数如电压、周期、频率、相位、时间等时域特性的测量。

① 电压定量测量。将"V/div"微调旋钮置于 CAL 位置，就可进行电压的定量测量。测量值可由以下公式算出。

a. 用探头"×1"位置测量：电压=设定值×输入信号显示幅度

b. 用探头"×10"位置测量：电压=设定值×输入信号显示幅度×10

② 直流电压测量。在测量直流电压时，测量规程如下。

a. 置"扫描方式"开关于 AUTO，选择扫描速度使扫描不发生闪烁的现象。

b. 置"AC-GND-DC"开关于 GND，调节垂直"位移"使该扫描线准确地落在水平刻度线上，以便于读取信号电压。

c. 置"AC-GND-DC"开关于 DC，并将被测电压加至输入端，扫描线的垂直位移即为信号的电压幅度。如果扫描线上移，被测电压相对于地电位为正。如果扫描线下移，该电压为负，如图 2.1.21 所示。

电压值可用公式求出：

电压=设定值×输入信号显示幅度　　　　　　　　（探头衰减开关拨到×1 位置）

电压=设定值×输入信号显示幅度×10　　　　　　（探头衰减开关拨到×10 位置）

例如：将探头衰减比置于"×10"时，垂直偏转因数"V/div"置于"0.5V/div"，"微调"旋钮置于校正 CAL 位置，所测得的扫迹偏高 5div，求得被测电压为 0.5 V/div×5div×10＝25V。

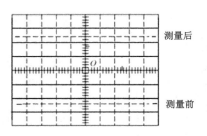

图 2.1.21　直流电压测量

③ 波形峰—峰值电压（$V_{P\text{-}P}$）。调节"V/div"开关，以获得一个易于读取的信号幅度，如图 2.1.22 所示。若探头衰减开关处于"×1"位置，波形峰—峰值电压等于垂直方向 A、B 两点之间的格数与垂直偏转因数"V/div"旋钮的乘积。若探极处于"×10"位置，说明输入到示波器的信号已被探极衰减 10 倍，因此，被测实际值还应再乘以 10。

④ 周期（T）的测量。调整扫描速度旋钮，是屏幕上显示易于读取的信号波形，如图 2.1.23 所示。分别调整垂直位移和水平位移，使波形中需测量的两点位于屏幕中央水平刻度线上，读出 A、B 两点的水平距离和扫描时间因数旋钮的位置，用以下公式计算。

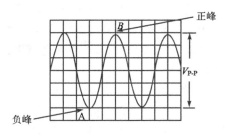

图 2.1.22　峰—峰值电压测量

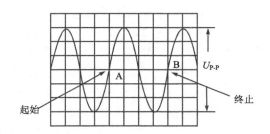

图 2.1.23　周期的测量

$$时间间隔(s) = \frac{两点之间水平距离(div) \times 扫描时间因数(时间/div)}{水平扩展倍数}$$

根据周期很容易计算出信号的频率 f，$f = \dfrac{1}{T}$，单位为 Hz。

五、任务评价

1．评价标准

（1）仪器类型及连接方法

A 级：正确选用示波器测量信号的波形、周期和幅度，选择万用表测量变压器次级输出电压的大小，并且正确连接仪器设备与测试点。

B 级：选错一种仪器，但能用其他设备代替的，能正确连接仪器设备与测试点。

C 级：错误选择仪器类型，但知道怎样连接仪器设备与测试点。

D 级：不知道该怎样选择仪器，也不知道该如何进行连接。

（2）仪器使用

A 级：仪器各量程、挡位正确设置，输出信号波形稳定，示波器屏幕上显示波形个数为 2~4 个，幅度为 4~6div，万用表指针偏转合理（数字万用表显示读数合理）。

B 级：仪器各量程、挡位基本设置正确，输出波形不稳定，示波器屏幕显示波形个数和幅度合理，万用表使用正确。

C 级：仪器量程、挡位设备设置不够合理，输出信号波形稳定，示波器屏幕显示波形个数超过 4 个或幅度小于 4div，或幅度超出整个屏幕，万用表使用正确。

D 级：不会设置仪器量程、挡位，输出波形不稳定，波形个数和幅度均不合理，不会使用万用表。

（3）数据测试与记录

A 级：测试方法正确，会读取测试数据，所记录数据与实测数据一致，书写规范，单位正确。

B 级：测试方法正确，会读取测试数据，所记录数据与实测数据基本一致，书写规范，单位正确。

C 级：测试方法正确，会读取测试数据，所记录数据与实测数据不一致，书写不规范，单位不正确。

D 级：测试方法不正确，不会读取测试数据。

2. 评价基本情况

直流稳压电源的测量与调试评价如表 2.1.11 所示，评分等级见表 2.1.12。

表 2.1.11　直流稳压电源的测量与调试评价表

任务名称			单相桥式整流滤波电路的测量与调试	评分记录
序号	评价项目	配分	评分细则	得分
1	仪器类型及连接方法	20	正确选用示波器测量信号的波形、周期和幅度，选择万用表测量变压器次级输出电压的大小，并且正确连接仪器设备与测试点	
			选错一种仪器，但能用其他设备代替的，能正确连接仪器设备与测试点	
			错误选择仪器类型，但知道怎样连接仪器设备与测试点	
			不知道该怎样选择仪器，也不知道该如何进行连接	
2	仪器使用	40	仪器各量程、挡位正确设置，输出信号波形稳定，示波器屏幕上显示波形个数为 2~4 个，幅度为 4~6div，万用表指针偏转合理（数字万用表显示读数合理）	
			仪器各量程、挡位基本设置正确，输出波形不稳定，示波器屏幕显示波形个数和幅度合理，万用表使用正确	
			仪器量程、挡位设备设置不够合理，输出信号波形稳定，示波器屏幕显示波形个数超过 4 个或幅度小于 4div，或幅度超出整个屏幕，万用表使用正确	
			不会使用仪器	
3	数据测试与记录	40	测试方法正确，会读取测试数据，所记录数据与实测数据一致，书写规范，单位正确	
			测试方法正确，会读取测试数据，所记录数据与实测数据基本一致，书写规范，单位正确	
			测试方法正确，会读取测试数据，所记录数据与实测数据不一致，书写不规范，单位不正确	
			测试方法不正确，不会读取测试数据	

续表

任务名称			单相桥式整流滤波电路的测量与调试	评分记录
序号	评价项目	配分	评分细则	得分
安全文明操作	仪器工具的摆放与使用和维护情况	10	1. 工作台上的工具按要求摆放整齐，工作完成后台面整洁卫生。每错误一处扣 2 分。 2. 注意用电安全，各工具的使用应符合安全规范，每错误一处扣 5 分	
合计		100		
教师总体评价				

表 2.1.12　评分等级表

评价分类	A	B	C	D
仪器类型及连接方法				
仪器使用				
数据测试与记录				

六、任务小结

1．总结在直流稳压电源电路的测量与调试过程中所出现的问题以及解决方法。

2．简要叙述在本任务的学习中有哪些收获，归纳总结任务中所用到的知识和技能。

任务 2.1.2　串联型稳压电源电路的测量与调试

一、任务名称

本任务为串联型稳压电源电路的测量与调试。整流滤波电路可以把交流电转变为较平滑的直流电，但当电网电压发生波动或负载电流变化比较大时，其输出电压仍会不稳定。为此，要在整流滤波电路后面加上稳压电路组成稳压电源。根据调整元件与负载的连接方式，可将稳压器分为串联型和并联型两种，本任务主要完成实际应用中较多的串联型稳压电源电路的测量与调试。

二、任务描述

1．串联型稳压电源电路组成

如图 2.1.24 所示为串联型稳压电路的实物图。

串联型稳压电源电路主要由单相桥式整流滤波电路和稳压电路组成，其中稳压电路由调整管、比较放大电路、取样电路和基准电压四部分组成。取样电路的作用是将输出电压的变化取出，并反馈到比较放大器。比较放大器则将取样回来的电压与基准电压比较放大后，去控制调整管，由调整管调节输出电压，使其得到一个稳定的电压。

图 2.1.24　串联型稳压电路实物图

串联型稳压电源电路原理图如图 2.1.25 所示，其元器件见表 2.1.13。

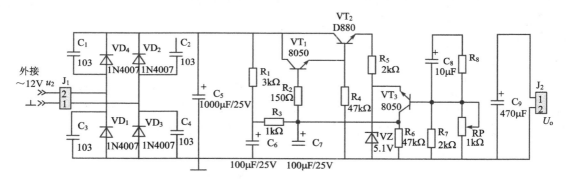

图 2.1.24　串联型稳压电路原理图

表 2.1.13　串联型稳压电路元器件表

序　号	标　称	名　称	规　格	序　号	标　称	名　称	规　格
1	C_1	电容	103	15	R_6	电阻	47kΩ
2	C_2	电容	103	16	R_7	电阻	2kΩ
3	C_3	电容	103	17	R_8	电阻	270Ω
4	C_4	电容	103	18	RP	可调电阻	1kΩ
5	C_5	电解电容	1000μF/25V	19	VD_1	整流二极管	1N4007
6	C_6	电解电容	100μF/25V	20	VD_2	整流二极管	1N4007
7	C_7	电解电容	100μF/25V	21	VD_3	整流二极管	1N4007
8	C_8	电解电容	10μF	22	VD_4	整流二极管	1N4007
9	C_9	电解电容	470μF	23	VZ	稳压管	5.1V
10	R_1	电阻	3kΩ	24	VT_1	三极管	8050
11	R_2	电阻	150Ω	25	VT_2	三极管	D880
12	R_3	电阻	1kΩ	26	VT_3	三极管	8050
13	R_4	电阻	47kΩ	27	J_1	接插座	2PIN
14	R_5	电阻	2kΩ	18	J_2	接插座	2PIN

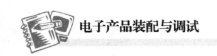

在图 2.1.24 串联型稳压电路原理图中，三极管 VT_1、VT_2 构成复合调整管，VT_2 是大功率管 D880 与负载串联，用于调整输出电压，R_1、R_2、R_3 为复合管的偏置电阻，C_6、C_7 用于减小纹波电压，R_4 为复合管反相穿透电流提供通路，防止温度升高时失控，从而控制 VT_1 的导通程度，C_8 为加速电容，用于误差电压滤波；RP、R_8 组成输出电压的取样电路，调节 RP 可调节输出电压的大小，其变化量的一部分送入比较放大管 VT_3 的基极，供 VT_3 管进行比较放大；VZ 是基准电压部分，VZ 的稳定电压 U_Z 作为基准电压，加到 VT_3 的发射极上。

12V 交流电经过整流二极管 VD_1~VD_4 整流，电容 C_5 滤波，获得直流电，输送到稳压电路部分。如果输出电压有减小的趋势，取样电路从输出电压 U_O 中取出一部分电压加到比较放大管 VT_3 的基极。此时，VT_3 基极对地电压减小，其基极电流减小，由 $I_C = \beta I_B$ 得知 VT_3 集电极电流也减小，集电极对地电压增大。由于 VT_3 集电极与 VT_2 的基极是直接耦合的，VT_3 集电极对地电压增大，也就是 VT_2 的基极对地电压增大，这就使 VT_1、VT_2 构成的复合调整管加强导通，管压降（VT_1 的 C-E 极间电压）减小，而整流滤波部分输出直流电压不变，VT_1、VT_2 构成的复合调整管压降减小，就会使整个电流输出电压增大，即抑制电流输出电压减小的趋势，从而维持输出电压不变。同样，如果输出电压有增大的趋势，通过 VT_3 的作用又使复合调整管的管压降增大，就会使整个电流输出电压降低，即抑制电流输出电压增大的趋势，从而达到维持输出电压不变的目的。

2. 串联型稳压电源电路功能描述

串联型稳压电源电路能完成电压的整流、滤波和稳压功能，输入交流电压可为 12~17V，调节 RP_1 可调节输出电压的大小，输出直流电压在 8～14V 可调。本电路为典型的分立元件串联稳压电路，可以通过该电路进行稳压电源的电路调试与技术指标的测试。

3. 要求测试的数据

① 稳压电路参数的测量。如三极管各级电压的测量，各级的输入、输出电压值及其波形等。
② 稳压电源输出直流电压可调范围的测量。
③ 电路稳压性能的测量。

4. 仪器设备的使用

根据需要测试的数据选择合适的仪器设备，要注意正确使用万用表，整流之前是交流电压挡，整流之后是直流电压挡；使用示波器也需正确选择好输入耦合开关的挡位，测整流前电压波形和输出纹波电压应将输入耦合开关置"AC"挡位，测整流后直流输出电压则应将输入耦合开关置于"DC"挡位。

三、任务完成

1. 正确选择仪器设备

根据被测试信号的特点和测量的要求选择正确的仪器设备，这里要求测试的数据是交流输入电压的波形，以及输出纹波电压的波形，需要知道波形的周期与幅度，选择示波器可以完成该测试；而交流电压有效值、输出电压有效值的测量可以使用万用表或交流毫伏表来实现。

2. 正确连接仪器设备与测试点

（1）示波器与测试点的正确连接：先将示波器探头的接地端与被测电路板的地连接好，

再将示波器探头的正端与测试点连接好。

（2）万用表与测试点的正确连接：交流地与直流地的区分。

3．根据所需测试的数据正确选择仪器设备的测量范围

4．数据的测量

（1）稳压电路参数的测量

① 整流滤波电路测量。此部分内容已经在任务 1 中完成，这里不再重述。

② 用万用表电压挡测量比较放大管 VT_3 各电极电压：$U_{B3}=$_____V；$U_{C3}=$_____V；$U_{E3}=$_____V，则三极管 VT_3 工作在_____状态。

③ 测量复合调整管 VT_1 和 VT_2 各电极电压：$U_{B1}=$_____V；$U_{C1}=$_____V；$U_{E2}=$_____V，用万用表测得稳压管 VZ 的稳压值 $U_Z=$_____V，则 VZ 工作在_____（反向击穿/正向导通）状态。

（2）稳压电源输出直流电压可调范围的测量

① 调节取样电位器 RP，用万用表电压挡测量输出电压 U_o，观察指针变化。当取样电位器逆时针旋到底，输出电压 $U_o=$_____V；

② 反之电位器顺时针旋到底，输出电压 $U_o=$_____V。

③ 连续调节电位器，万用表指针_____（连续/不连续）变化。

结论：当取样电阻中 RP 的值发生变化时，稳压电路_____（可以/不可以）实现输出电压的连续可调作用，且取样电阻 R_1、R_2、RP 的值越大，输出电压_____（越大/基本不变/越小）；输出电压的最小值为_____，最大值为_____。

（3）电路稳压性能的测量

① 纹波电压 U_W 的测试。电路工作正常的情况下，用示波器观察输出纹波，用毫伏表测纹波电压，$U_W=$_____mV。

② 改变 U_2 使输入交流电压分别为 17V、15V、12V，测量输出电压，填入表 2.1.14 中。

表 2.1.14　输入不同电压时的 U_o

U_i/V	16	14	12
U_o/V			

结果表明：当输入电源电压变化时，稳压电路_____（可以/不可以）实现稳压作用。

③ 改变负载电阻阻值，测量输出电压，填入表 2.1.15 中。

表 2.1.15　改变负载电阻时的 U_o

R_L/Ω	∞	1000	200	20
U_o/V				

结果表明：当负载电阻变化时串联型稳压电路_____（可以/不可以）实现稳压作用。

（4）测量最小输出电压时各级输入、输出电压波形。

① 变压器次级输出电压波形，记录在表 2.1.16 中。

表 2.1.16　变压器次级输出电压波形

波　形	周　期	幅　度
	量程范围	量程范围

② 整流滤波后输出波形，记录在表 2.1.17 中。

表 2.1.17　整流滤波后输出波形

波　形	周　期	幅　度
	量程范围	量程范围

③ 整流滤波稳压后输出电压波形，记录在表 2.1.18 中。

表 2.1.18　整流滤波稳压输出电压波形

波　形	周　期	幅　度
	量程范围	量程范围

四、相关知识

1．相关元器件

（1）稳压二极管

普通二极管都是正向导通，反向截止，加在二极管上的反向电压如果超过二极管的承受能力，二极管就要击穿损毁。但是有一种二极管，它的正向特性与普通二极管相同，而反向特性却比较特殊：当反向电压加到一定程度时，虽然管子呈现击穿状态，通过较大电流，却不损毁，并且这种现象的重复性很好，只要管子处在击穿状态，尽管流过管子的电流变化很大，而管子两端的电压却变化极小，起到稳压作用，这种特殊的二极管称为稳压二极管（简称稳压管）。稳压二极管又称齐纳二极管，使用时要注意稳压二极管是加反向偏压的。

如图 2.1.25 所示，常用的稳压二极管有通孔式和贴片式，具体型号常为 1N4728A（稳压值 3.3V），1N4733（稳压值 5V），1N4735（稳压值 6.2V），1N4738（稳压值 8.2V）等。

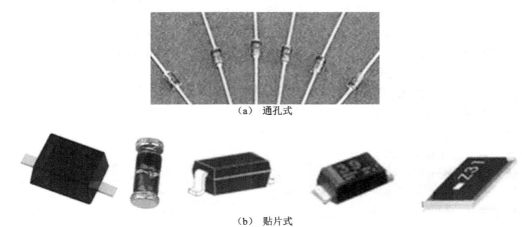

（a）通孔式

（b）贴片式

图 2.1.25　常用稳压二极管

稳压管的符号和伏安特性如图 2.1.26 所示，由伏安特性曲线可知，稳压管反向击穿特性曲线非常陡峭。在反向击穿区，反向击穿电流在较大范围内变化时，管子两端的电压变化范围却很小。

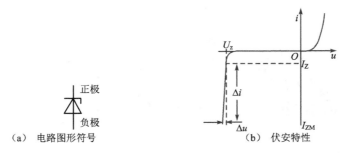

（a）电路图形符号　　　　　　　　　（b）伏安特性

图 2.1.26　稳压二极管的图形符号和伏安特性

稳压管均为硅管，只要反向击穿电流小于它的最大允许电流，管子一般不会损坏。因此需要限制稳压管的工作电流。

稳压管的主要参数有：

① 稳定电压 U_Z：指稳压管中的电流为规定电流时，稳压管两端的电压值。这个数值随工作电流和温度的不同略有改变，即使同一型号的稳压管，稳定电压值也有一定的分散性，例如 2CW14 硅稳压二极管的稳定电压为 6~7.5V。

② 稳定电流 I_Z：指稳压管正常工作时，稳定电流的参考值。作为应用时的参考数据，稳定电流 I_Z 有最小稳定电流 I_{Zmin} 和最大稳定电流 I_{Zmax} 之分。

③ 最大耗散功率 P_{Zmax}：指稳压管正常工作时所能承受的最大耗散功率。P_{Zmax} 一般为几百毫瓦到几瓦。

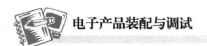

④ 动态电阻 r_Z：指稳压管击穿后，某一电压的变化量 ΔU_Z 与对应的电流的变化量 ΔI_Z 之比。动态电阻 r_Z 表示稳压管反向击穿特性曲线的陡峭程度。动态电阻越小，稳压效果越好。

稳压二极管的检测包括稳压二极管其极性与性能好坏的测量，与普通二极管的测量方法相似，不同之处在于，当使用指针式万用表的 R×10k 挡测量二极管时，测得其反向电阻是很大的，此时，将万用表转换到 R×10k 挡，如果出现万用表指针向右偏转较大角度，即反向电阻值减小很多的情况，则该二极管为稳压二极管；如果反向电阻基本不变，说明该二极管是普通二极管，而不是稳压二极管。

稳压管稳压值的测量可以用 0~30V 连续可调直流电源，对于 13V 以下的稳压管，可将稳压电源的输出电压调至 15V，将电源正极串接一只 1.5kΩ 限流电阻后与被测稳压二极管的负极相连接，电源负极与稳压二极管的正极相接，再用万用表测量稳压二极管两端的电压值，所测的读数即为它的稳压值。

（2）其他用途的二极管

① 开关二极管。开关二极管是利用半导体二极管的单向导电性，导通时相当于开关闭合（电路接通），截止时相当于开关打开（电路切断）而特殊设计制造的一类二极管。

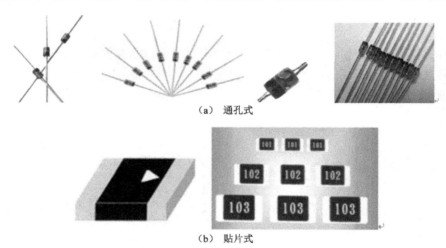

（a）通孔式

（b）贴片式

图 2.1.27 开关二极管

开关二极管的工作原理与普通二极管是相同的，但普通二极管工作在开关状态下的反向恢复时间较长，不能适应高频开关电路的要求。开关二极管主要用于高频整流电路、高频开关电路、高频阻容吸收电路、逆变电路等。

② 发光二极管。发光二极管（LED）除了具有普通二极管的单向导电特性之外，还可以将电能转化为光能。给发光二极管外加正向电压时，它处于导通状态，当正向电流流过管芯时，发光二极管就会发光，将电能转化成光能。常见的发光二极管发光颜色有红色、黄色、绿色、橙色、蓝色、白色等。发光二极管发光时，是以电磁波辐射形式向远方发射的。如：发光波长为 630~780nm 的为红光；发光波长为 555~590nm 的为黄光；发光波长为 495~555nm 的为绿光。当发光波长为 940nm，人眼无法见到这样的光，称之为发射二极管或红外线发射二极管。

LED 管通电后能发光的功能被广泛用于工业自动控制电气设备、日常生活所用电子设备中，作为有关参量指示、电子仪器电平指示、状态指示、频率指示、电子钟时间指示，甚至显示某些图形符号。

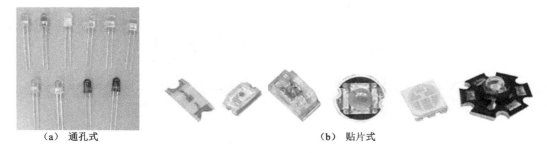

（a）通孔式　　　　　　　　　　　　（b）贴片式

图 2.1.28　发光二极管

③ 光电二极管。光电二极管的外形和图形符号如图 2.1.29 所示。光电二极管的伏安特性与普通二极管相似，它工作在反向伏安特性部分（即外加反向电压）。无光照时，反向电流极微，一般小于 0.11μA；有光照时，反向电流可迅速增大到几十微安，光照强度越大，该电流越大。它把光信号转换成电信号，构成光电传感器件。

（a）实物图　　　　　　　　（b）电路图形符号

图 2.1.29　光电二极管

光电二极管的检测方法与普通二极管基本相同。不同之处是：有光照和无光照两种情况下，反向电阻相差很大；若测量结果相差不大，说明该光电二极管已损坏或该二极管不是发光二极管。

（3）复合管

在功率放大电路的末级，通常要求有比较大的电流放大倍数和足够的功率输出。由于大功率三极管的电流放大倍数往往较小，在实际应用中，常采用放大倍数大的小功率晶体管和放大倍数低的大功率晶体管复合而成，这样的复合管具有较大的电流放大倍数和输出功率。

把两个或两个以上的三极管的电极适当地连接起来，等效一个管子使用，即为复合管（称达林顿管），如图 2.1.30 所示为常见的复合管。复合管有四种连接方式：图 2.1.31（a）、（b）由两只同类型三极管构成复合管；图 2.1.31（c）、（d）由两只不同类型三极管构成复合管。复合管的管连接原则：小功率管在前，大功率管在后，两只管子的各级电流都能顺着各管的正常工作方向流动。复合管的类型取决于第一只管子，其电流放大系数近似等于原来两只三极管 β 值的乘积，即 $\beta = \beta_1\beta_2$。

复合管常用于大功率开关电路、电机调速、逆变电路以及驱动电路（如驱动小型继电器、LED 智能显示屏等）。

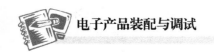

下面以图 2.1.31（a）中的 NPN 型达林顿三极管为例说明复合管的检测，选用指针式万用表，量程置于 R×10k 挡，若达林顿三极管正常，则有如下规律：

图 2.1.30　常见复合管

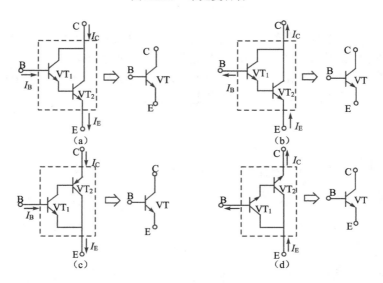

图 2.1.31　复合管的组合方式

B、E 极之间正向电阻（黑笔接 B，红笔接 E）小，但其反向电阻无穷大。

B、C 极之间正向电阻（黑笔接 B，红笔接 C）小，反向电阻接近无穷大。

E、C 极之间正反向电阻都接近无穷大。

检测结果与上述不相符时，可判断为达林顿三极管损坏。

2. 直流稳压电路

将不稳定的直流电压变换成稳定且可调的直流电压的电路称为直流稳压电路。直流稳压电路按调整器件的工作状态可分为线性稳压电路和开关稳压电路两大类。前者使用起来简单易行，但转换效率低，体积大；后者体积小，转换效率高，但控制电路较复杂。随着自关断电力电子器件和电力集成电路的迅速发展，开关电源已得到越来越广泛的应用。

（1）硅稳压管稳压电路

硅稳压管稳压电路利用稳压管反向击穿电流在较大范围内变化时，管子两端电压变化很小的特性进行稳压，其电路结构是将硅稳压二极管并联在负载两端，所以是并联型稳压电路，如图 2.1.32 所示，硅稳压管稳压电路图如图 2.1.33 所示，2CW56 型稳压二极管的稳压值为 8.2V。

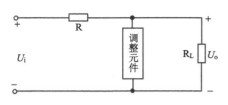

图 2.1.32　并联型稳压电路方框图

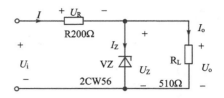

图 2.1.33　硅稳压管稳压电路

在图 2.1.33 中，设电网电压减小（或负载电流升高），使输出电压 U_o 下降时，稳压管两端的电压 U_Z 跟随下降，其反向电流 I_Z 显著减少，导致通过限流电阻 R 的电流 I_R（$=I_Z+I_L$）减小，R 的端电压降 U_R（$=RI_R$）下降。根据 $U_o=U_i-U_R$ 的关系，可知 U_o 的下降受到限制。

上述过程可用符号表示为：

$$U_o\downarrow\rightarrow U_Z\downarrow\rightarrow I_Z\downarrow\rightarrow I_R\downarrow\rightarrow U_R\downarrow\rightarrow U_o\uparrow$$

综上所述，由于稳压管和负载 R_L 并联，稳压管总要限制 U_o 的变化，所以能稳定输出直流电压 U_o。

该稳压电路结构简单，设计和制作也比较容易，但由于受稳压管 I_Z 变化范围的限制，因此这种稳压电路适用于负载电流不大、电流变化也不大，且输出电压固定的场合，如常被用来作为基准电压，如图 2.1.34 所示由运放组成的比较器电路，就可由稳压管来提供基准电压 U_{REF}。

（2）串联型晶体管稳压电路

串联型稳压电路就是在输入直流电压和负载之间串入一个三极管，其结构框图如图 2.1.35 所示。

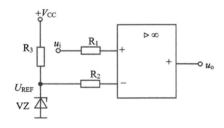

图 2.1.34　稳压管提供基准电压

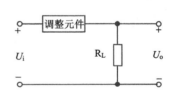

图 2.1.35　串联型稳压电路方框图

串联型晶体管稳压电路一般由调整管、比较放大电路、取样电路和基准电压电路（以及保护电路）组成。取样电路的作用是将输出电压的变化取出，并反馈到比较放大器。比较放大器则将取样回来的电压与基准电压比较放大后，去控制调整管，由调整管调节输出电压，使其得到一个稳定的电压。串联型晶体管稳压电路组成框图如图 2.1.36 所示，图 2.1.37 为串联型晶体管稳压电路原理图。

① 取样环节。由 R_1、RP、R_2 组成的分压电路构成，它将输出电压 U_o 分出一部分作为取样电压 U_F，送到比较放大环节。

② 基准电压。由稳压二极管 VZ 和电阻 R_3 构成的稳压电路组成，它为电路提供一个稳定的基准电压 U_Z，作为调整、比较的标准。

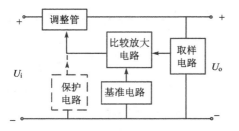

图 2.1.36　串联型晶体管稳压电路组成框图

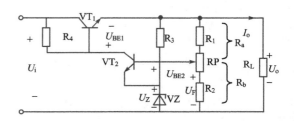

图 2.1.37　具有放大环节串联型稳压电路

③ 比较放大环节。由 VT_2 和 R_4 构成的直流放大器组成，其作用是将取样电压 U_F 与基准电压 U_Z 之差放大后去控制调整管 VT_1。

④ 调整环节。由工作在线性放大区的功率管 VT_1 组成，VT_1 的基极电流 I_{B1} 受比较放大电路输出的控制，它的改变又可使集电极电流 I_{C1} 和集、射电压 U_{CE1} 改变，从而达到自动调整稳定输出电压的目的。

当输入电压 U_i 或输出电流 I_o 变化引起输出电压 U_o 增加时，取样电压 U_F 相应增大，使 VT_2 管的基极电流 I_{B2} 和集电极电流 I_{C2} 随之增加，VT_2 管的集电极电位 U_{C2} 下降，因此 VT_1 管的基极电流 I_{B1} 下降，使得 I_{C1} 下降，U_{CE1} 增加，U_o 下降，使 U_o 保持基本稳定。其变化过程可用下面的过程描述。

$$U_o \uparrow \rightarrow U_F \uparrow \rightarrow I_{B2} \uparrow \rightarrow I_{C2} \uparrow \rightarrow U_{C2} \downarrow \rightarrow I_{B1} \downarrow \rightarrow U_{CE1} \uparrow \rceil$$
$$U_o \downarrow \longleftarrow$$

同理，当 U_i 或 I_o 变化使 U_o 降低时，调整过程相反，U_{CE1} 将减小使 U_o 保持基本不变。从上述调整过程可以看出，该电路是依靠电压负反馈来稳定输出电压的。

设 VT_2 发射结电压 U_{BE2} 可忽略，则

$$U_F = U_Z = \frac{R_b}{R_a + R_b} U_o$$

或

$$U_o = \frac{R_a + R_b}{R_b} U_Z$$

用电位器 RP 即可调节输出电压 U_o 的大小，但 U_o 必定大于或等于 U_Z。

如 $U_Z=6V$，$R_1=R_2=RP=100\Omega$，则 $R_a+R_b=R_1+R_2+RP=300\Omega$，$R_b$ 最大为 200Ω，最小为 100Ω。由此可知输出电压 U_o 在 $9\sim18V$ 范围内连续可调。

（3）采用集成运算放大器的串联型稳压电路

采用集成运算放大器的串联型稳压电路如图 2.1.38 所示。其电路组成部分、工作原理及输出电压的计算与前述电路完全相同，唯一不同之处是放大环节采用集成运算放大器而不是晶体管。

（4）稳压电路的主要性能指标

稳压电路的主要性能指标是用来表示稳压电源性能的参数，主要有以下特性指标和质量指标，特性指标表明稳压电源工作特性的参数，例如：允许输入的电压，输出电压及可调范围，输出电流等；质量指标是衡量稳压电源性能优劣的参数，主要有稳压系数 S，输出电阻

R_o，温度系数 S_T 和纹波电压等。下面简单介绍稳压系数 S 和输出电阻 R_o。

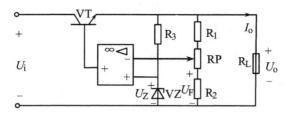

图 2.1.38　采用集成运算放大器的串联型稳压电路

① 稳压系数 S（越小越好）。稳压系数 S 反映电网电压波动时对稳压电路的影响。定义为当负载固定时，输出电压的相对变化量与输入电压的相对变化量之比。

$$S = \frac{\Delta U_o}{U_o} \Big/ \frac{\Delta U_i}{U_i}$$

② 输出电阻 R_o（越小越好）。输出电阻用来反映稳压电路受负载变化的影响，定义为当输入电压固定时输出电压变化量与输出电流变化量之比，它实际上就是电源戴维南等效电路的内阻。

五、任务评价

1. 评价标准

（1）仪器类型及连接方法

A 级：正确选用示波器测量信号的波形、周期和幅度，选择万用表测量变压器次级输出电压的大小，并且正确连接仪器设备与测试点。

B 级：选错一种仪器，但能用其他设备代替的，能正确连接仪器设备与测试点。

C 级：错误选择仪器类型，但知道怎样连接仪器设备与测试点。

D 级：不知道该怎样选择仪器，也不知道该如何进行连接。

（2）仪器使用

A 级：仪器各量程、挡位正确设置，输出信号波形稳定，示波器屏幕上显示波形个数为 2~4 个，幅度为 4~6div，万用表指针偏转合理（数字万用表显示读数合理）。

B 级：仪器各量程、挡位基本设置正确，输出波形不稳定，示波器屏幕显示波形个数和幅度合理，万用表使用正确。

C 级：仪器量程、挡位设备设置不够合理，输出信号波形稳定，示波器屏幕显示波形个数超过 4 个或幅度小于 4div，或幅度超出整个屏幕，万用表使用正确。

D 级：不会设置仪器量程、挡位，输出波形不稳定，波形个数和幅度均不合理，不会使用万用表。

（3）数据测试与记录

A 级：测试方法正确，会读取测试数据，所记录数据与实测数据一致，书写规范，单位正确。

B 级：测试方法正确，会读取测试数据，所记录数据与实测数据基本一致，书写规范，单位正确。

C 级：测试方法正确，会读取测试数据，所记录数据与实测数据不一致，书写不规范，

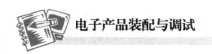

单位不正确。

D 级：测试方法不正确，不会读取测试数据。

2. 评价基本情况

串联型直流稳压电源的测量与调试评价如表 2.1.19 所示，评分等级见表 2.1.20。

表 2.1.19　串联型直流稳压电源的测量与调试评价表

任务名称			串联型直流稳压电源的测量与调试	评分记录
序号	评价项目	配分	评分细则	得分
1	仪器类型及连接方法	15	正确选用示波器测量信号的波形、周期和幅度，选择万用表测量变压器次级输出电压的大小，并且正确连接仪器设备与测试点	
			选错一种仪器，但能用其他设备代替的，能正确连接仪器设备与测试点	
			错误选择仪器类型，但知道怎样连接仪器设备与测试点	
			不知道该怎样选择仪器，也不知道该如何进行连接	
2	仪器使用	15	仪器各量程、挡位正确设置，输出信号波形稳定，示波器屏幕上显示波形个数为 2~4 个，幅度为 4~6div，万用表指针偏转合理（数字万用表显示读数合理）	
			仪器各量程、挡位基本设置正确，输出波形不稳定，示波器屏幕显示波形个数和幅度合理，万用表使用正确	
			仪器量程、挡位设备设置不够合理，输出信号波形稳定，示波器屏幕显示波形个数超过 4 个或幅度小于 4div，或幅度超出整个屏幕，万用表使用正确	
			不会使用仪器	
3	数据测试与记录	60	测试方法正确，会读取测试数据，所记录数据与实测数据一致，书写规范，单位正确	
			测试方法正确，会读取测试数据，所记录数据与实测数据基本一致，书写规范，单位正确	
			测试方法正确，会读取测试数据，所记录数据与实测数据不一致，书写不规范，单位不正确	
			测试方法不正确，不会读取测试数据	
安全文明操作	仪器工具的摆放与使用和维护情况	10	1. 工作台上的工具按要求摆放整齐，工作完成后台面整洁卫生。每错误一处扣 2 分	
			2. 注意用电安全，各工具的使用应符合安全规范，每错误一处扣 5 分	
合计		100		
教师总体评价				

表 2.1.20　评分等级表

评价分类	A	B	C	D
仪器类型及连接方法				
仪器使用				
数据测试与记录				

六、任务小结

1. 总结在串联型稳压电源电路的测量与调试过程中所出现的问题以及解决方法。

2. 简要叙述在本任务的学习中有哪些收获，归纳总结任务中所用到的知识和技能。

任务 2.1.3　三端可调式集成稳压电源电路的测量与调试

一、任务名称

本任务为三端可调式集成稳压电源电路的测量与调试。随着科学技术的发展，分立元件的稳压电路已被集成稳压器所取代。集成稳压器应用集成电路工艺，将稳压电路中的调整、放大、基准、取样等各个环节电路制作在一块硅片里，成为集成稳压组件。集成稳压器有三端式、多端式，固定式、可调式之分。本任务完成三端可调式集成稳压电源电路的测量与调试。

二、任务描述

1. 三端可调式集成稳压电源电路组成

由图 1.1.1 所示的三端可调式集成稳压电源电路可知，三端可调式集成稳压电源电路由整流滤波电路、保护电路、稳压电路等三个基本模块组成。整流滤波电路采用桥式整流电容滤波电路，由整流二极管 $VD_1 \sim VD_4$ 和电容 C_1、C_2 构成，稳压电路由三端集成稳压器 LM317 输出正电源，LM337 输出负电源，选用精密可调电阻 RP_1、RP_2，保证输出电压的精确。R_1、R_2 为稳压电阻，保证 LM317/337 在空载时能够稳定地工作。

VD_5、VD_6 的作用是防止输入短路时，C_7、C_8 经集成电路放电；C_5、C_6 用于抑制纹波电压对电源调整的干扰，防止输出电压增大时纹波被放大。

2. 三端可调式集成稳压电源电路功能描述

三端可调式集成稳压电源电路能完成电压的整流、滤波和稳压功能，输入交流电压经滤波整流电路后输入到三端可调式稳压集成电路 LM317 的输入端 3 脚和 LM337 输入端 2 脚后，通过集成电路内部的串联式稳压电路的稳压作用，在 LM317 的输出端 2 脚输出稳定的正电压，在 LM337 输出端 3 脚输出稳定的负电压。调节 RP_1 可调节输出正电压的大小，调节 RP_2 可调节输出负电压的大小，输出直流电压的范围为 ±（1.5~30V），最大负载电流 1.5A，纹波电压小于 1mV，能满足一般小功率电路的供电要求，尤其是需要双电源供电的电路。

3. 要求测试的数据

（1）稳压电路参数的测试。如各级的输入、输出电压值及其波形，三端集成稳压输出端的电压等。

（2）稳压电源输出直流电压可调范围的测试。

（3）稳压电路技术指标及性能的测试。如稳压系数、纹波电压等的测试。

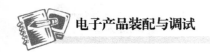

4. 仪器设备的使用

根据需要测试的数据选择合适的仪器设备，要注意正确使用万用表，整流之前是交流电压挡，整流之后是直流电压挡；使用示波器也需正确选择好输入耦合开关的挡位，测整流前电压波形或纹波电压应将耦合开关置于"AC"挡位，测整流后输出电压则应将耦合开关置于"DC"挡位。纹波电压的测试需要用到晶体管交流毫伏表，毫伏表的使用要注意量程选择应该按从大到小的顺序进行调节。

三、任务完成

1. 功能检测

（1）检查安装无误后，接通电源，确保电路工作正常（无短路、元器件焊接错误等故障）。

（2）调节 RP_1、RP_2，用万用表监测电路输出电压的变化，应有变化，否则电路存在问题，应先排除电路故障。

2. 稳压电路参数的测试

（1）根据直流稳压电源电路原理图，及已经焊接好的直流稳压电源电路板，在完成电路的功能检测后，对电路进行测量，把测量的结果记录在下列空格中：

① 测量 C_1、C_2 两端的电压 $U_{C1}=$_____，$U_{C2}=$_____。

② 测量 LM317 第 3 脚（输入端）对地的电压 $U_2=$_____。

③ 测量 LM337 第 2 脚（输入端）对地的电压 $U_3=$_____。

（2）观察电路波形，画出波形并按要求记录数据。

① 测量整流滤波电路输出波形。测量 C_1 两端的电压波形，画出波形并在表 2.1.21 中记录测试数据。

表 2.1.21　整流滤波电路输出波形

波　　形	周　　期	幅　　度
	量程范围	量程范围

测量 C_2 两端的电压波形，画出波形并在表 2.1.22 中记录测试数据。

表 2.1.22　整流滤波电路输出波形

波　　形	周　　期	幅　　度
	量程范围	量程范围

② 测量直流稳压电路输出端的电压波形。测量 LM317 第 2 脚（输出端）的电压波形，画出波形并在表 2.1.23 中记录测试数据。

表 2.1.23　LM317 第 2 脚的电压波形

波　　形	周　　期	幅　　度
	量程范围	量程范围

测量 LM337 第 3 脚（输出端）的电压波形，画出波形并在表 2.1.24 中记录测试数据。

表 2.1.24　LM337 第 3 脚的电压波形

波　　形	周　　期	幅　　度
	量程范围	量程范围

③ 测量当输出电压为 ±12V 时的输出电压波形。调节 RP_1 使得输出电压为 $U_{o1}=12V$，测量输出端的电压波形，画出波形并在表 2.1.25 中记录测试数据。

表 2.1.25　输出电压为 12V 时的波形

波　　形	周　　期	幅　　度
	量程范围	量程范围

调节 RP_2 使得输出电压为 $U_{o2}=-12V$，测量输出端的电压波形，画出波形并在表 2.1.26

中记录测试数据。

表 2.1.26　输出电压为 12V 时的波形

波　形	周　期	幅　度
	量程范围	量程范围

（3）稳压电源部分技术指标的测试

① 测量输出电压范围。调节 RP_1 和 RP_2，用万用表测量直流稳压电源输出端电压，并在表 2.1.27 中记录所测电压值。

表 2.1.27　（空载情况）稳压电源输出电压范围

输出端口 ╲ 输出范围	U_{min}/V	U_{max}/V
U_{o1}		
U_{o2}		

② 测量电路纹波电压。狭义上的纹波电压，是指输出直流电压中含有的工频交流成分。用示波器观察输出纹波，用晶体管毫伏表测量纹波电压，在表 2.1.28 中记录测试数据。

表 2.1.28　纹波电压的测试

电路名称	测　试　点	纹波电压值
整流滤波	C_1 两端	
整流滤波	C_2 两端	
直流稳压	U_{o1} 输出端	
直流稳压	U_{o2} 输出端	

比较两部分电路输出的纹波电压大小，得出结论：直流稳压电路能_____（减少/增大）纹波电压值，使输出的直流电压_____。

③ 稳压系数 S 的测试。用改变输入交流电压的方法，模拟输入电压的变化，测出对应的输出直流电压的变化，然后计算出稳压系数，在表 2.1.29 中记录测试数据。

表 2.1.29　稳压系数 S 的测试

序　号	U_{C1}/V	U_{o1}/V	稳压系数 S
0			
1			
2			

四、相关知识

1. 集成稳压器

集成稳压器是指将不稳定的直流电压变为稳定的直流电压的集成电路。目前，电子设备中常使用三端输出的集成稳压器。由于它只有输入、输出和公共引出端，故称之为三端式稳压器（简称三端稳压器）。三端式稳压器根据输出电压是否可调，有固定式和可调式；根据输出电压的极性，有正电压和负电压稳压器。

（1）三端固定式集成稳压器

① 外形及管脚排列。图 2.1.39 为几种常用的三端固定式集成稳压器的封装形式。三端固定式集成稳压器的引脚排列与管子的类型有关，如图 2.1.40 所示。

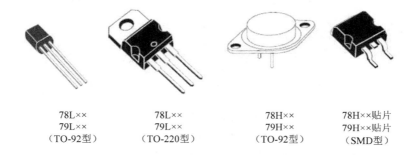

78L××   78L××   78H××   78H××贴片
79L××   79L××   79H××   79H××贴片
（TO-92型）   （TO-220型）   （TO-92型）   （SMD型）

图 2.1.39　不同封装形式的三端固定式集成稳压器

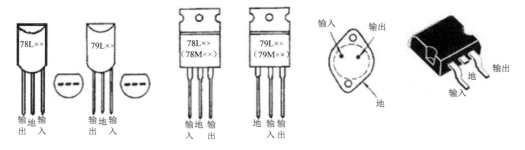

图 2.1.40　三端固定式集成稳压器引脚排列

② 型号组成及其意义。型号由两部分组成：第一部分为字母，表示生产厂家，国产器件的字母为"CW"，"C"表示国标，"W"表示稳压器；第二部分为数字，表示产品类型，与国外同类产品的数字相同，如图 2.1.41 所示。国产的三端固定集成稳压器有 CW78×× 系列（正电压输出）和 CW79×× 系列（负电压输出），其输出电压有 ±5 V、±6 V、±8 V、±9 V、±12 V、±15 V、±18 V、±24 V，最大输出电流有 0.1 A、0.5 A、1 A、1.5 A、2.0 A 等。它们型号中后两位数字就表示输出电压值，比如 CW7805 表示输出电压为 5V，依此类推。

（2）应用电路

图 2.1.42 所示为三端固定输出集成稳压器的基本应用电路。图中 C_1 用以减小纹波以及抵消输入端接线较长时的电感效应，防止自激振荡，并抑制高频干扰，一般取 0.1~1μF。C_2 用以改善负载的瞬态响应并抑制高频干扰，可取 1μF。同时 C_1 和 C_2 应紧靠集成稳压器安装。

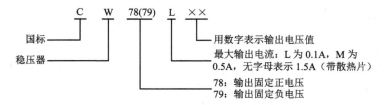

图 2.1.41　三端固定式集成稳压器型号组成及其意义

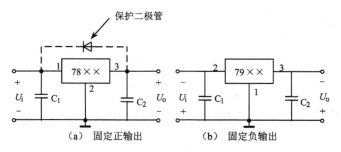

图 2.1.42　三端集成稳压器基本电路

　　虽然 78××/79××为固定电压的三端稳压器，如果一时找不到合适输出电压的集成稳压器，可以用图 2.1.43 所示电路实现提高输出电压的电路。

　　当负载所需电流大于稳压器的最大负载电流时，可采用外接电阻或功率管的方法来扩大输出电流，如图 2.1.44 所示。

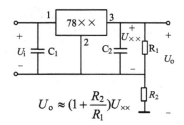

图 2.1.43　提高输出电压电路

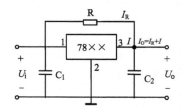

图 2.1.44　扩流电路

图 2.1.45 所示电路为可输出正、负两组电压的直流稳压电路。

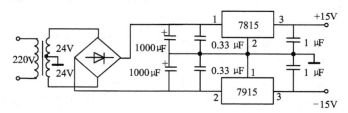

图 2.1.45　正、负输出的稳压电路

（3）三端可调式集成稳压器

　　三端可调式集成稳压器的封装形式和三端固定式相同，它的三个引出端分别为电压输入端（IN）、电压输出端（OUT）和电压调整端（ADJ），如图 2.1.46 所示。

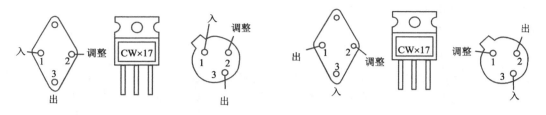

图 2.1.46　三端可调式集成稳压器外形及管脚排列

三端可调式集成稳压器按输出电压极性可分为两个系列，如 CW117（军用）、CW217（工业用）和 CW317（民用）为可调正电压稳压器；CW137（军用）、CW237（工业用）和 CW337（民用）为可调负电压稳压器。它们的输出电压分别在 ±（1.25~37）V 范围内连续可调。输出电流的分类与三端固定式集成稳压器相同。

图 2.1.47 是由 CW317 组成的输出电压为正电压可调的应用电路，调节电位器 RP，在输出端可获得 1.25~37V 连续可调的输出电压：

$$U_o = 1.25 \times (1 + \frac{R_{RP}}{R}) \text{ (V)}$$

上式中 1.25V 是输出端和调整端之间的电压，需注意的是输出电压最大值受输入电压限制。因为只有在 $U_i \geqslant U_o + 2V$ 的情况下，器件才能输出稳定的电压。

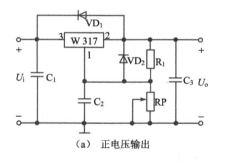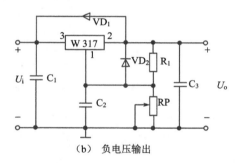

（a）　正电压输出　　　　　　　　　　　（b）　负电压输出

图 2.1.47　三端可调稳压器基本电路

此器件可提供最大电流 1.5A，但器件上必须加装面积大小适当的散热片，才能安全使用。图 1.1.1 为 LM317、LM337 双稳压正、负电压输出应用电路。

（4）三端稳压器的使用

① 应根据电路的工作电压、工作电流，合理选择稳压器件。稳压器件的参数可以通过器件说明书或通过互联网搜索获得。

② 稳压器件使用时，工作电流较大时必须加装合适的散热器，以防止器件过热造成损坏，应尽量减小输入与输出电压差，这样可降低在稳压器上的功耗，减少发热。

③ 使用时，引脚不能接错。对常用的塑封三端固定稳压器件可将器件有字一面对准自己，78××系列正三端稳压器 3 个引脚分别为"左入、右出、中间地"，而 79××系列负三端稳压器的 3 个引脚分别是"左地、右出、中间入"。两个系列器件的右侧均为输出端，但输入端和接地端是交换的。

④ 三端固定稳压器的检测。用万用表的"R×100"挡，测量输入、输出端之间的电阻，调换黑红表笔位置，可先后测得两个阻值，正常时两阻值相差在几千欧以上；若两阻值接近

或全为零，说明器件已损坏，或在三端稳压器输入端加上工作电压，带上负载，若输出电压不是标称值，则此稳压器损坏。

2. 开关型稳压电源

图 1.1.1 所示三端集成稳压电源其内部电路中调整管工作在线性放大区，管子功耗 $P_{CW}=U_{CE}\times I_o$ 较大，器件易发热，故使用这类器件时需加装散热片，同时导致电源效率的降低（仅为 30%左右）。为解决线性稳压电源功耗较大的缺点，研制了开关型稳压电源。它的调整管工作在开关状态，即工作在饱和导通和截止状态。由于饱和导通状态时三极管管压降（U_{CES}）小，而截止时三极管的 $I_{CEO}\approx 0$，故两种状态下调整管的功耗均小。开关型稳压电源效率可达 90%以上，造价低，体积小。现在开关型稳压电源已经比较成熟，广泛应用于各种电子电路之中。开关型稳压电源的缺点是纹波较大，用于小信号放大电路时，还应采用第二级稳压措施。

（1）开关型稳压电路的工作原理

开关型稳压电源的原理可用图 2.1.48 的电路加以说明。它由调整管、滤波电路、比较器、三角波发生器、比较放大器和基准源等部分构成。

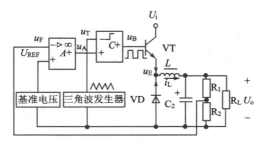

图 2.1.48 开关型稳压电源的电路框图

三角波发生器通过比较器 C 产生一个方波 u_B，去控制调整管 VT 的通断。如图 2.1.49（a）所示，当 u_B 为高电平时，调整管饱和导通时，$u_E=u_i$，二极管反相截止，经 L、C 滤波，有直流电压、电流输出，电感 L 充满电；当 u_B 为低电平时，调整管 VT 截止，$u_E=0$，此时依靠电感 L 产生的自感电动势维持输出，自感电动势极性左负右正，它通过负载电阻 R_L、续流二极管 VD（正向导通）组成回路，保持方向不变的直流电压、电流输出。

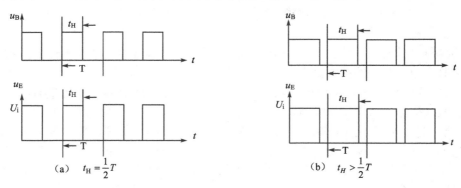

图 2.1.49 调节 u_B、u_E 脉宽（t_H）

在周期 T 不变的情况下，增大矩形波信号出现高电平的时间 t_H（称脉宽），如图 2.1.49

（b）所示，则输出电压的平均值（直流电压）就增大；若减小脉宽 t_H，则输出电压下降。所以在开关稳压电源电路中，利用改变矩形波脉宽的方法来调节输出直流电压值。

比较放大器 C 的作用是产生矩形波电压 u_B，提供给调整管的基极。

比较放大器 A 的作用是当输出 U_o 有变化时，起自动稳压作用，它的反相输入端输入由输出端反馈回来的电压 $u_F = \dfrac{R_2}{R_1 + R_2} U_o$，与同相输入端基准电压 U_{REF} 进行比较放大。例如，由于 u_i 增大，引起了 U_o 增大，将产生以下过程。

$U_o \uparrow \rightarrow u_F \uparrow \rightarrow u_A \downarrow \rightarrow$ 减小 u_B、u_E 脉宽

$U_o \downarrow$ ———————————————

经过上述过程，电路能自动调整电压，起到稳压作用，这也是电路中三极管被称为调整管的原因。

如图 2.1.50 所示为几种典型的开关型稳压电源。

（a）实验用开关稳压电源　　　（b）TG 型稳压电源　　　（c）外置开关电源

（d）AC/DC 开关电源模块　　　　　（e）集成开关电源

图 2.1.50　典型开关电源

五、任务评价

1. 评价标准

（1）仪器类型及连接方法

A 级：正确选用示波器测量信号的波形、周期和幅度，选择万用表测量变压器次级输出电压的大小，选用毫伏表测量纹波电压，并且正确连接仪器设备与测试点。

B 级：选错一种仪器，但能用其他设备代替的，能正确连接仪器设备与测试点。

C 级：错误选择仪器类型，但知道怎样连接仪器设备与测试点。

D 级：不知道该怎样选择仪器，也不知道该如何进行连接。

（2）仪器使用

A 级：仪器各量程、挡位正确设置，输出信号波形稳定，示波器屏幕上显示波形个数为 2~4 个，幅度为 4~6div，万用表、毫伏表指针偏转合理。

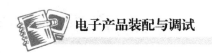

B 级：仪器各量程、挡位基本设置正确，输出波形不稳定，示波器屏幕显示波形个数和幅度合理，万用表、毫伏表使用正确。

C 级：仪器量程、挡位设备设置不够合理，输出信号波形稳定，示波器屏幕显示波形个数超过 4 个或幅度小于 4div，或幅度超出整个屏幕，万用表、毫伏表使用正确。

D 级：不会设置仪器量程、挡位，输出波形不稳定，波形个数和幅度均不合理，不会使用万用表、毫伏表。

（3）数据测试与记录

A 级：测试方法正确，会读取测试数据，所记录数据与实测数据一致，书写规范，单位正确。

B 级：测试方法正确，会读取测试数据，所记录数据与实测数据基本一致，书写规范，单位正确。

C 级：测试方法正确，会读取测试数据，所记录数据与实测数据不一致，书写不规范，单位不正确。

D 级：测试方法不正确，不会读取测试数据。

2. 评价基本情况

三端可调稳压电源电路的测量与调试评价如表 2.1.30 所示，评价等级见表 2.1.31 所示。

表 2.1.30　三端可调稳压电源电路的测量与调试评价表

任务名称			三端可调稳压电源电路的测量与调试	评分记录
序号	评价项目	配分	评价细则	得分
1	仪器类型及连接方法	15	正确选用示波器测量信号的波形、周期和幅度，选择万用表测量变压器次级输出电压的大小，选用毫伏表测量纹波电压，并且正确连接仪器设备与测试点	
			选错一种仪器，但能用其他设备代替的，能正确连接仪器设备与测试点	
			错误选择仪器类型，但知道怎样连接仪器设备与测试点	
			不知道该怎样选择仪器，也不知道该如何进行连接	
2	仪器使用	15	仪器各量程、挡位正确设置，输出信号波形稳定，示波器屏幕上显示波形个数为 2~4 个，幅度为 4~6div，万用表、毫伏表指针偏转合理	
			仪器各量程、挡位基本设置正确，输出波形不稳定，示波器屏幕显示波形个数和幅度合理，万用表、毫伏表使用正确	
			仪器量程、挡位设备设置不够合理，输出信号波形稳定，示波器屏幕显示波形个数超过 4 个或幅度小于 4div，或幅度超出整个屏幕，万用表、毫伏表使用正确	
			不会使用仪器	
3	数据测试与记录	60	测试方法正确，会读取测试数据，所记录数据与实测数据一致，书写规范，单位正确	
			测试方法正确，会读取测试数据，所记录数据与实测数据基本一致，书写规范，单位正确	
			测试方法正确，会读取测试数据，所记录数据与实测数据不一致，书写不规范，单位不正确	
			测试方法不正确，不会读取测试数据。	

续表

任务名称			三端可调稳压电源电路的测量与调试	评分记录
序号	评价项目	配分	评分细则	得分
安全文明操作	仪器工具的摆放与使用和维护情况	10	1. 工作台上的工具按要求摆放整齐，工作完成后台面整洁卫生。每错误一处扣 2 分。 2. 注意用电安全，各工具的使用应符合安全规范，每错误一处扣 5 分	
合计		100		
教师总体评价				

表 2.1.31　评分等级表

评价分类	A	B	C	D
仪器类型及连接方法				
仪器使用				
数据测试与记录				

六、任务小结

1．总结在实施任务的过程中所出现的问题以及解决方法。

2．简要叙述在本任务的学习中有哪些收获，归纳总结任务中所用到的知识和技能。

项目 2.2　音频功率放大电路的测量与调试

任务 2.2.1　单管电压放大电路的测量与调试

一、任务名称

本任务为单管电压放大电路的测量与调试。在电子产品中，放大电路的用途是非常广泛的，它能够利用三极管的能量控制作用把微弱的电信号放大到所需要的强度。例如，常见的音响放大器就是一个典型的把微弱的声音变大的放大电路，声音先经过麦克风，把声波转换成微弱的电信号，经过放大器，利用三极管的控制作用，把电源供给的能量转换为较强的电信号，然后经过扬声器（喇叭）把放大后的电信号还原为较强的声音。本任务通过单管电压放大电路的测量与调试来学习放大电路的基础知识。

二、任务描述

1．单管电压放大电路的组成

图 2.2.1 为单管电压放大电路的实物图。

（a）电路实物图

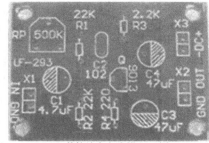
（b）单管放大电路的 PCB 图

图 2.2.1 单管放大电路的实物图

单管放大电路的原理图如图 2.2.2 所示，其元器件见表 2.2.1。

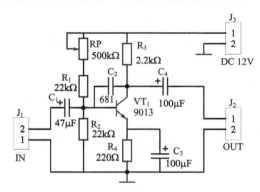

图 2.2.2 单管电压放大电路原理图

表 2.2.1 单管电压放大电路的元器件列表

序　号	标　称	名　称	规　格
1	C_1	电解电容	47μF
2	C_2	电容	681
3	C_3	电解电容	100μF
4	C_4	电解电容	100μF
5	R_1	电阻	22kΩ
6	R_2	电阻	22kΩ
7	R_3	电阻	2.2kΩ
8	R_4	电阻	220Ω
9	R_P	电位器	500kΩ
10	VT_1	三极管	9013
11	J_1、J_2、J_3	排针	2PIN

图 2.2.2 电路是单管分压式电流负反馈低频小信号放大器，它采用 RP、R_1、R_2 分压固定三极管 9013 基极电位，再利用发射极电阻 R_4 获得电流反馈信号，使基极电流发生相应的变化，从而稳定静态工作点。

VT_1 为晶体三极管，RP、R_1 为上偏置电阻，R_2 为下偏置电阻，电源电压经分压后给基极提供偏流。R_3 为集电极电阻，R_4 为发射极电阻，C_3 是射极电阻旁路电容，提供交流信号的通道，减小放大过程中的损耗，使交流信号不因 R_4 的存在而降低放大器的放大能力。C_1、C_4 为耦合电容，C_2 为消振电容，用于消除电路可能产生的自激。电路工作电压为 DC 6~12V。

2. 单管分压放大电路功能描述

单管放大电路常作为功率放大的前置放大电路。单管分压放大电路能将微弱的电信号进行放大，由直流稳压电源给图 2.2.1 所示电路板提供 12V 电源，由信号发生器输出 1kHz，$20mV_{P-P}$ 左右的正弦波电压作为放大电路的输入信号 u_i，用双踪示波器观察 u_i、u_o 电压信号。在示波器屏幕上显示出如图 2.2.3 所示的 u_i、u_o 实测波形。可以看出输出电压 u_o 幅度比输入电压 u_i 幅度大，即实现了电压放大。

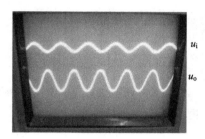

图 2.2.3 单管电压放大电路实测波形

3. 要求测试的数据

（1）单管放大电路静态工作点的测试。

（2）单管放大电路电压放大倍数的测试。

（3）观察静态工作点对电压放大倍数的影响。

4. 仪器设备的使用

根据需要测试的数据选择合适的仪器设备，单管分压放大电路的测试需要用到低频信号发生器、万用表、示波器和毫伏表等仪器设备，使用过程中要注意各种仪器的正确使用，选择正确的量程范围。

三、任务完成

1. 正确连接仪器设备与测试点

（1）直流稳压电源输出电压"+"端与电路板的 V_{CC} 端相连，"–"端与电路板的接地端相连。

（2）信号发生器输出与电路板的输入端相连，信号发生器的输出信号是用一根有屏蔽作用的电缆线引出的，此线的一端插在信号发生器的 OUTPUT（输出）插座上，另一头的黑色接线夹与电路板的接地端相连，另一根红色接线夹应与放大电路的输入端相连。

（3）双踪示波器与电路板的连接。示波器与被测信号用测试电缆进行连接。测试电缆的一端接入 CH1 或 CH2 通道的输入插座；另一头有两个连接端，其中一个是黑色接线夹应与电路板的接地端相连，另一个是探头与被测信号相连。

2. 正确选择仪器设备的测量范围

（1）示波器测量范围的选择

为了使示波器屏幕上显示大小合适的波形，接输入信号通道的 V/div 可以置于 20mV/div 挡；接输出信号通道的 V/div 可以置于 0.5V/div 挡；t/div 可以置于 5ms/div 挡，它们的微调旋钮均置于校准位（顺时针旋到底）。对 V/div 和 t/div 所置挡位，常可按实际测试情况进行调整。

（2）信号发生器的设置

接通信号发生器电源，交流信号波形选择方法是在面板的"波形选择"按键中选择"~"（正弦信号）挡；在"频率"档级按键中选择"1k"挡，再用"频率微调"旋钮细调至 1kHz，在"频率显示"框中可显示此频率值；"输出衰减"旋钮置于"40dB"，将电压"幅度"旋钮逆时针旋到底使输出电压最小。

3. 数据的测量

（1）测试静态工作点

用波形幅值最大而不失真法调整静态工作点，将频率为 1kHz，电压为 10mV（有效值，可用毫伏表进行测量）正弦信号从输入端送入，用示波器观察三极管集电极输出波形，然后逐渐增大输入信号，若波形出现失真，调节 RP 使波形不失真，再增大输入信号重复上述步骤，使波形最大而不失真，此时电路的工作点为最佳工作点。

断开信号源，使 U_i=0（用短路线短接输入端），用万用表测量三个极电压 U_B、U_C、U_E 并计算 U_{CEQ} 和 I_{CQ}，将测量数据填入表 2.2.2 中。

表 2.2.2　静态工作点测量记录

项　　　目	U_E	U_B	U_C	$U_{CEQ}=U_C-U_E$	$I_{CQ}=(U_{CC}-U_C)/R_c$
测量及计算值					

（2）测量电压放大倍数

在放大电路输入端输入频率为 1kHz 的正弦波信号，并调低低频信号发生器输出信号幅度旋钮，使 u_i 的有效值（U_i）为 10mV（可用毫伏表进行测量），用示波器观察输出信号（u_o）波形，并在表 2.2.3 和表 2.2.4 中绘出输入、输出信号波形图，同时用交流毫伏表测量输出电压 u_o 的有效值，将测量数据记录和计算出的 A_u 值填入表 2.2.5 中。

表 2.2.3　输入电压 u_i 波形

输入电压波形	周　　期	幅　　度
	量程范围	量程范围

表 2.2.4　输出电压 u_o 波形

输出电压波形	周　　期	幅　　度
	量程范围	量程范围

表 2.2.5　放大倍数测量记录

测量条件	U_i/V	U_o/V	$A_u=U_o/U_i$
$R_L=\infty$			

（3）负载对放大倍数的影响

① 接入负载电阻 $R_L=2k\Omega$，使输入正弦信号电压 $U_i=10mV$、$f=1kHz$，用交流毫伏表测量输出电压 U_o，计算出 A_u 并填入填入表 2.2.6 中。

② 接入负载电阻 $R_L=5.6k\Omega$，重复上面步骤。

③ 总结负载对放大倍数的影响。

表 2.2.6　负载对放大倍数的影响

负载情况	U_i/V	U_o/V	$A_u=U_o/U_i$
$R_L=2$ kΩ			
$R_L=5.6$ kΩ			
结论			

（4）观察电路的放大与失真

① 增大 RP，使静态工作点偏低，适当加大输入信号 U_i，观察输出波形的失真情况，用万用表测量 U_C 和 U_{CE}，将数据和波形填入表 2.2.7 中。

② 减小 RP，使静态工作点偏高，适当加大输入信号 U_i，观察输出波形的失真情况，用万用表测量 U_C 和 U_{CE}，将数据和波形填入表 2.2.7 中。

③ 判断失真类型，填入表 2.2.7 中。

表 2.2.7　放大与失真

测试条件	静态工作点		输出波形	失真类型
	$I_C=(U_{CC}-U_C)/R_3$	U_{CE}/V		
增大 RP				
减小 RP				

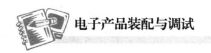

四、相关知识

1. 放大电路的基本结构

能把微弱的电信号放大成较强的电信号的电路，称为放大电路，简称放大器。放大器是最基本、最常见的一种电子电路，也是组成各种电子设备的基本单元，图 2.2.4 所示为放大器的框图。

图 2.2.4 中信号源是指能产生微弱信号的电路或器件，例如麦克风、压力、温度传感器或光敏器件等，当声音、压力、温度或光等这些非电量信号有少许变化时，传感器器件就能输出一个微弱电信号，u_S 为信号源内阻，R_S 为信号源内阻。而图中负载电阻 R_L 代表某种用电设备，例如扬声器（喇叭）、显示器或检测仪表、继电器或微电机等。通常，放大系统中的放大电路是由多级基本放大电路组成的。

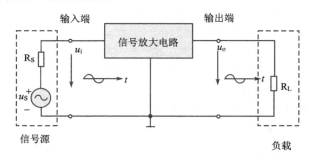

图 2.2.4　放大电路的基本结构框图

放大器件是放大器的核心部件，三极管是一种常用的放大器件，利用三极管构成的放大器有三种组态，共发射极、共集电极和共基极，分别如图 2.2.5 所示。

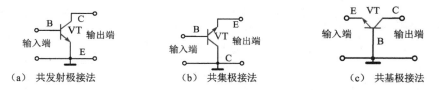

（a）共发射极接法　　　　（b）共集极接法　　　　（c）共基极接法

图 2.2.5　三极管在电路中的三种组态

注意：放大器实质上是一个能量转换器，将直流电源能量转换成一定强度的、随输入信号变化而变化的输出信号，它自身并不具备"放大"功能。

2. 共射极放大电路

（1）共射极放大电路的组成

图 2.2.6（a）所示是共发射极接法的基本放大电路，图 2.2.6（b）是它的习惯画法。整个电路分为输入回路和输出回路两部分。1—1'端为放大电路的输入端，用来接收待放大的信号。2—2'端为输出端，用来输出放大后的信号 1'和 2'端是输入与输出的公共端，它们均与三极管的发射极相连，故称共发射极（共射极）放大电路。这个公共端也就是输入电压与输出电压的共同参考点，用符号"⊥"表示，也称为"地"端，在装配电子设备时，可按需要将此端与电子设备机壳上接地线相连。

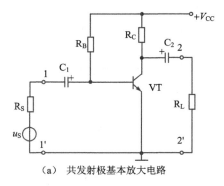 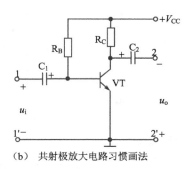

（a）共发射极基本放大电路　　　　（b）共射极放大电路习惯画法

图 2.2.6　共发射极基本放大电路

（2）放大电路中各元件的作用

① 三极管 VT：三极管 VT 是放大电路中的核心元件，主要起电流放大作用，它必须工作在放大状态。

② 直流电源 V_{CC}：直流电源 V_{CC} 是放大器的能源，V_{CC} 的正极通过 R_B 接三极管的基极，通过 R_C 接三极管的集电极，负极接三极管的发射极，为三极管创造放大条件，即使发射结获得正向偏置电压，集电结获得反向偏置电压。

③ 偏置电阻 R_B：偏置电阻 R_B 和 V_{CC} 一起为三极管的基极提供合适的直流（静态）偏置电流 I_B。改变 R_B 的大小可使三极管的偏置电流满足放大的要求。

④ 集电极电阻 R_C：集电极电阻 R_C 串接在集电极回路，主要将因基极电流变化引起的集电极电流变化，通过 R_C 转换成集电极电压，从而将三极管的电流放大作用变换成电路的电压放大。

⑤ 耦合电容 C_1 和 C_2：耦合电容 C_1 和 C_2 分别接在放大电路的输入端和输出端。一方面起着隔离直流的作用，即 C_1 用来隔断放大电路与信号源之间的直流通路；C_2 用来隔断放大电路与负载之间的直流通路。另一方面又起着交流耦合作用，保证交流信号畅通无阻地通过放大电路，沟通信号源、放大电路和负载三者之间的联系。耦合电容的电容量一般较大，通常为几微法到几十微法，一般用电解电容，连接时电解电容的正极接高电位，负极接低电位。

⑥ R_L 是放大电路的外接负载。

（3）静态工作点与失真

① 静态。放大电路在没有信号输入（即 $u_i=0$）时电路的工作状态称为静态。此时各极电压和电流都为直流且基本不变。

② 直流通路。放大电路处于静态时，直流电流的流通路径称为直流通路。因为电容具有"隔直"作用，所以画直流通路时，将电路中电容视为开路，如图 2.2.7 所示为图 2.2.6 电路的直流通路。

③ 静态工作点。放大电路处于静态时，由 I_B 和 U_{BE} 在输入特性上可找到对应的一个坐标点 Q；I_C 和 U_{CE} 在输出特性也有一个对应的坐标点 Q，均称为静态工作点（Q）。静态工作点的直流电压、电流习惯上用 U_{BEQ}、I_{BQ}、U_{CEQ} 和 I_{CQ} 表示，如图 2.2.8 所示。为了得到尽可能不失真的放大信号，Q 点在输入特性上应处于曲线接近线性部分，在输出特性上应处于放大区。

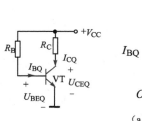

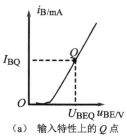

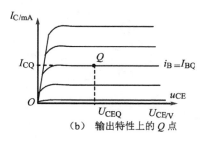

图 2.2.7　直流通路　　　　　　　　图 2.2.8　输入特性曲线上的 Q 点

　　静态分析主要是确定放大电路中的静态值 I_{BQ}、I_{CQ} 和 U_{CEQ}，根据图 2.2.7 电路的直流通路确定 I_{BQ}、I_{CQ} 和 U_{CEQ} 的如下关系。

$$I_{BQ} = \frac{V_{CC} - U_{BEQ}}{R_B}$$

$$I_{CQ} = \beta I_{BQ}$$

$$U_{CEQ} = U_{CC} - I_{CQ}R_C$$

　　④ 波形失真。波形失真是指输出波形不能很好地重现输入波形的形状，即输出波形相对于输入波形发生了变形。当放大电路不设静态工作点或静态工作点设置不当时，就会产生输出信号波形和输入信号波形不一致的结果，即会出现失真。在图 2.2.9 中，设正常情况下静态工作点位于 Q 点，则可以得到正常的波形。如果静态工作点的位置定得太低或太高，都有可能使输出波形产生"截止"失真或"饱和"失真。这两种失真称做非线性失真，如图 2.2.9 所示。

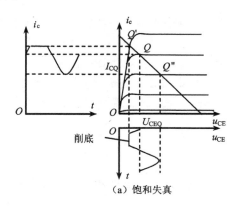

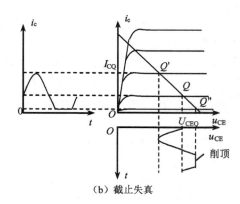

（a）饱和失真　　　　　　　　　　　　（b）截止失真

图 2.2.9　静态工作点对输出波形的影响

　　（a）输出电压 u_o（即 u_{ce}）的负半周出现平顶畸变，称为饱和失真。

　　使用图 2.2.1 电路，减小 RP，则在屏幕上显示图 2.2.10（a）所示的失真波形，失真发生在波形的负半周，进入三极管饱和工作区，故称饱和失真。

　　（b）输出电压 u_o 的正半周出现平顶畸变，称为截止失真。

　　使用图 2.2.1 电路，增大 RP，则在屏幕上显示图 2.2.10（b）所示的失真波形，失真发生在波形的正半周，接近三极管截止工作区，故称截止失真。

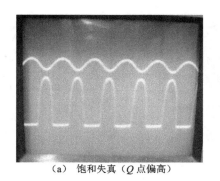

（a）饱和失真（Q点偏高）　　　　　　　　　（b）截止失真（Q点偏低）

图 2.2.10　饱和失真和截止失真

另外，在 Q 点设置合理的情况下，若持续增大放大电路的输入信号，将看到 u_o 波形逐步地失真，出现 u_o 波形正、负半周双向失真，如图 2.2.11 所示。在收听电台、电视节目时，若把音量调得过高，声音就会显得很难听，甚至刺耳，这就是由于信号失真造成的后果，故放大器输入信号的幅度是有限度的。

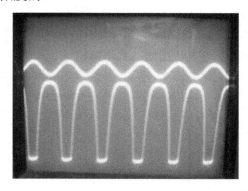

图 2.2.11　输出波形双向失真

（4）共射放大电路的动态

放大电路在静态基础上输入交流信号 u_i 后的工作状态，称为动态。在动态情况下，除了原有的直流电压、电流外，由于从交流信号的输入到放大输出，电路中还同时存在交流电压、电流，交流通路是指在信号 u_i 作用下，交流电流所流过的路径。画交流通路的原则有两点：放大电路的耦合电容、旁路电容都看做短路；电源 V_{CC} 其内阻很小，可看做短路。如图 2.2.12 所示为共射基本放大电路的交流通路。

（5）放大电路的主要性能指标

放大电路的性能优劣，主要通过以下指标来衡量：电压放大倍数 A_u、输入电阻 R_i，输出电阻 R_o 以及通频带 f_{BW}。

① 电压放大倍数 A_u。电压放大倍数 A_u 是表示放大能力的一项重要指标。电压放大倍数 A_u 定义为输出电压有效值（或变化量 u_o）与输入电压有效值（或变化量 u_i）之比，即

$$A_u = \frac{U_o}{U_i} = \frac{u_o}{u_i}$$

由图 2.2.12 所示的交流通路，可知电压放大倍数为：

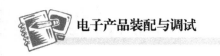

$$A_u = \frac{u_o}{u_i} = -\frac{i_c(R_L / / R_C)}{i_b n_{be}} = -\frac{\beta R'_L}{n_{be}}$$

式中的"−"表示输出信号电压与输入信号电压的极性相反。n_{be} 为三极管动态工作状态下的输入电阻。对于一般低频小功率管，三极管的动态输入电阻 n_{be} 可取值 $1k\Omega$。

$R'_L = R_L / / R_C$。当不接负载 R_L 时，电压放大倍数 A_u 为：

$$A_u = -\frac{\beta R_C}{n_{be}}$$

由于 $\frac{\beta R'_L}{n_{be}} < \frac{\beta R_C}{n_{be}}$，说明接负载后电压放大倍数将下降，即在输入电压值不变的情况下，接入负载后，电压放大倍数下降，输出电压也要下降。

② 放大电路的增益 G。电路的放大能力除了直接用放大倍数表示之外，还常用放大倍数的对数值来表示，称为增益 G，单位为贝尔（Bel），实际中常用分贝（dB）来量度。G_U 为放大电路的电压增益，其大小用下式表示：

$$G_U = 20\lg A_u = 20\lg\frac{U_o}{U_i}$$

③ 输入电阻 R_i。当输入信号电压加到放大电路的输入端时，在其输入端产生一个相应的电流，从输入端往里看进去有一个等效电阻，如图 2.2.13 所示。这个等效电阻就是放大电路的输入电阻。定义为输入电压与相应的输入电流之比，即

$$R_i = \frac{U_i}{I_i}$$

输入电阻是衡量放大电路对信号源影响程度的一个指标。其值越大，放大电路从信号源索取的电流就越小，对信号源影响就越小。

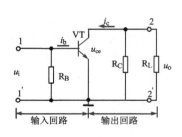

图 2.2.12　共射放大电路的交流通路

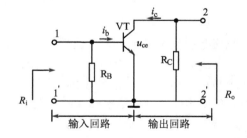

图 2.2.13　输入、输出电阻

在如图 2.2.12 所示的交流通路中，其输入电阻 R_i 为 R_B 与 n_{be} 两者的并联值，即

$$R_i = \frac{U_i}{I_i} = R_B / / n_{be}$$

在上式中由于 R_B 比 n_{be} 大得多，则有 $R_i \approx n_{be}$。

④ 输出电阻 R_o。输出电阻 R_o 是从放大电路的输出端（不包含外接负载）看进去的交流等效电阻，如图 2.2.13 所示。其数值等于输出电压与输出电流之比，即

$$R_{\mathrm{o}} = \frac{U_{\mathrm{o}}}{I_{\mathrm{o}}}$$

输出电阻是描述放大电路带负载能力的一项技术指标。通常放大电路的输出电阻越小越好。R_{o} 越小，说明放大电路带负载能力越强。

在如图 2.2.12 所示的交流通路中，其输出电阻 $R_{\mathrm{o}}=R_C//r_{\mathrm{ce}}$，由于三极管动态输出电阻 r_{ce} 值很大，故输出电阻近似等于集电极电阻，即

$$R_{\mathrm{o}} \approx R_C$$

⑤ 通频带 f_{BW}。放大电路对不同频率的信号，其放大能力是不一样的。一般情况下，放大电路只适用于放大某个特定频率范围的信号。在这个频率范围内，不仅放大倍数高，而且比较稳定，这个范围称为中频。中频对应的放大倍数称为中频放大倍数，用 A_{um} 表示。当信号频率太高或太低时，放大倍数会大幅度下降。当信号频率下降而使放大倍数下降到中频放大倍数的 0.707 倍时，这个频率称为下限截止频率，用 f_{L} 表示。当信号频率升高而使放大倍数下降到中频放大倍数的 0.707 倍时，这个频率称为上限截止频率，用 f_{H} 表示，将 f_{L} 和 f_{H} 之间的频率范围称为通频带，记做 f_{BW}，如图 2.2.14 所示，即

$$f_{\mathrm{BW}} = f_{\mathrm{H}} - f_{\mathrm{L}}$$

通频带是表示放大电路能够放大信号的频率范围，通频带越宽，表明放大电路对信号频率的适应能力越强。

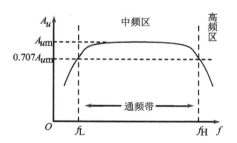

图 2.2.14　放大电路的通频带

（6）应用实例

如图 2.2.15 所示为声光双控延时节电开关电路，它由电源电路、声控电路、光控电路和延时电路 4 部分组成。

220V 交流电通过灯泡流向 $VD_1 \sim VD_4$，经 $VD_1 \sim VD_4$ 整流，R_1 限流降压，VD_5 稳压（兼待机指示），C_1 滤波后输出约 1.8V 的直流电电压供给控制电路。由于 VD_5 采用发光二极管，一方面利用其正向压降稳压，同时又利用其发光特性兼作待机指示。

控制电路由 R_2、驻极体话筒 MIC、C_2、R_3、R_4、VT_1、R_G 组成。在周围有其他光线的时候光敏电阻的阻值约为 $1k\Omega$，VT_1 的集电极电压始终处于低电位，就算此时拍手，电路也无反应。而到夜晚时，光敏电阻的阻值上升到 $1M\Omega$ 左右，对 VT_1 解除了钳位作用，此时 VT_1 处于放大状态，如果无声响，那么 VT_1 的集电极仍为低电位，晶闸管因无触发电压而关断。当拍手时声音信号被 MIC 接收转换成电信号，通过 C_2 耦合到 VT_1 的基极，音频信号的正半周加到 VT_1 基极时 VT_1 由放大状态进入饱和状态，相当于将晶闸管的控制极接地，电路无反

应。而音频信号的负半周加到 VT$_1$ 基极时，迫使其由放大状态变为截止状态，集电极上升为高电位，输出电压触发晶闸管导通，使主电路有电流流过，等效于一个开关闭合，而串联在其回路的灯泡得电工作。此时 C$_2$ 的正极为高电位，负极为低电位，电流通过 R$_3$ 缓慢地给 C$_2$ 充电（实为 C$_2$ 放电），当 C$_2$ 两端电压达到平衡时，VT$_1$ 重新处于放大状态，晶闸管关断，电灯熄灭。

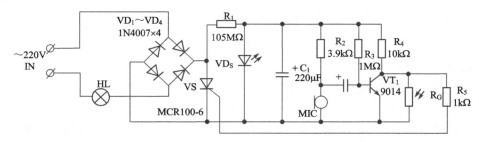

图 2.2.15　声光双控延时节电开关电路

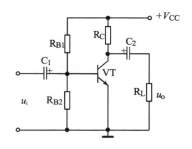

图 2.2.16　分压式偏置放大电路

3. 分压式偏置放大电路

基本共射放大电路的优点是电路结构简单，使用元件少，调整方便，只要改变 R_B 的大小，就可以获得合适的静态工作点。但最大的缺点是温度稳定性差，一般只能用在要求不高的场合。

三极管的参数受温度影响很大。当温度升高时，三极管的 β 值将增大，穿透电流 I_{CEO} 将增大，U_{BE} 减小，致使三极管的集电极电流升高，工作点上移，严重时，将使三极管进入饱和区而失去放大能力。为了能稳定静态工作点，需改进基本放大电路的结构，成为如图 2.2.16 所示的分压式偏置放大电路。

（1）电路组成

图 2.2.2 即为一个分压式偏置放大电路，电路组成参考图 2.2.2 电路说明。

（2）稳定静态工作点过程

三极管的静态基极电位 U_{BQ} 为

$$U_{BQ} = \frac{R_{B2}}{R_{B1} + R_{B2}} V_{CC}$$

显然，U_{BQ} 的值取决于偏置电阻和电源电压的大小，与温度基本无关。因此，U_{BQ} 的大小可认为是稳定的。调节过程如下：

温度 $T \uparrow \rightarrow I_{CQ} \uparrow \rightarrow I_{EQ} \uparrow \rightarrow U_{EQ}(=I_{EQ}R_E) \uparrow \rightarrow U_{BEQ}(=U_{BQ} - I_{EQ}R_E) \downarrow \rightarrow I_{EQ} \downarrow$
$I_{CQ} \downarrow$

其结果是 I_{CQ} 的增长受到牵制，达到了稳定静态工作点的目的。这是利用 I_{EQ} 在 R_E 上的直流压降来控制 U_{BEQ} 实现 I_{CQ} 的自动调节。

分压式偏置放大电路由于具有在温度变化的情况下自动稳定静态工作点的优点，在实际电路中被广泛应用。

在分压式偏置放大电路中，静态值 I_{BQ}、I_{CQ} 和 U_{CEQ} 之间有以下关系：

$$I_{CQ} \approx I_{EQ} = \frac{U_{BQ} - U_{BEQ}}{R_E}$$

$$I_{BQ} = \frac{I_{CQ}}{\beta}$$

$$U_{CEQ} \cong V_{CC} - I_{CQ}(R_C + R_E)$$

4. 射极输出器

图 2.2.17 所示为共集电极放大电路。由图 2.2.17 可知，输入电压 u_i 加在基极与集电极之间，而输出信号 u_o 由发射极与集电极之间输出，集电极称为输入信号和输出信号的公共端，故这种电路又称射极输出器。C_1、C_2 为耦合电容，V_{CC}、R_B、R_E 构成偏置电路，R_L 为负载电阻。

（1）射极输出器的特点

① 输出电压 u_o 与输入电压同相且略小于输入电压，如图 2.2.18 所示。$u_o = u_i - u_{be}$，且 $u_i \gg u_{be}$，则 $u_o \approx u_i$，即电压放大倍数小于 1，但约等于 1，即电压跟随，所以这种电路对电压信号没有放大能力。对电流信号而言，它的发射极电路 i_e 仍为基极电流 i_b 的（$1+\beta$）倍，具有较强的电流放大能力。

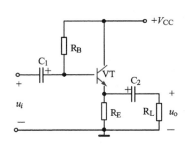

图 2.2.17 射极输出器

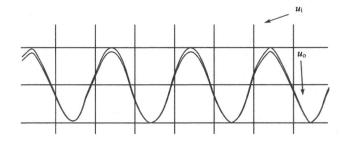

图 2.2.18 射极输出器输入电压与输出电压波形图

② 输入电阻为：

$$R_i = r_{be} + (1 + \beta)R'_L$$

式中，$R'_L = R_E // R_L$。与共射极电路比较（$R_i \approx r_{be}$），射极输出器的输入电阻要大得多。

③ 输出电阻为：

$$r_o = \frac{r_{be} + R_b // R_s}{1 + \beta} // R_e \approx \frac{r_{be}}{\beta}$$

可见，射极输出器的输出电阻很小。

（2）射极输出器的用途

射极跟随器具有较高的输入电阻和较低的输出电阻，这是射极跟随器最突出的优点。射极跟随器常用做多级放大器的第一级或最末级，也可用于中间隔离级。用做输入级时，其高的输入电阻可以减轻信号源的负担，提高放大器的输入电压。用作输出级时，其低的输出电阻可以减小负载变化对输出电压的影响，并易于与低阻负载相匹配，向负载传送尽可能大的功率。

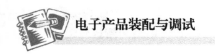

五、任务评价

1. 评价标准

（1）仪器类型及连接方法

A 级：正确选用低频信号发生器、万用表、示波器和毫伏表等仪器设备，并且正确连接仪器设备与测试点。

B 级：选错一种仪器，但能用其他设备代替的，能正确连接仪器设备与测试点。

C 级：错误选择仪器类型，但知道怎样连接仪器设备与测试点。

D 级：不知道该怎样选择仪器，也不知道该如何进行连接。

（2）仪器使用

A 级：仪器各量程、挡位正确设置，输出信号波形稳定，示波器屏幕上显示波形个数为 2~4 个，幅度为 4~6div，万用表、毫伏表指针偏转合理（数字万用表显示读数合理）。

B 级：仪器各量程、挡位基本设置正确，输出波形不稳定，示波器屏幕显示波形个数和幅度合理，万用表、毫伏表使用正确。

C 级：仪器量程、挡位设备设置不够合理，输出信号波形稳定，示波器屏幕显示波形个数超过 4 个或幅度小于 4div，或幅度超出整个屏幕，万用表、毫伏表使用正确。

D 级：不会设置仪器量程、挡位，输出波形不稳定，波形个数和幅度均不合理，不会使用万用表、毫伏表。

（3）数据测试与记录

A 级：测试方法正确，会读取测试数据，所记录数据与实测数据一致，书写规范，单位正确。

B 级：测试方法正确，会读取测试数据，所记录数据与实测数据基本一致，书写规范，单位正确。

C 级：测试方法正确，会读取测试数据，所记录数据与实测数据不一致，书写不规范，单位不正确。

D 级：测试方法不正确，不会读取测试数据。

2. 评价基本情况

单管分压式偏置放大电路的测量与调试评价如表 2.2.8 所示，评分等级见表 2.2.9 所示。

表 2.2.8　单管分压式偏置放大电路的测量与调试评价表

任务名称			单管分压式偏置放大电路的测量与调试	评分记录
序号	评价项目	配分	评分细则	得分
1	仪器类型及连接方法	20	正确选用低频信号发生器、万用表、示波器和毫伏表等仪器设备，并且正确连接仪器设备与测试点	
			选错一种仪器，但能用其他设备代替的，能正确连接仪器设备与测试点	
			错误选择仪器类型，但知道怎样连接仪器设备与测试点	
			不知道该怎样选择仪器，也不知道该如何进行连接	
2	仪器使用	20	仪器各量程、挡位正确设置，输出信号波形稳定，示波器屏幕上显示波形个数为 2~4 个，幅度为 4~6div，万用表、毫伏表指针偏转合理（数字万用表显示读数合理）	

任务名称			单管分压式偏置放大电路的测量与调试	评分记录
序号	评价项目	配分	评分细则	得分
3	数据测试与记录	50	仪器各量程、挡位基本设置正确，输出波形不稳定，示波器屏幕显示波形个数和幅度合理，万用表、毫伏表使用正确	
			仪器量程、挡位设备设置不够合理，输出信号波形稳定，示波器屏幕显示波形个数超过 4 个或幅度小于 4div，或幅度超出整个屏幕，万用表、毫伏表使用正确	
			不会使用仪器	
			测试方法正确，会读取测试数据，所记录数据与实测数据一致，书写规范，单位正确	
			测试方法正确，会读取测试数据，所记录数据与实测数据基本一致，书写规范，单位正确	
			测试方法正确，会读取测试数据，所记录数据与实测数据不一致，书写不规范，单位不正确	
			测试方法不正确，不会读取测试数据	
安全文明操作	仪器工具的摆放与使用和维护情况	10	1. 工作台上的工具按要求摆放整齐，工作完成后台面整洁卫生。每错误一处扣 2 分。 2. 注意用电安全，各工具的使用应符合安全规范，每错误一处扣 5 分	
合计		100		
教师总体评价				

表 2.2.9　评分等级表

评价分类	A	B	C	D
仪器类型及连接方法				
仪器使用				
数据测试与记录				

六、任务小结

1. 总结在单管分压式偏置放大电路的测量与调试过程中所出现的问题以及解决方法。

2. 简要叙述在完成本任务的学习后有哪些收获，归纳总结任务中所用到的知识和技能。

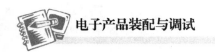

任务 2.2.2　OTL 功率放大电路的测量与调试

一、任务名称

本任务为 OTL 功率放大电路的测量与调试。从能量控制的观点来看，功率放大电路与电压放大电路没有本质的区别，只是各自要求完成的任务不同。功率放大电路通常位于多级放大电路的末级，其任务是将前级电路已放大的电压信号进行功率放大，以向负载提供足够大的功率。本任务通过 OTL 功率放大电路的测量与调试学习功率放大器方面的知识。

二、任务描述

1. *OTL 功率放大电路组成*

如图 1.2.6 所示的为 OTL 功率放大电路的实物图。图中 VT_1 为激励放大管（推动级），它给功率放大输出级以足够的推动信号；R_1、RP_2 是 VT_1 的偏置电阻，RP_2 与 VT_2、VT_3 的射极相连；调节电位器 RP_2 可以改变"中点电压"（两功放管发射极的连接点 A，称为"中点"，该点直流电位约为电源电压的一半）。R_3、VD_1、RP_3 串联在 VT_1 集电极上，为 VT_2、VT_3 设置合适的静态工作点，达到克服（或减小）交越失真的目的。C_3 为消振电容，用于消除电路可能产生的自激振荡；VT_2、VT_3 是互补对称推挽功率放大管，组成功率放大输出级；C_2、R_4 组成"自举电路"，其作用是改善输出波形。输入耦合电容 C_1 和输出耦合电容 C_5 起"隔直通交"的作用，C_5 两端由于充电而有直流电压 U_C（等于 $+V_{CC}$ 的一半），且左端为正，右端为负，因此它还是 VT_3 的直流电源。

2. *OTL 功率放大电路功能描述*

OTL 功率放大电路通常处于电子设备的最后一级，能提供足够大、不失真的信号功率以驱动功率型负载如扬声器等。

3. *要求测试的数据（测试点波形的测试）*

① OTL 功率放大电路中点电压的测试。
② OTL 功率放大电路静态工作点的测试。
③ OTL 功率放大电路电压放大倍数的测试。
④ 自举电路作用的测试。

4. *仪器设备的使用*

根据需要测试的数据选择合适的仪器设备，OTL 功率放大电路的测试需要用到低频信号发生器、万用表、示波器和毫伏表等仪器设备，使用过程中要注意各种仪器的正确使用，选择正确的量程范围。

三、任务完成

1. *选择仪器设备，连接仪器设备与测试点*
参考"项目 2.2→任务 1→三、→1."。

2. *正确选择仪器设备的测量范围*
参考"项目 2.2→任务 1→三、→2."。

3. 数据的测量

① 中点电位的调整与测量：正确接上直流电源电压 V_{CC}，不接 u_i，测量 A 点直流电压值，调节电位器 RP_2，使 A 点电位 $U_A = \dfrac{1}{2}V_{CC} = $ _____ V。

② 在直流电源正极进线串接万用表（或毫安表），音量电位器 RP_1 开至最大，接入 1kHz 的正弦交流信号，用示波器观察检测输出信号 U_o 波形，若出现交越失真，缓慢调节 RP_3，直至交越失真刚好消除。

③ 逐渐提高输入正弦电压的幅值，使输出达最大值，但失真尽可能小。记录万用表电流读数 I_E，用毫伏表测出此时输入信号电压 U_i 和输出信号电压 U_o 数值，计算此时的最大输出功率 $P_{om} = \dfrac{U_o^2}{R_L}$、直流电源功率 $P_E = V_{CC} \times I_E$ 和效率 $\eta = \dfrac{P_{om}}{P_E}$，将数据填入表 2.2.10 中。

表 2.2.10　测量最大输出功率

测　量　值		计　算　值		
U_o/V	I_E/mA	P_{om}/W	P_E/W	η

在表 2.2.11 和表 2.2.12 中描绘所测出的波形。

表 2.2.11　输入信号电压波形

输入信号电压波形	周　　期		幅　　度	
	量程挡位		量程挡位	
	格数		格数	

表 2.2.12　输出信号电压波形

输入信号电压波形	周　　期		幅　　度	
	量程挡位		量程挡位	
	格数		格数	

④ 自举电路作用的研究。在不改变输入信号和示波器接法时（输入频率 f 为 1kHz，输出电压为最大不失真时），断开或接通自举电容 C_2，将观察到的输出电压幅度变化波形绘入表 2.2.13 中。

表 2.2.13　自举电路作用的测试结果

断开自举电容		
输出电压波形	周　　期	幅　　度
	$T=$	$V_{P-P}=$
	量程挡位	量程挡位
	格数	格数

和表 2.2.12 中的输出电压波形进行比较，波形_____（发生/没有发生）变化。

四、相关知识

1. 多级放大电路

在电子系统中，单级放大电路的电压放大倍数往往不能满足要求，为此要把放大电路的前一级输出接到后一级输入端，构成多级放大电路，如图 2.2.19 所示为多级放大电路组成框图。多级放大电路之间的连接称为耦合，多级放大电路中耦合方式有阻容耦合、变压器耦合、直接耦合和光电耦合等。

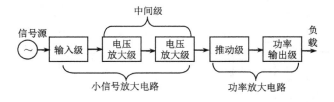

图 2.2.19　多级放大电路的组成

（1）阻容耦合

前级与后级通过电容连接的方式，称为阻容耦合，如图 2.2.20 所示，图中将前级与后级连接起来的电容 C_1、C_2 称为级间耦合电容。

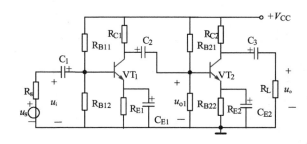

图 2.2.20　阻容耦合两级放大电路

阻容耦合放大电路各级静态工作点互不影响，可以单独调整到合适位置；但不适于传输缓慢变化的信号，使用有局限性，而且耦合电容的容量大，难以在集成电路中采用。

这种电路的电压放大倍数 $A_u = \dfrac{U_o}{U_i} = \dfrac{U_{o1}}{U_i} \cdot \dfrac{U_o}{U_{o1}} = A_{u1} \cdot A_{u2}$，$U_i$、$U_o$ 为输入、输出电压有效值，在示波器监视不失真的情况下，可通过交流毫伏表测量取得，经计算可得出该电路的电压放大倍数。多级放大电路总的电压放大倍数为各级电压放大倍数的乘积，即

$$A_u = A_{u1} \cdot A_{u2} \cdot \cdots \cdot A_{un}$$

若用分贝表示法，则总增益为各级增益的代数和，即

$$G_u（dB）= G_{u1}（dB）+ G_{u2}（dB）+ \cdots + G_{un}（dB）$$

式中，n 为多级放大电路的级数。

（2）直接耦合

直接耦合是把前级的输出端直接或通过恒压器件接到后一级的输入端，如图 2.2.21 所示。

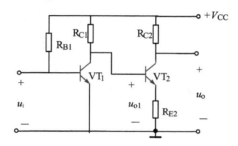

图 2.2.21　直接耦合两级放大电路

（3）变压器耦合

前级输出端与后级输入端通过变压器连接的方式，称为变压器耦合，如图 2.2.22 所示为变压器耦合共射放大电路。

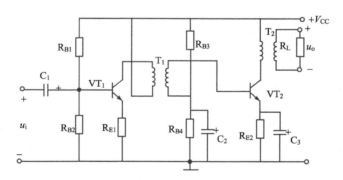

图 2.2.22　变压器耦合共射放大电路

（4）光电耦合

如图 2.2.23 所示，两级电路通过光电耦合器连接。

光电耦合器简称光耦，是以光为媒介来传输电信号的器件，通常把发光器（红外线发光二极管 LED）与受光器（光敏三极管）封装在同一管壳内。当输入端加电信号使发光器发出光线，受光器接受光线之后就产生光电流，从输出端流出，从而实现了"电-光-电"的转换。

图 2.2.24（a）所示为光耦的电路符号，图 2.2.24（b）所示为无基极引线通用型光耦，1、2 脚为输入端，3、4 脚为输出端。当有一定电流流过发光二极管，二极管发光，光耦输出端 3、4 之间电阻变小；若无电流流过发光二极管，光耦输出端 3、4 端之间电阻很大。

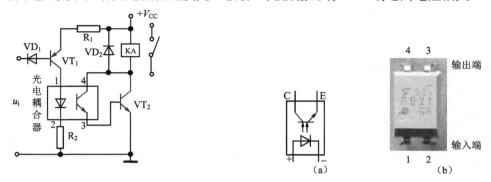

图 2.2.23　光电耦合放大电路　　　　　　　　图 2.2.24　光耦外形及图形符号

在图 2.2.23 所示电路中，当输入 u_i 为低电平时，VD$_1$ 导通，VT$_1$ 导通，光耦输入端 1、2 脚之间通过电流，发光二极管发光，光耦输出端 3、4 脚之间电阻变小导通，VT$_2$ 导通，继电器 KA 上电，继电器触点闭合，控制执行器件动作；当输入 u_i 为高电平时，VD$_1$ 截止，VT$_1$ 截止，光耦输入端 1、2 脚之间无电流，光耦输出端 3、4 脚之间电阻很大，VT$_2$ 截止，继电器触点断开，执行器件停止动作。

2. 互补对称乙类功率放大电路

（1）OCL 功率放大电路

双电源供电的乙类互补对称功率放大电路（OCL 电路）如图 2.2.25 所示，图中 VT$_1$、VT$_2$ 管型相反，但特性参数相同。

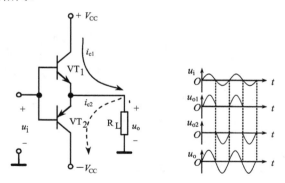

图 2.2.25　OCL 功率放大电路

静态（u_i=0）时，U_B=0、U_E=0，偏置电压为零，VT$_1$、VT$_2$ 均处于截止状态，负载中没有电流，静态功耗约为 0，电路工作在乙类状态。

动态（u_i≠0）时，在 u_i 的正半周 0~π 期间，VT$_1$ 导通而 VT$_2$ 截止，VT$_1$ 以射极输出器的形式将正半周信号输出给负载 R$_L$；在 u_i 的负半周 VT$_2$ 导通而 VT$_1$ 截止，VT$_2$ 以射极输出器的形式将负半周信号输出给负载。可见在输入信号 u_i 的整个周期内，VT$_1$、VT$_2$ 两管轮流交替地工作，互相补充，使负载获得完整的信号波形，故称互补对称电路。

由于 VT$_1$、VT$_2$ 都工作在共集电极接法，输出电阻极小，可与低阻负载 R_L 直接匹配。

注意：甲类工作状态、乙类工作状态，甲乙类工作状态。

在单管电压放大电路中，实现不失真电压放大电路的静态工作点约在三极管输出特性曲线放大区中央，三极管的导通角为 360°（即在信号变化一周内全导通），这种工作状态称为甲类工作状态，若要输出信号功率大，输出信号电流必须大，则静态工作点电流也必须大，这样消耗在三极管集电结的功率大，能量转换效率低。为此，功放电路常用乙类工作状态，即功放电路中的三极管在信号变化一周内只导通半周，导通角为 180°，静态功耗很小。而当三极管导通角在 180°和 360°之间的工作状态称为甲乙类工作状态。

（2）OTL 功率放大电路

如图 2.2.26 所示，单电源供电的乙类互补对称功率放大电路（OTL 电路）与 OCL 电路相比，少了一个直流电源，采用大容量电容 C 作为耦合电容，同时其上电压又为 VT_2 管提供直流电源。

因电路对称，静态时，两个晶体管发射极连接点 A 点电位约为 $\frac{1}{2}V_{CC}$，负载中没有电流。动态时，在 u_i 的正半周 VT_1 导通而 VT_2 截止，VT_1 以射极输出器的形式将正半周信号输出给负载，同时对电容 C 充电；在 u_i 的负半周 VT_2 导通而 VT_1 截止，电容 C 通过 VT_2、R_L 放电，VT_2 以射极输出器的形式将负半周信号输出给负载，电容 C 在这时起到负电源的作用。为了使输出波形对称，必须保持电容 C 上的电压基本维持在 $\frac{1}{2}V_{CC}$ 不变，因此 C 的容量必须足够大。典型的 OTL 电路如图 1.2.1 所示。

（3）乙类功率放大电路的缺点

若将图 1.2.1 中 VT_2、VT_3 两管的基极 b_1、b_2 短接，用示波器观察 u_o 波形会发现出现了交越失真，如图 2.2.27 所示。

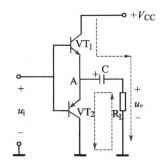

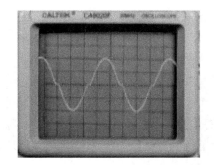

图 2.2.26　OTL 功率放大电路　　　　图 2.2.27　交越失真

这是因为当 b_1、b_2 短接后，VT_2、VT_3 两管发射结偏置电压为 0，当输入电压 u_i 值小于三极管开启电压（死区电压）时，两管都不导通，u_o 为 0，故出现了两个半周电压在交接处为 0 的交越失真。实际功率放大电路都设置较低的静态工作点，功率放大电路中三极管工作在甲乙类状态，即导通角比 180°稍大一些。

（4）功率放大电路的基本要求

在实际电路中，放大电路实质上都是能量转换电路，但性能要求有所不同。电压放大电路的主要任务是把微弱的信号电压进行放大，使负载得到不失真的电压信号，注重电压放大倍数、输入与输出电阻等指标。而功率放大电路的任务是向负载提供不失真的、大的信号电压、电流，故采用射极输出电路（共集电极接法），输入电压 u_i 的幅度由电压放大电路实现，到了功率放大电路这一级，电压基本不放大，但实现电流放大，使输出功率大大增加。所以，功率放大电路注重的是最大输出功率、电源效率、功放管的极限参数和电路消除失真的措施等，针对上述特点，这就要求：

① 输出功率大。功率放大电路不仅要有较高的输出电压，还要有较大的输出电流，即输出功率要大，同时要求非线性失真要小。

② 必须尽可能提高功率放大电路的效率。

$$\eta = \frac{功放输出交流信号功率}{直流电源提供功率} \times 100\%$$

③ 输出电阻要小，带负载能力要强。

④ 功率放大电路中的晶体管通常工作在高电压大电流状态，晶体管的功耗也比较大，要求采取措施降低功耗、安全工作。

另外，功率三极管工作时，集电极电流很大，集电结会产生很大热量，为此功率三极管应装上散热片帮助散热。散热片一般用热传导能力强的铝材料制作，如图 2.2.28 所示。一般散热片直接装在功率三极管外壳上。

图 2.2.28　常用散热片

3. 负反馈放大电路

反馈在模拟电子电路中的应用非常广泛。在放大电路中引入负反馈可以稳定静态工作点，稳定放大倍数，改变输入、输出电阻，展宽通频带，减小非线性的失真等。

凡是将放大电路输出信号 X_o（电压或电流）的一部分或全部通过某种电路（反馈电路）引回到输入端，就称为反馈。若引回的反馈信号削弱输入信号而使放大电路的放大倍数降低，则称这种反馈为负反馈，若反馈信号增强输入信号，则为正反馈。图 2.2.29 中分别为无负反馈的放大电路和带有负反馈的放大电路的方框图。显然任何带有负反馈的放大电路都包含放大电路和反馈电路两部分。输入信号 X_i 与反馈信号 X_f 在"比较 $\otimes$"处叠加后产生净输入信号 $X_d = X_i - X_f$。放大电路（开环）的放大倍数 $A = X_o/X_d$，反馈电路的反馈系数 $F = X_f/X_o$。带有负反馈的放大电路（闭环）的放大倍数 $A_f = X_o/X_i$。

判断有无反馈，就是判断有无反馈通道，即在放大电路的输出端与输入端有无电路连接，如果有电路连接，就有反馈，否则就没有反馈。反馈网络一般由电阻或电容组成。判别电路中的反馈一般有以下方法。

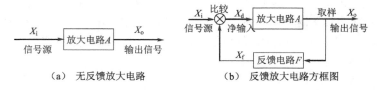

（a）　无反馈放大电路　　　　　（b）　反馈放大电路方框图

图 2.2.29　反馈放大电路方框图

① 反馈信号使净输入信号减小的，是负反馈，否则，是正反馈。

反馈的正、负极性通常采用瞬时极性法判别。晶体管、场效应管及集成运算放大器的瞬时极性如图 2.2.30 所示。晶体管的基极（或栅极）和发射极（或源极）瞬时极性相同，而与集电极（或漏极）瞬时极性相反。集成运算放大器的同相输入端与输出端瞬时极性相同，而反相输入端与输出端瞬时极性相反。

"瞬时极性法"的判别过程，分为以下四步：

a．假设放大器的输入端瞬时极性。

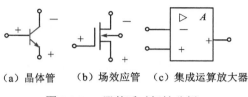

（a）晶体管　（b）场效应管　（c）集成运算放大器

图 2.2.30　器件瞬时极性分析

b．沿信号正向传送的路径逐点标瞬时极性，直至反馈网络与输出回路的连接点。

c．沿信号反向传送的路径逐点标瞬时极性，直至反馈网络与输入回路的连接点，由此得到反馈信号的极性。

d．根据反馈信号极性与所设输入极性的比较结果来判别是正反馈还是负反馈。对于串联反馈，当反馈的极性与输入极性一致时，为负反馈；否则，为正反馈。对于并联反馈，当反馈的极性与输入极性一致时，为正反馈；否则，为负反馈。

② 输入信号和反馈信号分别加在两个输入端上的，是串联反馈；加在同一个输入端上的，是并联反馈；

③ 反馈电路直接从输出端引出的，是电压反馈；反馈电路是通过一个与负载串联的电阻上引出的，是电流反馈；

如图 2.2.31 所示为负反馈的四种组态。

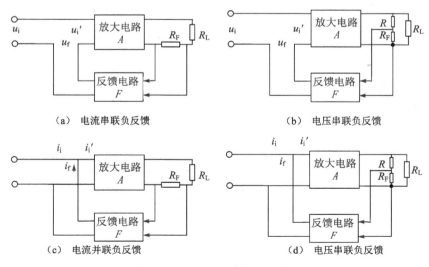

（a）电流串联负反馈　　　　　　（b）电压串联负反馈

（c）电流并联负反馈　　　　　　（d）电压串联负反馈

图 2.2.31　负反馈的四种组态

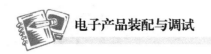
五、任务评价

1. 评价标准

（1）仪器类型及连接方法

A 级：正确选用低频信号发生器、万用表、示波器和毫伏表等仪器设备，并且正确连接仪器设备与测试点。

B 级：选错一种仪器，但能用其他设备代替的，能正确连接仪器设备与测试点。

C 级：错误选择仪器类型，但知道怎样连接仪器设备与测试点。

D 级：不知道该怎样选择仪器，也不知道该如何进行连接。

（2）仪器使用

A 级：仪器各量程、挡位正确设置，输出信号波形稳定，示波器屏幕上显示波形个数为 2~4 个，幅度为 4~6div，万用表、毫伏表指针偏转合理（数字万用表显示读数合理）。

B 级：仪器各量程、挡位基本设置正确，输出波形不稳定，示波器屏幕显示波形个数和幅度合理，万用表、毫伏表使用正确。

C 级：仪器量程、挡位设备设置不够合理，输出信号波形稳定，示波器屏幕显示波形个数超过 4 个或幅度小于 4div，或幅度超出整个屏幕，万用表、毫伏表使用正确。

D 级：不会设置仪器量程、挡位，输出波形不稳定，波形个数和幅度均不合理，不会使用万用表、毫伏表。

（3）数据测试与记录

A 级：测试方法正确，会读取测试数据，所记录数据与实测数据一致，书写规范，单位正确。

B 级：测试方法正确，会读取测试数据，所记录数据与实测数据基本一致，书写规范，单位正确。

C 级：测试方法正确，会读取测试数据，所记录数据与实测数据不一致，书写不规范，单位不正确。

D 级：测试方法不正确，不会读取测试数据。

2. 评价基本情况

OTL 功率放大电路的测量与调试评价如表 2.2.14 所示，评分等级见表 2.2.15。

表 2.2.14　OTL 功率放大电路的测量与调试评价表

任务名称			OTL 功率放大电路的测量与调试	评分记录
序号	评价项目	配分	评分细则	得分
1	仪器类型及连接方法	15	正确选用低频信号发生器、万用表、示波器和毫伏表等仪器设备，并且正确连接仪器设备与测试点	
			选错一种仪器，但能用其他设备代替的，能正确连接仪器设备与测试点	
			错误选择仪器类型，但知道怎样连接仪器设备与测试点	
			不知道该怎样选择仪器，也不知道该如何进行连接	

任务名称			OTL 功率放大电路的测量与调试	评分记录
序号	评价项目	配分	评分细则	得分
2	仪器使用	15	仪器各量程、挡位正确设置，输出信号波形稳定，示波器屏幕上显示波形个数为 2~4 个，幅度为 4~6div，万用表、毫伏表指针偏转合理（数字万用表显示读数合理）	
			仪器各量程、挡位基本设置正确，输出波形不稳定，示波器屏幕显示波形个数和幅度合理，万用表、毫伏表使用正确	
			仪器量程、挡位设备设置不够合理，输出信号波形稳定，示波器屏幕显示波形个数超过 4 个或幅度小于 4div，或幅度超出整个屏幕，万用表、毫伏表使用正确	
			不会使用仪器	
3	数据测试与记录	60	测试方法正确，会读取测试数据，所记录数据与实测数据一致，书写规范，单位正确	
			测试方法正确，会读取测试数据，所记录数据与实测数据基本一致，书写规范，单位正确	
			测试方法正确，会读取测试数据，所记录数据与实测数据不一致，书写不规范，单位不正确	
			测试方法不正确，不会读取测试数据	
安全文明操作	仪器工具的摆放与使用和维护情况	10	1. 工作台上的工具按要求摆放整齐，工作完成后台面整洁卫生。每错误一处扣 2 分。 2. 注意用电安全，各工具的使用应符合安全规范，每错误一处扣 5 分	
合计		100		
教师总体评价				

表 2.2.15　评分等级表

评价分类	A	B	C	D
仪器类型及连接方法				
仪器使用				
数据测试与记录				

六、任务小结

1．总结在 OTL 功率放大电路的测量与调试过程中所出现的问题以及解决方法。

2．简要叙述在完成本任务的学习后有哪些收获，归纳总结任务实施过程中所用到的知识和技能。

任务 2.2.3　音频功率放大电路的测量与调试

一、任务名称

本任务为音频功率放大器电路的测量与调试。音频功率放大器是常用的、典型的电子产品。由直流稳压电源、功放组件两部分组成。功放组件主要由前置放大器和功率放大器组成，其功能是用来对音频信号进行放大并实现各种操控功能，而直流稳压电源则为功放组件提供电能。其组成结构如图 2.2.32 所示。本任务要对各个单元电路进行测量与调试，使音频功率放大器电路能正常工作，学习集成运放与功率放大方面的知识。

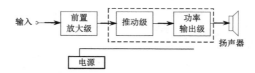

图 2.2.32　音频功率放大器的组成框图

二、任务描述

1. 音频功率放大器电路组成

图 2.2.33 为音频功率放大器电路的实物图。

（a）　电路实物图

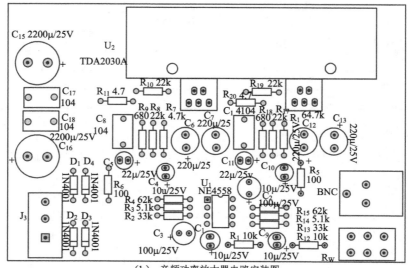

（b）　音频功率放大器电路安装图

图 2.2.33　音频功率放大器电路的实物图

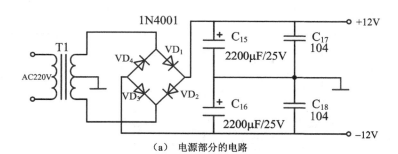

（a） 电源部分的电路

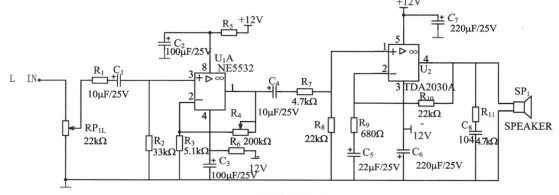

（b） 前置放大部分电路

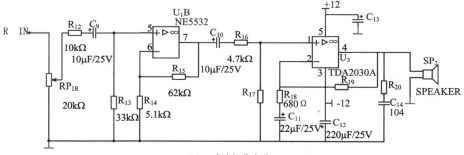

（c） 功放部分电路

图 2.2.34　音频功率放大电路原理图

电路的原理图如图 2.2.34 所示。其元器件见表 2.2.16。

表 2.2.16　音频功率放大器元器件列表

序号	标称	名称	规格	序号	标称	名称	规格
1	C_1	电解电容	10μF/25V	7	C_7	电解电容	220μF/25V
2	C_2	电解电容	100μF/25V	8	C_8	电容	104
3	C_3	电解电容	100μF/25V	9	C_9	电解电容	10μF/25V
4	C_4	电解电容	10μF/25V	10	C_{10}	电解电容	10μF/25V
5	C_5	电解电容	22μF/25V	11	C_{11}	电解电容	10μF/25V
6	C_6	电解电容	220μF/25V	12	C_{12}	电解电容	100μF/25V
23	R_5	电阻	100Ω	29	R_{11}	电阻	4.7Ω

续表

序号	标称	名称	规格	序号	标称	名称	规格
24	R_6	电阻	100Ω	30	R_{12}	电阻	10kΩ
25	R_7	电阻	4.7kΩ	31	R_{13}	电阻	33kΩ
26	R_8	电阻	22kΩ	32	R_{14}	电阻	5.1kΩ
27	R_9	电阻	680Ω	33	R_{15}	电阻	4.7kΩ
28	R_{10}	电阻	220 kΩ	34	R_{16}	电阻	22kΩ
13	C_{13}	电解电容	220μF/25V	35	R_{17}	电阻	680Ω
14	C_{14}	电容	104	36	R_{18}	电阻	4.7Ω
15	C_{15}	电解电容	10U/25V	37	R_{20}	电阻	100Ω
16	C_{16}	电解电容	10U/25V	38	RP_1	音量电位器	20kΩ
17	C_{17}	电容	104	39	VD_1~VD_4	二极管	1N4007
18	C_{18}	电容	104	39	T_1	变压器	
19	R_1	电阻	10kΩ	40	U_1	集成运放	NE5532
20	R_2	电阻	33kΩ	41	U_2	集成功放	TDA2030A
21	R_3	电阻	5.1kΩ	42	U_3	集成功放	TDA2030A
22	R_4	电位器	200 kΩ	43	SP_1	音频输入端子	

图 2.2.34（a）为功率放大器电源部分，电路采用±12V 双电源供电，电源部分由二极管 VD_1~VD_4 构成的整流桥和滤波电容 C_{15}、C_{16}、C_{17}、C_{18} 组成。变压器 T_1 将 220V 的交流电压变为交流电压，经桥式二极管整流桥和电容滤波后，得到±12 V 电压作为 TDA2030 功率放大器的供电电源。

图 2.2.34（b）为前置放大器，前置放大器由 NE5532 集成双运放实现，音量控制用双联电位器 RP_1 实现。集成运放 NE5552，是美国 SIG 公司生产的低噪声前置放大集成电路，属于高性能低噪声运放，它具有较好的噪声性能、优良的输出驱动能力及相当高的小信号与电源带宽。采用 8 端双列卧式封装结构，它的引脚排列图见图 2.2.35。

 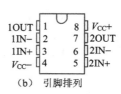

（a）实物　　　　　（b）引脚排列

图 2.2.35　NE5532 外部引脚排列图

引脚 1：1OUT，为运放 1 输出。

引脚 2：1IN−，为运放 1 反相输入端。

引脚 3：1IN+，为运放 1 同相输入端。

引脚 4：V_{CC}，为负电压输入端。

引脚 5：2IN+，为运放 2 同相输入端。

引脚 6：2IN−，为运放 2 反相输入端。

引脚 7：2OUT，为运放 2 输出。

引脚 8：V_{CC}，为正电压输入端。

前置放大器电路为两个同相输入放大电路，通过分析可知，$U_o = (1 + \dfrac{R_4}{R_3})U_i$，电路的电压放大倍数约为 13 倍，分别对应两个声道。图 2.2.34（b）中双联电位器 RP_1 的作用是同时调节两个声道输出电压的大小，即两个声道音量的大小；200kΩ可变电阻的作用是保证两个声道增益相同；电源上电容的作用是消除纹波和高频噪声的影响，防止自激；输入、输出端的电容起到隔直流的作用。

图 2.2.34（c）为功率放大器部分，功率放大功能主要由 TDA030A 实现。

TDA2030A 是一块性能十分优良的单声道音频功率放大集成电路，采用 V 型 5 脚单列直插式塑料封装结构。如图 2.2.35 所示，按引脚的形状可分为 H 型和 V 型。该集成电路广泛应用于汽车立体声收录音机、中功率音响设备，具有体积小、输出功率大、失真小等特点。并具有内部保护电路。TDA2030A 外引脚的排列及功能如图 2.2.36 所示。

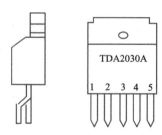

引脚说明：
引脚 1：是同相输入端
引脚 2：是反相输入端
引脚 3：是负电源输入端
引脚 4：是功率输出端
引脚 5：是正电源输入端

图 2.2.36　TDA2030A 引脚排列及功能说明

下面以一个声道为例分析 TDA2030A 功率放大电路的工作过程。输入的音频信号经音量调节和前置放大后由 C_4 送到 TDA2030A 集成音频功率放大器进行功率放大。该电路工作于双电源（OCL）状态，经前置放大后的音频信号由 TDA2030A 的第 1 脚（同相输入端）输入，经功率放大后的信号从 4 脚输出，其中 R_9、C_5、R_{10} 组成负反馈电路，它可以让电路工作稳定，R_{10} 和 R_9 的比值决定了 TDA2030A 的交流放大倍数，R_{11}、C_8 组成高频移相消振电路，以抑制可能出现的高频自激振荡。

2. 音频功率放大器功能描述

TDA2030A 功率放大电路，具有体积小、输出功率大、失真小等特点，并具有内部保护电路。TDA2030A 能在最低±6V、最高±22V 的电压下工作，在±12V、8Ω阻抗时能够输出 16W 的有效功率，THD≤0.1%。装配调试成功后可以作为电脑、MP4 等电子设备的外接音箱使用。

3. 要求测试的数据

① 音频功率放大电路静态测试。

② 音频功率放大电路动态测试。

三、任务完成

全部元器件及插件焊接完后，经过认真仔细检查后方可通电测试。

1. 选择仪器设备，连接仪器设备与测试点

具体要求可参考"项目 2.2→任务 1→三→1"。

2. 正确选择仪器设备的测量范围

具体要求可参考"项目 2.2→任务 1→三→2"。

3. 数据的测量

（1）静态测试

① 电源部分。

a. 测量变压器次级半绕组电压（交流）_____V。

b. 测量正电源电压（C_{15} 正极）_____V。

c. 测量负电源电压（C_{16} 负极）_____V。

② 功放部分。

a. 测量功放集成块 TDA2030A 的供电电压，将测量所得数据填入表 2.2.17 中。

表 2.2.17　TDA2030A 的供电电压

引　　脚	③脚电压/V	⑤脚电压/V
左声道		
右声道		

b. 测量功放集成块 TDA2030A 的输出脚电压（因为集成内电路是 OCL 功放电路，其输出端电压正常应为 0V），将测量所得数据填入表 2.2.18 中。

表 2.2.18　TDA2030A 的输出脚电压

引　　脚	④脚电压/V
左声道	
右声道	

③ 置放大电路部分。

a. 测量前置集成块 NE5532 的供电电压，将测量所得数据填入表 2.2.19 中。

表 2.2.19　NE5532 的供电电压

引　　脚	④脚电压/V	⑧脚电压/V
NE5532		

b. 测量 NE5532 其他各引脚的电压，将测量所得数据填入表 2.2.20 中。

表 2.2.20　NE5532 各引脚的电压

引　脚	①脚电压/V	②脚电压/V	③脚电压/V	⑤脚电压/V	⑥脚电压/V	⑦脚电压/V
NE5532						

（2）动态调试

① 前置放大器的测量与调试。

a．两个通道输入端输入相同的交流小信号（u_i=10mV，f=1kHz)，测量两个声道的输出端电压，观察输出电压变化范围；

b．调节电位器 R_4，用示波器观察左、右二声道输出端的电压波形，使两个输出端的输出电压相等，测量此时 R_4 两端的阻值，R_4=_____Ω，然后用固定电阻代替电位器 R_4。在表 2.2.21 中绘制所观察到的波形。

表 2.2.21　输出信号电压波形

输出信号电压波形	周　　期		幅　　度	
	量程挡位		量程挡位	
	格数		格数	

② 整机动态测量。

按照图 2.2.37 整机电路与仪器设备连接示意图，将电路与相关的仪器设备进行连接，连线检查无误后接通电源。

a．测量最大不失真输出电压。

电路输出端接上 8Ω 假负载，示波器与毫伏表接在输出端，音量电位器 RP$_1$ 旋到中间位置。

在电路输入端接入信号频率为 1kHz、幅度为 0.77V 有效值（即 U_i' = 0.77V），旋转音量电位器 RP$_1$ 使输出波形达到最大不失真，用交流毫伏表测量此时电路的输出电压 U_o，将数据记录在表 2.2.22 中。

b．用毫伏表接在电位器的动点，即测量输入电压 U_i，将数据记录在表 2.2.22 中。

c．计算输出功率 $P_o = \dfrac{U_o{}^2}{R_L}$（不失真功率约有 10W，$R_L$ 为 8Ω），将数据记录在表 2.2.23 中。

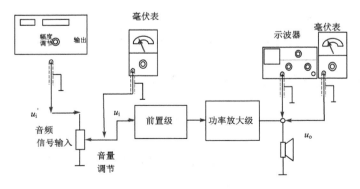

图 2.2.37　整机动态测试连接示意图

表 2.2.22　整机动态测试数据

最大不失真电压	左 声 道			右 声 道		
测量值	U_i	U_o	$P_o = \dfrac{U_o{}^2}{R_L}$	U_i	U_o	$P_o = \dfrac{U_o{}^2}{R_L}$

③ 测量频响曲线。

保持 1kHz 时的最大不失真输出的输入信号大小不变，调节信号发生器的频率如表 2.2.23 所示，依次测出对应的输出电压值，并记录下来，据此画出频响特性曲线，将数据填入表 2.2.23 中。

表 2.2.23　频响特性曲线

左声道	输入信号频率/Hz	20	50	100	500	1k	3k	5k	10k	15k	20k
	U_o/V										
右声道	输入信号频率/Hz	20	50	100	500	1k	3k	5k	10k	15k	20k
	U_o/V										

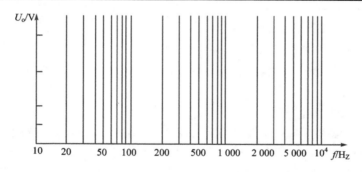

图 2.2.38　频响特性曲线

④ 测量噪声电压。

输入端不接信号（将输入端短接），用毫伏表接输出端，测量其输出电压（即噪声电压），左声道噪声电压 $U_1=$＿＿＿＿V，右声道噪声电压 $U_2=$＿＿＿＿V。

（3）试音

① 连接好输入输出接线。

输入端接音源，输出端接扬声器。将音量电位器 RP_1 逆时针旋转到尽头，即音量关到最小。

② 接通电源，将音量电位器 RP_1 顺时针逐渐增大至适当位置，此时听放音效果。

四、相关知识

1. 集成运算放大器

集成运算放大器是一种高电压增益、高输入电阻和低输出电阻的直接耦合多级放大电路，简称集成运放。如图 2.2.39 所示为几种不同的集成运放。

通过观察可以看到集成运放的引出端较多，而且数目不同，这是因为集成运放是一个集成的多级放大电路，如图 2.2.40 所示为集成运放的内部结构组成框图及其电路符号。

（a）双列直插式　　　　　　（b）贴片式

（c）集成运放 LM324　　（d）NE5532　　（e）LM358　　（f）LM747　　（g）μA741

图 2.2.39　常用集成运放封装及型号

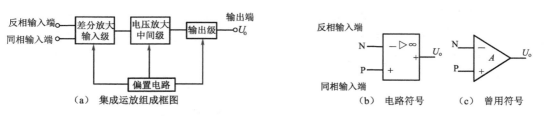

（a）集成运放组成框图　　　　　　（b）电路符号　　（c）曾用符号

图 2.2.40　集成运放组成框图及电路符号

当外加信号从反相输入端（N）输入，输出信号与输入信号相位相反；若外加信号从同相输入端（P）端输入，输出信号与输入信号相位相同。框内"▷"符号表示信号传输方向，左入右出，框内的"∞"说明该运放是理想运放。

每个集成运放内部都包含 1 个或多个像图 2.2.40(b)所示的独立运算放大电路。如 LM741 是单运放集成电路，LM358、LM747、NE5532、NE4558 等是双运放集成电路，LM324 是四运放集成电路。

（1）差动放大电路

直接耦合电路在传输信号时损失最小，但前后级的静态工作点互相牵制，有严重的零点漂移。如图 2.2.41 所示，在直接耦合放大电路中，虽然 $u_i=0$，但 u_o 仍会缓慢地不规则变化，偏离零点（即零点漂移现象）。差动放大电路是一种能有效地抑制零点漂移的电路。

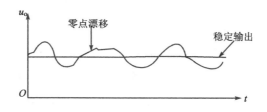

图 2.2.41　零飘现象

由分立元件组成的差动放大电路如图 2.2.42 所示。电路由两个完全对称的单管共射放大电路结合而成，即 VT$_1$ 和 VT$_2$ 的特性与参数基本一致，$R_{B1}= R_{B2}$，$R_{C1}= R_{C2}$，R_E 为公共发射极电阻，两发射极之间接有调零电位器 RP，输入信号从两三极管的基极输入，输出信号从两三极管的集电极输出，称为双端输入、双端输出方式。输出电压 ΔU_o 等于两三极管输出电压之差，即 $\Delta U_{\mathrm{o}} = \Delta U_{\mathrm{o1}} - \Delta U_{\mathrm{o2}}$。在该电路中，一是利用电路的对称性来抑制零点漂移；二是利用 R_{E} 对共模信号的负反馈作用抑制零点漂移。

为了全面衡量差动放大电路放大差动信号、抑制共模信号的能力，通常用共模抑制比 K_{CMR} 表示，共模抑制比是差分电压放大倍数 $A_{u\mathrm{D}}$ 与共模电压放大倍数 $A_{u\mathrm{C}}$ 之比，共模抑制比越大，差动放大电路放大差动信号（有用信号）的能力越强，抑制共模信号（无用信号）的能力也越强。

用集成运算放大电路构成的典型差动放大电路如图 2.2.43 所示。

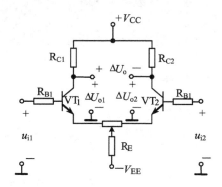

图 2.2.42　差动放大电路

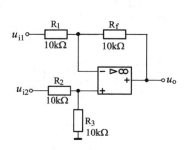

图 2.2.43　由运放组成的差动放大电路

（2）电压传输特性

电压传输特性是指集成运放输出电压 u_{o} 与其输入电压 u_{id} 之间的关系曲线，即 $u_{\mathrm{o}} = f(u_{id})$。集成运放的输入电压 $U_{id} = U_{\mathrm{P}} - U_{\mathrm{N}}$，图 2.2.43 为集成运算电压传输特性测试电路，可以用示波器观察集成运放的电压传输特性，具体步骤如下。

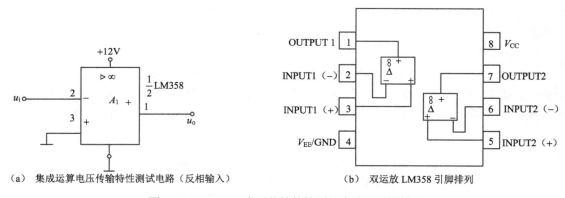

（a）集成运算电压传输特性测试电路（反相输入）　　（b）双运放 LM358 引脚排列

图 2.2.44　LM358 电压传输特性测试电路及引脚排列

① 调整信号发生器，使输入信号 u_{i} 频率为 1kHz、幅度为某一幅度的正弦信号。

② 用示波器的 CH1 通道探头接 LM358 的 2 脚（反相输入端），示波器水平偏转置于非"扫描时间"位置（级处于 X-Y 位置），示波器 CH2 通道探头接 LM358 的 1 脚（输出端），示波器垂直方式选择置于"CHOP"位置，耦合方式置于"AC"。

③ 接通电源，观察示波器显示屏上的波形，如图 2.2.45 所示。

同相输入的集成运放电压传输特性如图 2.2.46 所示。

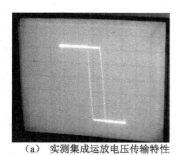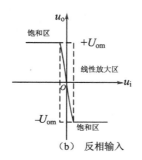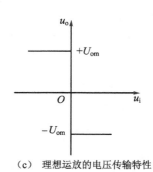

（a）实测集成运放电压传输特性　　　　　（b）反相输入　　　　　（c）理想运放的电压传输特性

图 2.2.45　集成运放电压传输特性（反相输入）

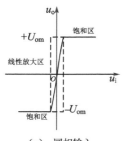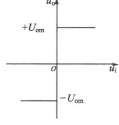

（a）同相输入　　　　　　　　　　　（b）理想运放的电压传输特性

图 2.2.46　集成运放电压传输特性（同相输入）

从特性曲线上可以看到：特性曲线呈现很陡的斜线部分（线性区），上、下面均有一平坦部分（非线性区），斜线部分说明 u_o 与 u_i 呈线性关系，平坦部分说明 u_o 与 u_i 呈非线性关系。由于集成运放的开环差模电压放大倍数 A_u 非常高，所以它的线性区非常窄（斜线出现两根是示波器的回扫问题）。集成运放电压传输特性见表 2.2.24。

表 2.2.24　集成运放的电压传输特性分析

传输区域	传输特性	特　点
线性区	输出电压 u_o 和输入电压 u_i 是线性关系，即 $u_o = A_u i_i = A_u(u_P - u_N)$	① 虚短：两输入电压 $(u_P - u_N) \approx 0$，$u_P \approx u_N$ ② 虚断：两个输入端的输入电流为零，即 $i_P = i_N \approx 0$
非线性区	输出电压 u_o 只有两种可能，即： 正向饱和电压 $+U_{OM}$ 和负向饱和电压 $-U_{OM}$	①"虚短"特性不再成立，即：$u_P \neq u_N$，当 $u_P > u_N$ 时， $u_o = +U_{OM}$；当 $u_P < u_N$ 时，$u_o = -U_{OM}$ ②"虚断"特性仍然成立，即：$i_P = i_N \approx 0$

在分析过程中常常把集成运放理想化，采用理想集成运放进行分析，简化了分析过程，分析的结果与实际情况相差很小，集成运放的理想化特性是开环差模电压放大倍数 $A_U \to \infty$，开环差模输入电阻 $r_i \to \infty$，开环差模输出电阻 $r_o \to 0$，共模抑制比 $K_{CMR} \to \infty$，开环带宽 f_{bw} 为 $0 \to \infty$。

2. 反相比例运算放大电路

（1）电路组成

图 2.2.47 所示为反相比例运算放大电流，输入信号 u_i 通过电阻 R_1 加在集成运放的反相输入端；R_f 为反馈电阻，把输出信号电压反馈到反相端，构成深度电压并联负反馈；而同相

输入端通过平衡电阻 R_2（$R_2 = R_1 // R_f$）接地。根据"虚短"（$u_P = u_N$），且 P 点接地，则 $u_P = u_N = 0$，N 点电位与地相等，故 N 点称为"虚地"，如图 2.2.48 所示。

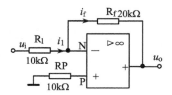

图 2.2.47　反相比例运算放大电路

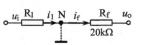

图 2.2.48　"虚地"示意图

（2）输出电压与输入电压之间的关系

根据运放工作在线性区的两条分析依据可知：$i_1 = i_f$，$u_N = u_P = 0$，而

$$i_1 = \frac{u_i - u_N}{R_1} = \frac{u_i}{R_1}$$

$$i_f = \frac{u_N - u_o}{R_f} = -\frac{u_o}{R_f}$$

由此可得：$u_o = -\dfrac{R_f}{R_1} u_i$

上式表示电路的输出电压与输入电压成正比例且相位相反，反相比例运算放大电路输入电压与输出电压波形如图 2.2.49 所示。当 $R_1 = R_f$ 时，比例系数为"-1"，电路成为反相器，如图 2.2.50 所示。

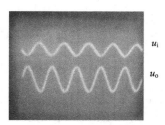

图 2.2.49　反相比例运算放大电路 u_i、u_o 波形

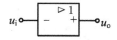

图 2.2.50　反相器电路符号

在如图 2.2.46 所示反相比例放大电路中，在反相输入端有多个输入信号，各输入电压 u_{i1}、u_{i2} 分别通过外接电阻 R_1 和 R_2 加到反相输入端，同相输入端接地，反馈电阻 R_f 接在输出端与反相输入端之间，令 $R_1 = R_2 = R_f$，则构成反相输入加法运算放大电路，如图 2.2.51 所示，则有 $u_o = -(u_{i1} + u_{i2})$，即电路的输出电压为各输入信号电压之和，实现了电路的加法运算功能。

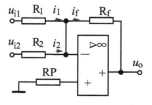

图 2.2.51　加法运算电路

3. 同相比例运算电路

（1）电路组成

同相比例集成运算放大电路如图 2.2.52 所示。电路输入信号 u_i 通过平衡电阻 R_2 加在集成运放的同相输入端，而反相输入端没有外加输入信号，只有反馈信号从输出端取出，通过 R_f 与 R_1 加到反相输入端，形成电压串联负反馈。

（2）输出电压与输入电压之间的关系

根据运放工作在线性区的两条分析依据可知：$i_1 = i_f$，$u_- = u_+ = u_i$，而

$$i_1 = \frac{0 - u_-}{R_1} = -\frac{u_i}{R_1},$$

$$i_f = \frac{u_- - u_o}{R_f} = \frac{u_i - u_o}{R_f}$$

由此可得：

$$u_o = \left(1 + \frac{R_f}{R_1}\right)u_i$$

上式表明，电路的输出电压与输入电压成正比例且相位相同，同相比例运算放大电路 u_i、u_o 实测波形如图 2.2.52（b）所示。

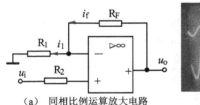

（a）同相比例运算放大电路　　（b）实测波形

图 2.2.52　同相比例运算放大电路　　　　　　　图 2.2.53　电压跟随器

同相比例运算电路的比例系数大于 1，其值为 $1 + \dfrac{R_f}{R_1}$。当 R_1 开路时，$u_o = u_i$，这时输出电压跟随输入电压做相同的变化，电路成为电压跟随器，如图 2.2.53 所示。

4. 减法运算电路

如图 2.2.54 所示为减法运算电路（减法器），电路同相输入端和反相输入端均有输入信号，当外电路电阻满足 $R_3 = R_f$，$R_1 = R_2$ 时，电路输出电压与输入电压之间的关系为：

$$u_o = \frac{R_f}{R_1}(u_{i2} - u_{i1})$$

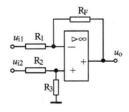

图 2.2.54　减法运算电路

上式表明，输出电压正比于两个输入电压之差，即 $u_o = u_{i2} - u_{i1}$，实现了电路的减法运算。

5. 电压比较器——集成运放的非线性应用电路

电压比较器，简称比较器，指的是被比较电压与基准电压比较的电路。集成运放的同相输入端、反相输入端可以加入被比较电压及基准电压，从而构成电压比较器，通过运放输出电压的电平的高低来反映比较结果。集成运放组成的电压比较器输出端与输入端采用开环接法（即输出与输入无连接），运放工作于非线性状态。

电压比较器广泛应用于自动控制、自动测量、波形变换等电路中。例如，利用电压比较器将正弦波变为方波，如图 2.2.55 所示为利用过零电压比较器可将正弦波变为方波。

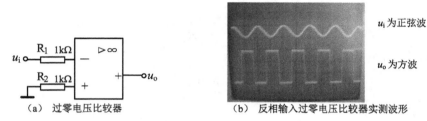

图 2.2.55　电压比较器的应用示例

（1）单限电压比较器

① 输入电压 u_i 加在同相输入端，参考电压 U_{REF}（设为正值）置于反相输入端端。当 $u_i > U_{REF}$ 时，即 $u_P > u_N$，集成运放正向饱和，比较器 $u_o = +U_{OM}$（高电平）；当 $u_i < U_{REF}$ 时，$u_o = -U_{OM}$（低电平），如图 2.2.56 所示。

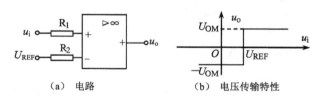

图 2.2.56　同相输入单限电压比较器

② 输入电压 u_i 加于反相输入端，参考电压 U_{REF}（设为正值）加在同相输入端。当 $u_i < U_{REF}$ 时，即 $u_N < u_P$，比较器 $u_o = +U_{OM}$；当 $u_i > U_{REF}$ 时，即 $u_N > u_P$，比较器 $u_o = -U_{OM}$，如图 2.2.57 所示。

图 2.2.57　反相输入单限电压比较器

（2）过零电压比较器

图 2.2.58（a）所示为反相输入过零电压比较器，基准电压 $U_{REF} = 0$，输入电压 u_i 与零电位比较，称为过零比较器。根据输入方式的不同，又可分为反相输入和同相输入两种。反相

输入过零电压比较器的同相输入端接地，而同相输入过零电压比较器的反相输入端接地，如图 2.2.58（b）所示。

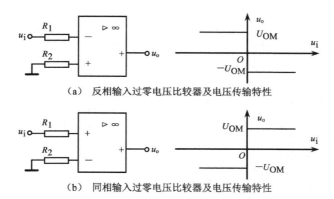

（a）反相输入过零电压比较器及电压传输特性

（b）同相输入过零电压比较器及电压传输特性

图 2.2.58　过零电压比较器及电压传输特性

（3）输出具有限幅措施的电压比较器（反相输入）

图 2.2.59（a）所示为输出具有单向限幅措施的电压比较器。运放输出端接稳压管限幅。设稳压管的稳定电压为 U_Z，忽略正向导通电压，则 $u_i > U_{REF}$ 时，稳压管正向导通，$u_o = 0$；$u_i < U_{REF}$ 时，稳压管反向击穿，$u_o = U_Z$，电压传输特性如图 2.2.59（b）所示。

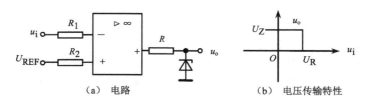

（a）电路　　　　　　　　（b）电压传输特性

图 2.2.59　输出单向限幅电压比较器及电压传输特性

图 2.2.60（a）所示为输出具有双向限幅措施的电压比较器。运放输出端接双向稳压管进行双向限幅。设稳压管的稳定电压为 U_Z，忽略正向导通电压，则 $u_i > U_{REF}$ 时，稳压管正向导通，$u_o = -U_Z$；$u_i < U_{REF}$ 时，稳压管反向击穿，$u_o = +U_Z$，电压传输特性如图 2.2.60（b）所示。

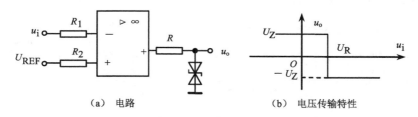

（a）电路　　　　　　　　（b）电压传输特性

图 2.2.60　输出双向限幅电压比较器及电压传输特性

6. TDA2030A 应用电路

集成功率放大器具有体积小、工作稳定、易于安装和调试的优点，了解其外特性和外线路的连接方法，就能组成实用电路。因此，得到广泛的应用。

TDA2030A 是一块性能十分优良的单声道音频功率放大集成电路，集输入级、中间级、输出级于一体。其主要特点是瞬态互调失真小，输出功率大，动态范围大（能承受 3.5A 的电流），静态电流小（小于 50mA），内含短路、过热、地线偶然开路、电源极性反接以及负载泄放电压反冲等多种保护电路，且外围电路非常简单。因此，它被广泛应用于各种款式收录机和高保真立体声设备中。

图 2.2.61 所示分别为 TDA2030A 集成功放电路的 OCL 接法和 OTL 接法的两种典型应用电路。

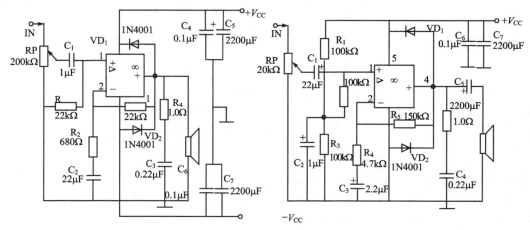

图 2.2.61　TDA2030A 应用电路

五、任务评价

1．评价标准

仪器类型及连接方法如下。

A 级：正确选用低频信号发生器、万用表、示波器和毫伏表等仪器设备，并且正确连接仪器设备与测试点。

B 级：选错一种仪器，但能用其他设备代替的，能正确连接仪器设备与测试点。

C 级：错误在试方法不正确，不会读取测试数据。

2．评价基本情况

音频功率放大电路的测量与调试评价如表 2.2.25 所示，评分等级见表 2.2.26。

表 2.2.25　音频功率放大电路的测量与调试评价表

任务名称			音频功率放大电路的测量与调试	评分记录
序号	评价项目	配分	评分细则	得分
1	仪器类型及连接方法	15	正确选用低频信号发生器、万用表、示波器和毫伏表等仪器设备，并且正确连接仪器设备与测试点	
			选错一种仪器，但能用其他设备代替的，能正确连接仪器设备与测试点	
			错误选择仪器类型，但知道怎样连接仪器设备与测试点	
			不知道该怎样选择仪器，也不知道该如何进行连接	
2	仪器使用	15	仪器各量程、挡位正确设置，输出信号波形稳定，示波器屏幕上显示波形个数为 2~4 个，幅度为 4~6div，万用表、毫伏表指针偏转合理（数字万用表显示读数合理）	

续表

任务名称			音频功率放大电路的测量与调试	评分记录
序号	评价项目	配分	评分细则	得分
	仪器使用	15	仪器各量程、挡位基本设置正确，输出波形不稳定，示波器屏幕显示波形个数和幅度合理，万用表、毫伏表使用正确	
			仪器量程、挡位设备设置不够合理，输出信号波形稳定，示波器屏幕显示波形个数超过 4 个或幅度小于 4div，或幅度超出整个屏幕，万用表、毫伏表使用正确	
			不会使用仪器	
3	数据测试与记录	60	测试方法正确，会读取测试数据，所记录数据与实测数据一致，书写规范，单位正确	
			测试方法正确，会读取测试数据，所记录数据与实测数据基本一致，书写规范，单位正确	
			测试方法正确，会读取测试数据，所记录数据与实测数据不一致，书写不规范，单位不正确	
			测试方法不正确，不会读取测试数据	
安全文明操作	仪器工具的摆放与使用和维护情况	10	1. 工作台上的工具按要求摆放整齐，工作完成后台面整洁卫生。每错误一处扣 2 分 2. 注意用电安全，各工具的使用应符合安全规范，每错误一处扣 5 分	
合计		100		
教师总体评价				

表 2.2.26 评分等级表

评价分类	A	B	C	D
仪器类型及连接方法				
仪器使用				
数据测试与记录				

六、任务小结

1. 总结在音频功率放大电路的测量与调试过程中所出现的问题以及解决方法。

2. 简要叙述在完成本任务后有哪些收获，归纳总结任务实施过程中所用到的知识和技能。

任务 2.2.4 门电路功能的测试

一、任务名称

本任务为门电路功能的测试。用以实现基本逻辑运算和复合逻辑运算的单元电路称为门电路，门电路是构成复杂数字电路的基本单元电路。本任务使用一块 74LS00 四 2 与非门集成电路构成与、非、或、与非、或非门等 5 个基本门电路，通过功能的测试，学习数字电路的基本测试方法和数字集成电路的基本特性。

二、任务描述

1. 门电路功能测试电路组成

图 2.2.62 所示为构成门电路功能的测试电路实物图。

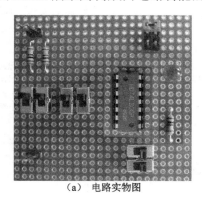
（a） 电路实物图

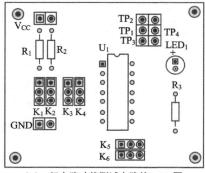
（b） 门电路功能测试电路的 PCB 图

图 2.2.62　门电路功能的测试电路实物图

其电路图如图 2.2.63 所示，所用到的元器件见表 2.2.27。

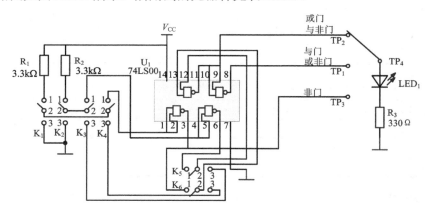

图 2.2.63　门电路功能测试电路图

表 2.2.27　电路元器件列表

序　号	标　称	名　称	规　格
1	R_1	电阻	3.3kΩ
2	R_2	电阻	3.3kΩ
3	R_1	电阻	330Ω
4	U_1	集成门电路	74LS00
5	LED_1	发光二极管	红色
6	$K_1 \sim K_6$	拨动开关	

该门电路功能测试电路是由一块 74LS00 四 2 输入与非门集成电路和拨动开关构成。74LS00 内部集成四个独立的与非门电路。74LS00 采用 14 脚双列直插式塑料封装，74LS00 四 2 输入与非门集成电路的实物图如图 2.2.64（a）所示，该电路内含四个 2 输入端与非门，共用一个 V_{CC}（14 脚）和共用一个接地点 GND（7 脚），其引脚排列如图 2.3.64（b）所示。

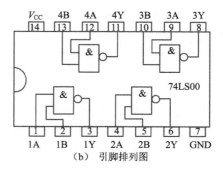

（a）实物图　　　　　　　（b）引脚排列图

图 2.3.64　74LS00 实物图及引脚排列图

在图 2.2.63 中，U_1A、U_1B、U_1C 和 U_1D 为与非门电路，是 74LS00 中的四个与非门，由 U_1C、U_1D 构成与门电路，U_1A 构成非门电路，U_1D 本身就是一个与非门电路，U_1A、U_1B、U_1C、U_1D 构成或非门电路。各门电路的组成及图形符号如图 2.2.65 所示。

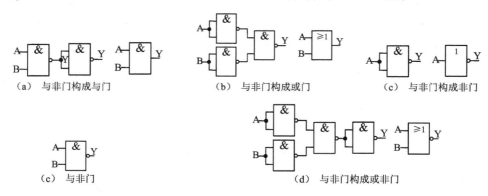

（a）与非门构成与门　　　　（b）与非门构成或门　　　　（c）与非门构成非门

（c）与非门　　　　　　　（d）与非门构成或非门

图 2.2.65　与非门构成各种门电路

2. 电路功能描述

门电路功能测试电路在拨动开关与不同的触点接通时，构成不同的门电路。将拨动开关 $K_1 \sim K_4$ 往下拨到位，构成与门、与非门电路；将 $K_1 \sim K_4$ 往上拨到位则构成或门、非门、或非门电路。

3. 要求测试的数据

各门电路在不同输入时的输出状态，要用万用表测量输出端电位从而判断对应的逻辑状态。在测试门电路的控制作用时，要测量输出端信号波形。

三、任务步骤

1. 与门电路功能的测试

（1）拨动电路中开关 K_3、K_4、K_5、K_6（拨向 3），构成与门电路，TP_4 接向 TP_1。

（2）按表拨好开关 K_1、K_2 的位置（拨键向上接通高电平，向下接通低电平），观察发光二极管的显示状态，并用万用表测量其输出电位和对应的逻辑状态，将测试结果填入表 2.2.28，完成真值表 2.2.29 的填写。

表 2.2.28　　与门逻辑功能观察

开关位置		显示状态	输出电位	输出电平
K_1	K_2	LED		
下	下			
下	上			
上	下			
上	上			

表 2.2.29　　与门真值表

输　　入		输　　出
A	B	Y
0	0	
0	1	
1	0	
1	1	

结论：测试结果表明，与门的逻辑功能可简述为：全___出___；有___出___。逻辑函数表达式表示为：Y=_____。

（3）在任意一个输入端（设为 A 输入端）上输入连续变化的脉冲信号，在另一个输入端（设为 B 输入端）输入高或低电平的控制信号，用示波器观察输出信号波形并记录到表 2.2.30 和表 2.2.31 中。

表 2.2.30　控制端为高电平的输出波形

输出波形（B 输入端为高电平）	周　　期	幅　　度
	量程挡位	量程挡位

表 2.2.31　控制端为低电平的输出波形

输出波形（B 输入端为低电平）	周　　期	幅　　度
	量程挡位	量程挡位

结论：当控制端 B 为高电平时，脉冲_____（允许/不允许）通过；当控制端 B 为低电平时，脉冲_____（允许/不允许）通过。

2. 或门逻辑功能的测试

（1）拨动电路中开关 K_3、K_4、K_5、K_6（拨向 1），构成或门电路，TP_4 接向 TP_2。

（2）按表拨好开关 K_1、K_2 位置（拨键向上接通高电平，向下接通低电平），观察发光二极管的显示状态，并用万用表测量其输出电位和对应的逻辑状态，将测试结果填入表 2.2.32，完成真值表 2.2.33。

表 2.2.32　或门逻辑功能观察

开关位置		显示状态	输出电位	输出电平
K_1	K_2	LED		
下	下			
下	上			
上	下			
上	上			

表 2.2.33　或门真值表

输　　入	输　　出	
A	B	Y
0	0	
0	1	
1	0	
1	1	

结论：测试结果表明，或门的逻辑功能可简述为：有___出____；全___出____。逻辑函数表达式表示为：Y=_____。

3. 非门逻辑功能的测试

（1）拨动电路中开关 K_4（拨向 1），构成非门电路，TP_4 接向 TP_3。

（2）按表拨好开关 K_1 位置（拨键向上接通高电平，向下接通低电平），观察发光二极管的显示状态，并用万用表测量其输出电位和对应的逻辑状态，将测试结果填入表 2.2.34，完成真值表 2.2.35 的填写。

表 2.2.34　非门功能观察表

开关位置	显示状态	输出电位	输出电平
K_1	LED		
下			
上			

表 2.2.35　非门真值表

输　　入	输　　出
A	Y
0	
1	

结论：测试结果表明，非门的逻辑功能可简述为：见___出___；见___出___。逻辑函数表达式表示为：Y=_____。

4. 与非门逻辑功能的测试

（1）拨动电路中开关 K_3、K_4、K_5、K_6（拨向 3），构成与非门电路，TP_4 接向 TP_2。

（2）按表拨好开关 K_1 位置（拨键向上接通高电平，向下接通低电平），观察发光二极管的显示状态，并用万用表测量其输出电位和对应的逻辑状态，将测试结果填入表 2.2.36，并完成真值表 2.2.37。

表 2.2.36　与非门功能观察表

开关位置		显示状态	输出电位	输出电平
K_1	K_2	LED		
下	下			
下	上			
上	下			
上	上			

表 2.2.37　与非门真值表

输　　入	输　　出	
A	B	Y
0	0	
0	1	
1	0	
1	1	

结论：测试结果表明，与非门的逻辑功能可简述为：全___出____；见___出____。逻辑函数表达式表示为：Y=_____。

（3）在任意一个输入端（设为 A 输入端）上输入连续变化的脉冲信号，在另一个输入端（设为 B 输入端）输入高或低电平的控制信号，用示波器观察输出信号波形并记录到表 2.2.38 和表 2.2.39 中。

表 2.2.38　控制端为高电平的输出波形

输出波形（B 输入端为高电平）		周　　期	幅　　度
		量程挡位	量程挡位

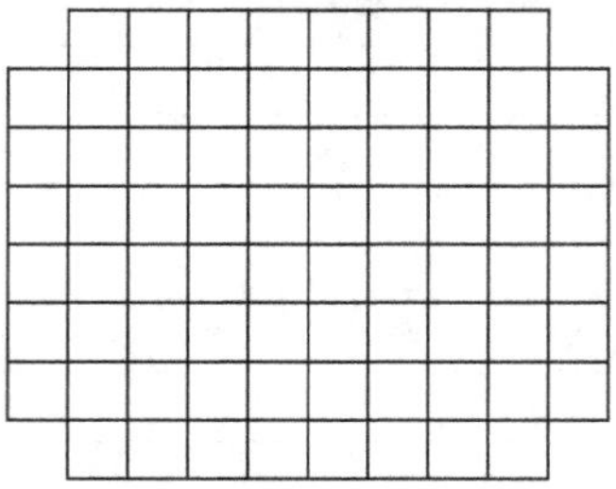

表 2.2.39　控制端为低电平的输出波形

输出波形（B 输入端为低电平）	周　　期	幅　　度
	量程挡位	量程挡位

结论：当控制端为高电平时，脉冲_____（允许/不允许）通过；当控制端为低电平时，脉冲_____（允许/不允许）通过。脉冲允许通过时，输出波形与输入波形的关系为：_____。

5. 或非门逻辑功能的测试

（1）拨动电路中开关 K_3、K_4、K_5、K_6（拨向 1），构成与非门电路，TP_4 接向 TP_1。

（2）按表拨好开关 K_1 位置（拨键向上接通高电平，向下接通低电平），观察发光二极管的显示状态，并用万用表测量其输出电位和对应的逻辑状态，将测试结果填入表 2.2.40，完成真值表 2.2.41。

表 2.2.40　或非门逻辑功能表

开关位置		显示状态	输出电位	输出电平
K_1	K_2	LED		
下	下			
下	上			
上	下			
上	上			

表 2.2.41　或非门真值表

输　　入	输　　出	
A	B	Y
0	0	
0	1	
1	0	
1	1	

结论：测试结果表明，或非门的逻辑功能可简述为：全___出___；见___出___。逻辑函数表达式表示为：Y=_____。

四、相关知识

1. 数制与编码

（1）几种常用数制

常用的数制有十进制、二进制、十六进制等，十进制数用后缀 D 或 10 表示，二进制数用后缀 B 或 2 表示，十六进制用后缀 H 或 16 表示，如（135）$_D$ 表示一个十进制数。它们各自的数码、基数、进位规律、整数部分的通用表达式如表 2.2.42 所示。

表 2.2.42　各种数制

数制	数码	基数	进位规律	通用表达式（整数部分）	表达举例
十进制	0、1、2、3、4、5、6、7、8、9、（共 10 个）	10	逢十进一	$(N)_{10}=\sum\limits_{i=0}^{n-1}K_i\times10^i$	$(567)_{10}=5\times10^2+6\times10^1+7\times10^0$
二进制	0、1（共 2 个）	2	逢二进一	$(N)_2=\sum\limits_{i=0}^{n-1}K_i\times2^i$	$(1011)_2=1\times2^3+0\times2^2+1\times2^1+1\times2^0$
十六进制	0、1、2、3、4、5、6、7、8、9、A、B、C、D、E、F（共 16 个）	16	逢十六进一	$(N)_{16}=\sum\limits_{i=0}^{n-1}K_i\times16^i$	$(D82)_{16}=13\times16^2+8\times16^1+2\times16^0$

（2）几种常用数制间的转换

①　二进制、十六进制转换为十进制数。只要将二进制数、十六进制数按各位权展开，并把各位值相加即可得到相应的十进制数。例如将二进制数（101101）2 转换为十进制数可以表达为：

$(101101)_2=1\times2^5+0\times2^4+1\times2^3+1\times2^2+0\times2^1+1\times2^0=45$

②　十进制数转换为二进制。十进制数（整数）转换为二进制的方法是：整数部分按"除基数取余法"。例如将 44 转换为二进制数可这样计算：

```
2 | 44        余数      低位
2 | 22 ………… 0          ↑
2 | 11 ………… 0          |
2 |  5 ………… 1          |
2 |  2 ………… 1          |
2 |  1 ………… 0          |
     0 ………… 1          高位
```

所以：(44)10＝(101100)₂

③　二进制数与十六进制数的相互转换。4 位二进制数共有 16 种组合，从 0000 到 1111，而这 16 种组合恰好与十六进制的 16 个数码相对应，故二进制与十六进制之间的转换只要按照每 4 位二进制数对应于一位十六进制数进行转换，最后不足 4 位的用 0 补足，再把每组二进制数对应的十六进制数码按原顺序写出即可。例如将二进制数(10111111010111)₂，转换为十六进制数可这样计算：

$$\underline{0010}-\quad\underline{1111}-\quad\underline{1101}-\quad\underline{0111}$$
$$\downarrow\qquad\quad\downarrow\qquad\quad\downarrow\qquad\quad\downarrow$$
$$2\qquad\quad F\qquad\quad D\qquad\quad 7$$

所以 $(10111111010111)_2=(2FD7)_{16}$

若要将十六进制数转换为二进制，只需将每位十六进制数写成对应的 4 位二进制数后按原顺序写出即可。

（2）编码

数字系统只能识别 0 和 1，怎样才能表示更多的数码、符号、字母呢？用编码可以解决此问题。用一定位数的二进制数来表示十进制数码、字母、符号等信息称为编码，这种特定的二进制码称为代码，要注意的是这些代码的意义并不表示数值的大小。

① BCD 码。在数字系统中，各种信息要转换为二进制代码才能进行处理，而人们习惯于使用十进制数，所以在数字系统的输入输出中仍采用十进制数，电路处理时则采用二进制数，这样就产生了用 4 位二进制数表示 1 位十进制数（0~9 十个数码）的编码方法，即为 BCD 码。

由于 4 位二进制数最多可以有 16（2^4=16）种不同组合，而十进制数码只需要其中的 10 个代码，因此不同的组合便形成了多种编码方案。BCD 码种类主要有：8421 码（较常用）、5421 码、2421 码、余 3 码等，对应关系如表 2.2.43 所示。

表 2.2.43　常用 BCD 码

十进制数	8421 码	2421 码	5421 码	余 3 码	格雷码
0	0000	0000	0000	0011	0000
1	0001	0001	0001	0100	0001
2	0010	0010	0010	0101	0011
3	0011	0011	0011	0110	0010
4	0100	0100	0100	0111	0110
5	0101	1011	1000	1000	0111
6	0110	1100	1001	1001	0101
7	0111	1101	1010	1010	0100
8	1000	1110	1011	1011	1100
9	1001	1111	1100	1100	1101
权	8421	2421	5421	无码权	无码权

注意：上面提到的 "8421" 指的是二进制代码自左向右各位的权分别为 8、4、2、1，每组代码加权系数之和就是它所代表的十进制数，如代码 1001 即 8+0+0+1=9。2421、5421 表示的意思与此相同。

② 奇偶校验码、ASC II 码以及 Gray 码等。

2. 逻辑代数

逻辑代数的基本公式是一些不需证明的、直观可以看出的恒等式。它们是逻辑代数的基础，利用这些基本公式可以化简逻辑函数，还可以用来推证一些逻辑代数的基本定律。

（1）逻辑代数的基本公式

逻辑常量只有 0 和 1。对于常量间的与、或、非三种基本运算公式列于表 2.2.44。

表 2.2.44　与、或、非三种基本逻辑运算

与　运　算	或　运　算	非　运　算
0×0=0	0+0=0	
0×1=0	0+1=1	$\bar{1}=0$
1×0=0	1+0=1	$\bar{0}=1$
1×1=1	1+1=1	

设 A 为逻辑变量，则逻辑变量与常量间的运算公式列于表 2.2.45 中。

表 2.2.45 逻辑变量与常量间的逻辑运算

与 运 算	或 运 算	非 运 算
A×0=0	A+0=A	
A×1=A	A+1=1	$\overline{\overline{A}} = A$
A×A=A	A+A=A	
A×$\overline{A}$=0	A+$\overline{A}$=1	

（2）逻辑代数的基本定律

① 交换律：

AB=BA

A+B=B+A

② 结合律：

ABC=（AB）C=A（BC）

A+B+C=A+（B+C）=（A+B）+C

③ 分配律：

A(B+C)=AB+AC

A+BC=(A+B)(A+C)

④ 吸收律：

A(A+B)=A

$A(\overline{A} + B) = AB$

A+AB=A

$A + \overline{A}B = A + B$

$AB + \overline{A}C + BC = AB + \overline{A}C$

⑤ 反演律：

$\overline{AB} = \overline{A} + \overline{B}$

$\overline{A + B} = \overline{A}\,\overline{B}$

3. 基本门电路

逻辑门电路是一种能实现某种逻辑关系的最简单的数字电路，简称门电路。基本门电路有与门、或门、非门（反相器）、与非门、或非门、与或非门和异或门等。

（1）与逻辑和与门电路

当决定某事件的全部条件同时具备时，结果才会发生，这种因果关系叫做与逻辑，实现与逻辑关系的电路称为与门。

如图 2.2.66 所示二极管与门电路中，对其进行测试，如表 2.2.46 所示，发现当输入端 A、B 中有一个（或以上）为低电平时，则与之相连的二极管就会正向导通，输出端 Y 就为低电平，只有当所有输入端都为高电平时，所有二极管都不导通。对应的真值表如表 2.2.47 所示。

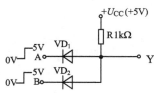

图 2.2.66 二极管与门电路

表 2.2.46 与门测试记录

u_A	u_B	VD$_1$	VD$_2$	u_F
0V	0V	导通	导通	0V
0V	3V	导通	截止	0V
3V	0V	截止	导通	0V
3V	3V	截止	截止	3V

表 2.2.47 与门真值表

输 入		输 出
A	B	F
0	0	0
0	1	0
1	0	0
1	1	1

与门电路的逻辑符号如图 2.2.67 所示，逻辑表达式为 $Y = AB$，逻辑与（逻辑乘）的运算规则为 $0·0 = 0$；$0·1 = 0$；$1·0 = 0$；$1·1 = 1$。与门的逻辑功能可概括为：见 0 出 0，全 1 出 1。

（a）二输入与门　　　　（b）四输入与门

图 2.2.67 与门逻辑符号

实现"与"逻辑运算除了使用二极管与门外，还可以使用极为方便的与门集成电路，如图 2.2.68 是一块具有四个 2 输入端与门的集成电路（74LS08）。

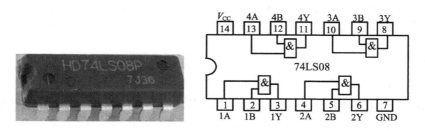

图 2.2.68 74LS08 实物图及引脚排列

（2）或逻辑和或门电路

在决定某事件的条件中，只要任一条件具备，事件就会发生，这种因果关系叫做或逻辑。实现或逻辑关系的电路称为或门。

图 2.2.69 所示二极管或门电路中，对其进行测试，如表 2.2.48 所示，发现当输入端 A、B 同为低电平时，二极管都截止，输出端 Y 为低电平；只要输入端 A、B 中有高电平，则相应的二极管就导通，输出端 Y 就为高电平。对应的真值表如表 2.2.49 所示。

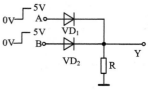

图 2.2.69 二极管或门电路

表 2.2.48　或门测试记录

u_A	u_B	VD_1	VD_2	u_F
0V	0V	截止	截止	0V
0V	3V	截止	导通	3V
3V	0V	导通	截止	3V
3V	3V	导通	导通	3V

表 2.2.49　与门真值表

输　　入		输　　出
A	B	F
0	0	0
0	1	1
1	0	1
1	1	1

或门电路的逻辑符号如图 2.2.70 所示，逻辑表达式为 $Y = A + B$，逻辑或（逻辑加）的运算规则为 $0+0=0$；$0+1=1$；$1+0=1$；$1+1=1$。或门的逻辑功能可概括为：全 0 出 0，见 1 出 1。

同样，实现或逻辑运算除了二极管构成的或门外，还可以用或门集成电路，如图 2.2.71 所示为一块四个 2 输入端或门集成门电路 74LS32。

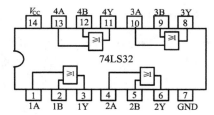

图 2.2.70　或门逻辑符号　　　　　图 2.2.71　74LS32 实物图及引脚排列

（3）非门电路

决定某事件的条件只有一个，当条件出现时事件不发生，而条件不出现时，事件发生，这种因果关系叫做非逻辑。实现非逻辑关系的电路称为非门，也称反相器。

如图 2.2.72（a）所示为三极管构成的非门电路，电路中的三极管工作在饱和、截止区（即开、关状态），当 A 端输入信号 u_i 为高电平（如 5V）时，三极管饱和导通（相当于开关闭合），输出电压 $u_o \approx 0$，即输出端 Y 为低电平；当 u_i 为低电平（如 0.2V）时，三极管截止（相当于开关打开），输出电压 $u_o = 5V$，输出端 Y 为高电平。图 2.2.72（b）为非门电路的输入、输出波形图，从波形图可以看出输入信号波形与输出信号波形相位相反，故非门电路又称为反相器，非门符号如图 2.2.73 所示，表 2.2.50 为非门真值表。图 2.2.74 所示为一块具有 6 个非门的集成门电路（74LS04）。

非门电路的逻辑符号如图 2.2.73 所示，逻辑表达式为 $Y = \overline{A}$，逻辑非（逻辑反）的运算规则为 $\overline{0} = 1$；$\overline{1} = 0$。

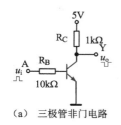 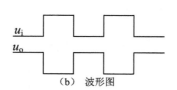

（a）三极管非门电路　　　　（b）波形图

图 2.2.72　三极管非门电路及波形图

图 2.2.73　非门符号

表 2.2.50　非门真值表

输入	输出
A	F
0	1
1	0

图 2.2.74　74LS04 实物图及引脚排列

4. 复合门电路

将与门、或门、非门组合起来，可以构成多种复合门电路，常用的复合门电路如表 2.2.51 所示。

表 2.2.51　复合门电路

电路名称	与 非 门	或 非 门	异 或 门
电路组合	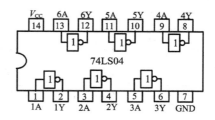		
逻辑符号			
逻辑表达式	$Y=\overline{AB}$	$Y=\overline{A+B}$	$Y=A\overline{B}+\overline{A}B$ $=A\oplus B$
真值表	输入 A B　输出 F 0 0 1 0 1 1 1 0 1 1 1 0	输入 A B　输出 F 0 0 1 0 1 0 1 0 0 1 1 0	输入 A B　输出 F 0 0 0 0 1 1 1 0 1 1 1 0

电路名称	与 非 门	或 非 门	异 或 门
记忆口诀	全1出0 有0出1	有1出0 全0出1	相异出1 相同出0

5. 集成门电路

集成门电路是将分立元件的电路通过一定工艺制作在一块芯片上，数字集成门电路的品种很多，按内部半导体器件不同，有 TTL 集成电路（主要由双极型三极管构成）和 CMOS 集成电路（主要由单极型场效应管构成），如表 2.2.52 所示为几种常用集成门电路。

表 2.2.52　常用集成门电路

电路名称	TTL	电路名称	COMS
四2输入与非门	74LS00	四2输入或非门	CC4001
四2输入或非门	74LS02	四2输入与非门	CC4011
六反相器	74LS04/74LS05	四异或门	CC4030
四2输入与门	74LS08	六反相器	CC4069
双4输入与非门	74LS13	四双向开关	CC4066
8输入与非门	74LS30	四2输入或门	CC4071
四2输入或门	74LS32	三3输入与门	CC4073
4-2-3-2输入与或非门	74LS64	四异或非门	CC4077
13输入与非门	74LS133	8输入或/或非门	CC4078
四异或门	74LS136	2-2-2-2输入与或非门	CC4086
六总线驱动器	74LS365/74LS368	双8选1模拟开关	CC4097

（1）集成门电路的主要参数

集成门电路的主要参数如表 2.2.53 所示。

表 2.2.53　集成门电路的主要参数

参　　数	TTL	CMOS
电源电压（V）	5	3~18
电压传输特性（输出电压随输入电压变化的理想化曲线）	U_{OH} ... U_{OL} ... $U_{TH} \approx 1.4V$　u_o/V　u_i/V	$U_{TH} \approx \frac{1}{2}V_{DD}$　u_i/V
	U_{TH} 是输出电压由高至低转折的界限值，称为阈值电压或门坎电压，当 $u_i < U_{TH}$ 时，输出高电平（$U_o = U_{OH}$），当 $u_i > U_{TH}$ 时，输出高电平（$U_o = U_{OL}$）	
输出高电平 U_{OH}/V	≥2.4（典型值3.6V）	$\approx V_{DD}$
输出高电平 U_{OL}/V	≤0.4（典型值0.3V）	≈0

（2）集成门电路使用注意事项

① 电源电压。门电路在使用时通常要根据类型的不同选择一定的电源电压，一般 TTL 集成电路的电源电压为 5V±0.5V，CMOS 的电源电压为 3~18V。要注意电源极性不能接错。

② 多余端（不用端）的处理方法。实际应用时，有时门电路的输入端可能会不用，其不用的端子称为多余端（不用端），处理方法如下：

- 将多余端和使用端并联。
- 接相应电平。与门和与非门的多余端子可以接高电平"1"，或门和或非门的多余端子可以接低电平"0"（接地）。
- TTL 门电路的多余端可以悬空（相当于接高电平），但其抗干扰能力较差；CMOS 门电路的多余端不能悬空，否则电路将受干扰，不能正常工作。

6. 门电路的控制作用

信号能否从门电路的输入端进入、从输出端输出，受门电路另一个输入端的控制（该输入端为控制端），与门和与非门的门开条件是控制端信号为高电平，如控制端信号为低电平则门关；或门和或非门的门开条件为控制端接低电平，当控制端为高电平时门关。

在图 2.2.75 所示与控制门测试电路中，A 端输入矩形脉冲，当 B 端恒接+5V 电源（即恒为高电平"1"），输出端 Y 的波形与输入端 A 的波形一样，即与门处于门开状态；当 B 端恒接地（即恒为低电平"0"），则输出端 Y 恒为低电平。

（a）控制端 B 接高电平　　　　　（b）控制端 B 接低电平

图 2.2.75　与控制门电路

7. 组合逻辑电路

组合逻辑电路就是由各种门电路组合而成的逻辑电路，简称组合电路。一个门电路就是最简单的组合电路。组合逻辑电路在任一时刻输出信号的状态，仅决定于该时刻输入信号的状态，与电路中原来状态无关，是一种无记忆功能的逻辑电路。如与非门在任意时刻只要有一个输入为 0 态，输出就为 1 态。

（1）组合逻辑电路的分析步骤

组合逻辑电路的分析步骤可用框图 2.2.76 表示。

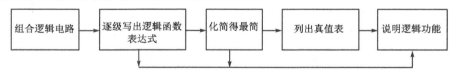

图 2.2.76　组合逻辑电路的分析步骤

在图 2.2.77 所示组合逻辑电路中，分析该逻辑电路功能。

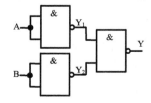

图 2.2.77　组合逻辑电路

① 写表达式。由信号输入端 A、B 开始，逐级写出每一个门的输出信号的逻辑函数表达式。

$$Y_1 = \overline{A}，Y_2 = \overline{B}，Y = \overline{Y_1 Y_2}$$

② 化简：$Y = \overline{Y_1 Y_2} = \overline{\overline{A}\,\overline{B}} = A + B$

③ 列真值表。可列出真值表如表 2.3.27 所示。

④ 分析电路功能。由表 2.2.54 所示的真值表可知，当 A、B 中有一个为 1 时，输出 Y 为 1，当 A、B 全为 0 时，输出 Y 为 0。很明显，该电路构成一个或门电路。

表 2.2.54　真值表

输　　入		输　　出
A	B	Y
0	0	0
0	1	1
1	0	1
1	1	1

（2）组合逻辑电路的设计

在现实生活中常需由某一实际问题的功能要求设计组合电路来实现该功能。

如要设计一个三人表决电路，结果按"少数服从多数"的原则决定。

要构成这一组合电路，可以按如下步骤进行求解。

① 分析逻辑问题。根据以上实际问题，这个电路实际上是一种 3 人表决用的组合电路。其逻辑功能为：当输入 A、B、C 中有 2 个或 3 个为 1 时，输出 Y 为 1，否则输出 Y 为 0。

② 列真值表。根据题意可列出真值表，如表 2.2.55 所示。

表 2.2.55　组合逻辑电路真值表

输　　入			输　　出
A	B	C	Y
0	0	0	0
0	0	1	0
0	1	0	0
0	1	1	1
1	0	0	0
1	0	1	1
1	1	0	1
1	1	1	1

③ 写出逻辑函数表达式并化简。由表 2.2.55 所示的真值表可写出逻辑表达式：

$$Y = \overline{A}BC + A\overline{B}C + AB\overline{C} + ABC$$
$$= (\overline{A}BC + ABC) + (A\overline{B}C + ABC) + (AB\overline{C} + ABC)$$
$$= BC + AC + AB$$

④ 画逻辑图。由化简后的逻辑表达式画出逻辑电路，如图 2.2.78 所示。

五、任务评价

1. 评价标准

（1）仪器类型及连接方法

A 级：正确选用示波器测量信号的波形、周期和幅度，选择示波器或者万用表判断逻辑电平的高低，并且正确连接仪器设备与测试点。

B 级：选错一种仪器，但能用其他设备代替的，能正确连接仪器设备与测试点。

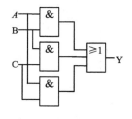

图 2.2.78 三变量逻辑电路

C 级：错误选择仪器类型，但知道怎样连接仪器设备与测试点。

D 级：不知道该怎样选择仪器，也不知道该如何进行连接。

（2）仪器使用

A 级：仪器各量程、挡位正确设置，输出信号波形稳定，示波器屏幕上显示波形个数为 2~4 个，幅度为 4~6div，万用表指针偏转合理（数字万用表显示读数合理）。

B 级：仪器各量程、挡位基本设置正确，输出波形不稳定，示波器屏幕显示波形个数和幅度合理，万用表使用正确。

C 级：仪器量程、挡位设备设置不够合理，输出信号波形稳定，示波器屏幕显示波形个数超过 4 个或幅度小于 4div，或幅度超出整个屏幕，万用表使用正确。

D 级：不会设置仪器量程、挡位，输出波形不稳定，波形个数和幅度均不合理，不会使用万用表。

（3）数据测试与记录

A 级：测试方法正确，会读取测试数据，所记录数据与实测数据一致，书写规范，单位正确。

B 级：测试方法正确，会读取测试数据，所记录数据与实测数据基本一致，书写规范，单位正确。

C 级：测试方法正确，会读取测试数据，所记录数据与实测数据不一致，书写不规范，单位不正确。

D 级：测试方法不正确，不会读取测试数据。

2. 评价基本情况

门电路功能的测试评价表如表 2.2.56 所示，评分等级见表 2.2.57 所示。

表 2.2.56 门电路功能的测试评价表

任务名称			门电路功能的测试	评分记录
序号	评价项目	配分	评分细则	得分
1	仪器类型及连接方法	15	正确选用示波器测量信号的波形、周期和幅度，选择示波器或者万用表判断逻辑电平的高低，并且正确连接仪器设备与测试点	
			选错一种仪器，但能用其他设备代替的，能正确连接仪器设备与测试点	
			错误选择仪器类型，但知道怎样连接仪器设备与测试点	
			不知道该怎样选择仪器，也不知道该如何进行连接	

任务名称			门电路功能的测试	评分记录
序号	评价项目	配分	评分细则	得分
2	仪器使用	15	仪器各量程、挡位正确设置，输出信号波形稳定，示波器屏幕上显示波形个数为2~4个，幅度为4~6div，万用表指针偏转合理（数字万用表显示读数合理）	
			仪器各量程、挡位基本设置正确，输出波形不稳定，示波器屏幕显示波形个数和幅度合理，万用表使用正确	
			仪器量程、挡位设备设置不够合理，输出信号波形稳定，示波器屏幕显示波形个数超过4个或幅度小于4div，或幅度超出整个屏幕，万用表使用正确	
			不会使用仪器	
3	数据测试与记录	60	测试方法正确，会读取测试数据，所记录数据与实测数据一致，书写规范，单位正确	
			测试方法正确，会读取测试数据，所记录数据与实测数据基本一致，书写规范，单位正确	
			测试方法正确，会读取测试数据，所记录数据与实测数据不一致，书写不规范，单位不正确	
			测试方法不正确，不会读取测试数据	
安全文明操作	仪器工具的摆放与使用和维护情况	10	1. 工作台上的工具按要求摆放整齐，工作完成后台面整洁卫生。每错误一处扣2分	
			2. 注意用电安全，各工具的使用应符合安全规范，每错误一处扣5分	
合计		100		
教师总体评价				

表 2.2.57　评分等级表

评价分类	A	B	C	D
仪器类型及连接方法				
仪器使用				
数据测试与记录				

六、任务小结

1. 总结在门电路功能的测试过程中所出现的问题以及解决方法。

2. 简要叙述在完成本任务的学习后有哪些收获，归纳总结任务中所用到的知识和技能。

任务 2.2.5　数字显示抢答器电路的测量与调试

一、任务名称

本任务为数字显示抢答器电路的测量与调试。组合逻辑电路简称组合电路，它任何时刻的输出只由当时的输入决定，而与电路的原状态（以前的状态）无关，电路没有记忆能力。常见的组合电路有编码器、译码器、加法器、数值比较器、数据选择器和奇偶校验器等。数字显示抢答器是使用编码器和显示译码器来实现功能的，通过该电路的测量与调试，可以学习组合逻辑电路的有关知识。

二、任务描述

为了使数字显示抢答器能正常工作，要对抢答器电路进行测量和必要的调整，检查电路的参数是否满足工作条件的要求，如果一些参数不符合要求，还要对电路进行适当的调整，为了更好地进行测量与调试，首先要了解数字显示抢答器的电路组成并要搞懂数字显示抢答器的电路工作原理。

1. 数字显示抢答器电路的组成

由图 1.4.1 所示的数字显示抢答器电路原理图可知，数字显示抢答器电路是由抢答、编码、优先、锁存、数显及复位电路组成。

S_1~S_8 为抢答键与 VD_1~VD_{12} 组成 1 位十进制 1~8 数字编码器，任一抢答案键按下，都通过编码二极管编成 BCD 码，送入 CD4511 所对应的输入端。

CD4511 是一块含 BCD-7 段锁存/译码/驱动电路于一体的集成电路，如图 1.4.5 所示。其中 1、2、6、7 脚为 BCD 码输入端，9~15 脚为显示输出端，3 脚（LT）为测试输出端，当"LT"为"0"时，输出全为"1"，4 脚（BI）为消隐端，BI 为"0"时输出全为"0"，5 脚（LE）为锁存允许端，当 LE 由"0"变为"1"时，输出端保持 LE 为"0"时的显示状态（即锁存）。

VT_1、VD_{13}、VD_{14} 与电阻 R_7、R_8 等组成触发锁存电路。通电后，由于没有任何按键按下，数码管显示"0"。CD4511 的"d"端为高电平，"g"端为低电平，"LE"锁定端为低电平，等待 BCD 码输入。当 S_1~S_8 中任意一个按键开关按下时，均会出现要么 CD4511"d"端为低电平，要么"g"端为高电平的状况，LE 锁定端都会被置高电平，CD4511 的数据受到锁存，只显示某按键抢先按下时所对应的 BCD 码，而拒绝后续 BCD 码。按下复位键 S_9 后，锁存自然解除。

抢答器声响电路由 555 定时器及外围电路组成，NE555 接成音频多谐振荡器，其中 $R_{16}=R_{17}=10k\Omega$，扬声器通过 100μF 的电容器接在 NE555 集成的 3 脚与地（GND）之间。$C_1=0.01\mu F$，R_{16} 没有直接和电源相接，而是通过四只 1N4148 组成二极管或门电路，四只二极管的阳极分别接 CD4511 的 1，2，6，7 脚，任何抢答按键按下，声响电路都能振荡发出声响。

2. 数字显示抢答器功能的描述

该数字显示抢答器电路可同时进行八路优先抢答。按键按下后，蜂鸣器发声，同时数码管显示优先抢答者的号数，抢答成功后，优先锁存，此时再按按键，数码管显示也不会改变，除非按复位键。复位后，显示清零，可继续抢答。

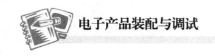

3. 数字显示抢答器电路的测量

为了保证数字显示抢答器电路能够正常工作，必须对数字显示抢答器的各部分电路进行测量与调整。主要的测量内容有：

（1）编码电路的测试

编码器电路能否正常编码，是数字显示抢答器正确显示抢答者号码的必要条件，测试时可以分别测量当按键按下时编码器的输出电平，然后与对应的十进制数进行比较，即可判断编码器是否按 8421BCD 码进行编码。

（2）触发锁存电路的测试

判断按下抢答按键时电路是否处于锁存状态，并分析触发锁存电路。

（3）译码显示电路的测试

按下 S_1~S_9 中的其中一个按钮，观察数码管显示的字符是否正常，并测试相关数据。

（4）声响电路的测试

主要是测试当按下抢答键时声响电路是否能正常发出声音提示信号，分析电路及记录相关数据。

三、任务完成

1. 编码器电路测试

将所测得的数据记录在表 2.2.58 中。

表 2.2.58　编码器电路测试

十进制数	输　入	IC$_1$ 引脚电平			
	按下按键	6（D）	1（C）	2（B）	7（A）
1	S_1				
2	S_2				
3	S_3				
4	S_4				
5	S_5				
6	S_6				
7	S_7				
8	S_8				
结论：					

2. 触发锁存电路的测试

S_1~S_8 按键都未按下时或按下其中一个按键时，测量 IC$_1$ 的 5 脚电平，判断电路是否处于锁存状态。然后分析锁存控制电路，测量 IC$_1$ 的 10 脚和 14 脚的电平，测量三极管 VT$_1$ 的 B、C、E 极的电压，并判断 VT$_1$ 的状态，将数据记录在表 2.2.59 中。

3. 译码显示电路的测试

按下 S_1~S_9 中的其中一个按钮，观察数码管显示的字符并测量 IC$_1$ 各引脚的输出电平，然后转换成相应的字符，将数据记录在表 2.2.60 中。

表 2.2.59 触发锁存电路的测量

按键状态 S₁~S₈	IC₁			VT₁			
	5 脚	10 脚	14 脚	B 极	C 极	E 极	状态
未按下							
S₁							
S₂							
S₃							
S₄							
S₅							
S₆							
S₇							
S₈							
结论：							

表 2.2.60 译码显示电路的测试

输　入	输　出							显示
按下按键	a	b	c	d	e	f	g	字符
S₁								
S₂								
S₃								
S₄								
S₅								
S₆								
S₇								
S₈								
S₉								

4．声响电路的测试

测量 IC_2（NE555）的引脚 3 输出信号波形及周期、幅度并记录在表 2.2.61 中。

表 2.2.61 NE555 引脚 3 输出信号波形

u_o 波形	周　期	幅　度
	量程挡位	量程挡位
	格数	格数

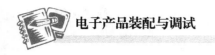
四、相关知识

1. 编码器

实现编码操作的电路称为编码器，在编码器电路中，任一抢答案键按下，都通过编码二极管编成 BCD 码，如按下抢答器 S_5 键（对应的数字为"5"），二极管 VD_6、VD_7 导通，使 A、C 端为高电平，B、D 端为低电平，即 $DCBA=(0101)_2=5$，完成编码。表 2.2.62 为该二极管编码电路的 8421BCD 编码表。

表 2.2.62　二极管编码电路的 8421BCD 编码表

十进制数	输入	输出			
	按下按键	D	C	B	A
1	S_1	0	0	0	1
2	S_2	0	0	1	0
3	S_3	0	0	1	1
4	S_4	0	1	0	0
5	S_5	0	1	0	1
6	S_6	0	1	1	0
7	S_7	0	1	1	1
8	S_8	1	0	0	0

由以上分析可知，二-十进制编码器要实现的功能是将十进制数的 10 个数字 0~9（可根据实际的需要选取要编码的数字），编成二进制代码。要对 10 个信号进行编码，至少需要 4 位二进制代码，即 $2^4 \geq 10$，所以二-十进制编码器的输出信号为 4 位，如图 2.2.80 所示。因为二-十进制编码器采用的是 8421BCD 码的编码方式，所以也被称做 BCD 编码器（也称做 10 线-4 线编码器）。表 2.2.63 为其真值表。

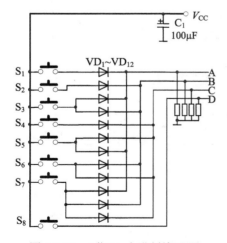

图 2.2.79　4 位二-十进制编码器

图 2.2.80　二-十进制编码器示意图

表 2.2.63　8421BCD 编码器真值表

十进制数	输入	输出（8421BCD 码）			
		D	C	B	A
0	Y_0	0	0	0	0
1	Y_1	0	0	0	1
2	Y_2	0	0	1	0
3	Y_3	0	0	1	1
4	Y_4	0	1	0	0
5	Y_5	0	1	0	1
6	Y_6	0	1	1	0
7	Y_7	0	1	1	1
8	Y_8	1	0	0	0
9	Y_9	1	0	0	1

注意：

编码器的输入信号是互相排斥的，在优先编码器中允许几个信号同时输入，但是电路只对其中优先级别最高的进行编码（优先权的顺序完全是根据实际需要来确定的），不理睬级别低的信号，或者说级别低的信号不起作用，这样的电路叫做优先编码器。

在实际使用中，还常用集成编码器来实现编码工作，如中规模集成 8421 BCD 码优先编码器有 CC40147、LS147 等，如图 2.2.81（a）所示为 CC40147 的引脚排列图及引脚说明，图 2.2.81（b）为 CC40147 和七段译码显示电路的接线图，其功能表与表 2.3.35 一致。

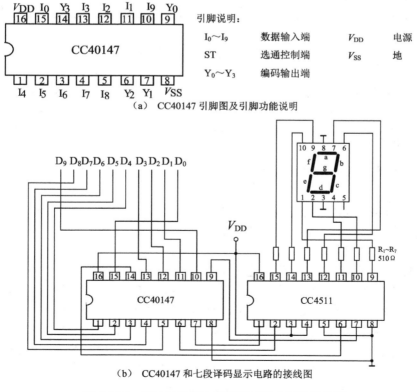

（a）　CC40147 引脚图及引脚功能说明

（b）　CC40147 和七段译码显示电路的接线图

图 2.2.81　CC40147 和七段译码显示电路的接线图

再如 8 线-3 线优先编码器 CC4532，可将最高优先输入 $I_7 \sim I_0$ 编码为 3 位二进制码，图 2.2.82 为 CC4532 的外引线排列图及引脚说明。

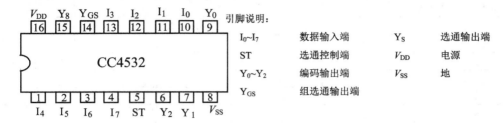

图 2.2.82　8/3 线优先编码器 CC4532 的引脚排列图及引脚功能

CC4532 的 8 个输入端 $I_7 \sim I_0$ 具有指定优先权，I_7 为最高优先权，I_0 为最低，当片选输入 ST 为低电平时，优先编码器无效。当 ST 为高电平，最高优先输入的二进制编码呈现于输出端 $Y_2 \sim Y_0$，且组选端 Y_{GS} 为高电平，表明优先输入存在，当无优先输入时，允许输出 Y_S 为高电平，如果任何一个输入为高电平，则 Y_S 为低电平且所有级联低电平无效。表 2.2.64 为其功能表。

表 2.2.64　优先编码器 CC4532 的功能表

输　　　入								输　　出				
ST	I_7	I_6	I_5	I_4	I_3	I_2	I_1	I_0	Y_{GS}	Y_S	Y_2	Y_1	Y_0
0	×	×	×	×	×	×	×	×	0	0	0	0	0
1	0	0	0	0	0	0	0	0	0	1	0	0	0
1	1	×	×	×	×	×	×	×	1	0	1	1	1
1	0	1	×	×	×	×	×	×	1	0	1	1	0
1	0	0	1	×	×	×	×	×	1	0	1	0	1
1	0	0	0	1	×	×	×	×	1	0	1	0	0
1	0	0	0	0	1	×	×	×	1	0	0	1	1
1	0	0	0	0	0	1	×	×	1	0	0	1	0
1	0	0	0	0	0	0	1	×	1	0	0	0	1
1	0	0	0	0	0	0	0	1	1	0	0	0	0

2．译码器

译码器是编码的逆过程，它将输入代码转换成特定的输出信号。实现译码功能的电路称为译码器。常见的译码器有二进制译码器、二-十进制译码器、显示译码器等。

（1）集成二进制译码器

常用的集成二进制译码器有 2 位二进制译码器，又称 2 线-4 线译码器（即输入是 2 位二进制代码，输出有 4 个不同的译码信号），如 74LS139、74LS155 等，还有 3 线-8 线译码器，如 74LS138，CC71HC138，以及 4 线-16 线译码器，如 74LS154、CC74HC154 等。

图 2.2.83 所示为 3 线-8 线译码器 74LS138 的引脚排列图及图形符号，表 2.2.65 为其逻辑功能表。它有 3 个输入端 A_2、A_1、A_0，8 个输出端 $Y_0 \sim Y_7$，所以常称为 3 线-8 线译码器，属于全译码器。输出为低电平有效，G_1、G_{2A} 和 G_{2B} 为选通控制端，当 $G_1=1$、$G_{2A}=G_{2B}=0$ 时允许译码，由输入信号 $A_2A_1A_0$ 的取值组合使 $Y_7 \sim Y_0$ 中的某一位输出电平，当 3 个选通控制信

号中有 1 个不满足时，译码器禁止译码，输出全为无用信号。

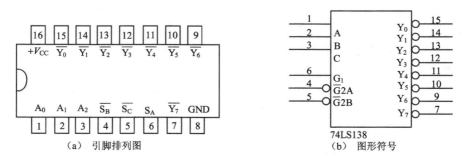

图 2.2.83　集成 3 线-8 线译码器 74LS138

表 2.2.65　74LS138 的功能表

输　　　入						输　　　　出								功能
G_1	G_{2A}	G_{2B}	A_2	A_1	A_0	Y_0	Y_1	Y_2	Y_3	Y_4	Y_5	Y_6	Y_7	
×	1	×	×	×	×	1	1	1	1	1	1	1	1	禁止译码
×	×	1	×	×	×	1	1	1	1	1	1	1	1	
0	×	×	×	×	×	1	1	1	1	1	1	1	1	
1	0	0	0	0	0	0	1	1	1	1	1	1	1	允许译码
1	0	0	0	0	1	1	0	1	1	1	1	1	1	
1	0	0	0	1	0	1	1	0	1	1	1	1	1	
1	0	0	0	1	1	1	1	1	0	1	1	1	1	
1	0	0	1	0	0	1	1	1	1	0	1	1	1	
1	0	0	1	0	1	1	1	1	1	1	0	1	1	
1	0	0	1	1	0	1	1	1	1	1	1	0	1	
1	0	0	1	1	1	1	1	1	1	1	1	1	0	

（2）显示译码器

在数字仪器仪表、计算机和其他数字系统中，常常需要把测量数据和运算结果用十进制数来显示。这就需用译码显示器把二-十进制代码转换成能显示的十进制数。数字显示译码器能把二进制代码翻译成数字显示器所能识别的信号。

常用的数字显示器有多种类型。与之相配的译码器也有各种不同的规格，常用的显示器件有半导体数码显示器（LED）和液晶显示器（LCD）等。

① 七段半导体数码显示器。七段半导体数码显示器的介绍见"项目 1.4→四、→3."。LED数码管具有体积小、功耗低、寿命长、响应速度快、显示清晰、易于与集成电路匹配等优点，适用于数字化仪表及各种终端设备中作为数字显示器件。数码管的缺点是工作电流大，因此，当输出电流不能直接驱动 LED 数码管显示管点亮时，需要安装数码管驱动电路。

② 液晶显示器（LCD）。液晶显示器简称（LCD）是一种平板薄型显示器，液晶是介于液态和晶体之间的有机化合物，既有液体的流动性，又有晶体的化学特性，它的透明度和呈现的颜色受外加电场的影响，利用这一特点便可做成字符显示器。

在没有外加电场的情况下，液晶分子按一定取向整齐地排列着，如图 2.2.84 所示。这时液晶为透明状态，射入的光线大部分由反射电极反射回来，显示器呈白色。在电极上加上电压以后，液晶分子因电离而产生正离子，这些正离子在电场作用下运动并撞碰其他液晶分子，破坏了液晶分子的整齐排列，使液晶呈现混浊状态。这时射入的光线散射后仅有少量反射回来，故显示器呈暗灰色。这种现象称为动态散射效应。外加电场消失以后，液晶又恢复到整齐排列的状态。如果将七段透明的电极排列成 8 字形，那么只要选择不同的电极组合并加以正电压，便能显示出各种字符来。

图 2.2.84　液晶显示器的结构及符号

液晶显示器的工作电压稍低于 1V 也能工作，功耗小，一般在 $1\mu W/cm^2$ 以下，广泛用于电子钟表、电子计算器等各类仪器仪表中，近年来发展迅速，高清晰度、响应速度快、大屏幕显示的液晶显示器件已经在电子产品中大量使用，如图 2.2.85 所示为一款液晶显示器。

图 2.2.85　LCD 液晶显示器

③ 显示译码器——集成 CMOS 显示译码器 CC4511。显示译码器是将 BCD 码译成驱动七段数码管所需代码的译码器。显示译码器型号有 74LS47（共阳）、74LS48（共阴）、CC4511（共阴）等多种类型。表 2.2.66 为 CC4511 的逻辑功能表。

表 2.2.66　CC4511 逻辑功能表

输　　入							输　　出							
LE	$\overline{BI}$	$\overline{LT}$	D	C	B	A	a	b	c	d	e	f	g	显示字形
×	×	0	×	×	×	×	1	1	1	1	1	1	1	8
×	0	1	×	×	×	×	0	0	0	0	0	0	0	消隐
0	1	1	0	0	0	0	1	1	1	1	1	1	0	0
0	1	1	0	0	0	1	0	1	1	0	0	0	0	1
0	1	1	0	0	1	0	1	1	0	1	1	0	1	2
0	1	1	0	0	1	1	1	1	1	1	0	0	1	3
0	1	1	0	1	0	0	0	1	1	0	0	1	1	4

续表

输　入							输　出							
0	1	1	0	1	0	1	1	0	1	1	0	1	1	5
0	1	1	0	1	1	0	0	0	1	1	1	1	1	6
0	1	1	0	1	1	1	1	1	1	0	0	0	0	7
0	1	1	1	0	0	0	1	1	1	1	1	1	1	8
0	1	1	1	0	0	1	1	1	1	0	0	1	1	9
0	1	1	1	0	1	0	0	0	0	0	0	0	0	消隐
0	1	1	1	0	1	1	0	0	0	0	0	0	0	消隐
0	1	1	1	1	0	0	0	0	0	0	0	0	0	消隐
0	1	1	1	1	0	1	0	0	0	0	0	0	0	消隐
0	1	1	1	1	1	0	0	0	0	0	0	0	0	消隐
0	1	1	1	1	1	1	0	0	0	0	0	0	0	消隐
1	1	1	×	×	×	×	锁　存							锁存

注意：分段显示译码器与译码器有着本质的区别。严格地讲，把这种电路叫代码变换器更加确切些。但习惯上都把它叫做显示译码器。

CC4511 常用于驱动共阴极 LED 数码管，工作时一定要加限流电阻。由 CC4511 组成的基本数字显示电路如图 2.2.86 所示。

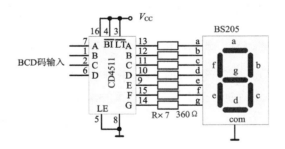

图 2.2.86　CC4511 组成的基本数字显示电路

图中 BS205 为共阴极 LED 数码管，电阻 R 用于限制 CC4511 的输出电流大小，它决定 LED 的工作电流大小，从而调节 LED 的发光亮度，R 值由下式决定：

$$R = \frac{U_{OH} - U_D}{I_D}$$

式中，U_{OH} 为 CC4511 输出高电平（$\approx V_{CC}$），U_D 为 LED 的正向工作电压（1.5~2.5V），I_D 为 LED 的笔画电流（5~10mA）。

3. 555 集成定时器组成的振荡器

（1）555 集成定时器

555 集成定时器是将模拟电路和数字电路巧妙结合并集成在一块半导体芯片上的集成电路，因内部有 3 个 5kΩ 的电阻串联成电阻分压器，故称 555 集成定时器。

555 集成定时器可产生精确的时间延迟和振荡，脉冲波形的产生与变换、仪器与仪表、测量与控制、家用电器与电子玩具等领域，可输出一定的功率，可驱动微电机、指示灯、扬声器等。集成定时器产品有 TTL 型和 CMOS 型两种。TTL 单定时器型号的最后 3 位数字为 555，双定时器的为 556；CMOS 单定时器的最后 4 位数为 7555，双定时器的为 7556。它们的逻辑功能和外部引脚排列完全相同。

555 集成定时器的引脚排列和内部结构如图 2.2.87 所示。

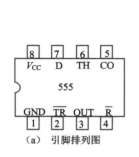
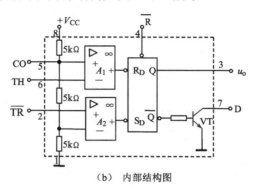

引脚说明
1　GND：接地端
2　$\overline{\text{TR}}$：低触发端
3　OUT：输出端
4　$\overline{\text{R}}$：复位端
5　CO：控制电压端
6　TH：高触发端
7　D：放电端
8　V_{CC}：电源端

（a）引脚排列图　　　　（b）内部结构图

图 2.2.87　555 定时器外引线排列及内部结构图

由图 2.2.87（a）可知，555 定时器有 8 个引出端，每个端子的名称和作用如下：

第④脚为直接复位端 $\overline{\text{R}}$，该端低电平时直接复位；

第⑥脚为高电平触发端 TH，该端高电平（$\geqslant \frac{2}{3}V_{\text{CC}}$）时复位；

第②脚为低电平触发端 $\overline{\text{TR}}$，该端低电平（$< \frac{1}{3}V_{\text{CC}}$）时置位；

第⑤脚为电压控制端 CO，该端外加电压用于调节触发电位；

第⑦脚为放电端 D，该端为外接电压用于调节触发电位；

第③脚为信号输出端 OUT；

第⑧脚为电源正端 V_{CC} 或 V_{DD}；

第①脚为电源负端 GND 或 V_{SS}。

555 集成定时器的逻辑功能如表 2.2.67 所示。

表 2.2.67　555 集成定时器的逻辑功能表

复位 $\overline{\text{R}}$	阈值输入 U_{TH}	触发输入 U_{TR}	输出 OUT	放电管 VT 状态	功能
0	*	*	0	导通	直接复位
1	$> \frac{2}{3}V_{\text{CC}}$	$> \frac{1}{3}V_{\text{CC}}$	0	导通	复位
1	*	$< \frac{1}{3}V_{\text{CC}}$	1	截止	置位
1	$< \frac{2}{3}V_{\text{CC}}$	$> \frac{1}{3}V_{\text{CC}}$	保持原态	保持原态	保持

（2）555 构成多谐振荡器

多谐振荡电路是直接产生矩形脉冲的电路，无需外加输入信号，只要给电路上电就能输出矩形波脉冲信号。在产生的矩形脉冲中，除基波外还包含许多高次谐波，因此这种电路称为多谐振荡器。

图 2.2.88 所示为 555 集成定时器构成的多谐振荡器。该振荡器的工作过程为：接通电源瞬间，电容两端 $u_C=0$，即 $U_{TR}=0$，因为 $U_{TR}<\frac{1}{3}V_{CC}$，所以 555 定时器实现置位功能，输出端 u_o 为高电平，内部放电管截止，V_{CC} 经 R_1 和 R_2 对 C 充电，当 u_C 上升到 $\frac{2}{3}V_{CC}$ 时，555 定时器实现复位功能，$u_o=0$，内部放电管导通，C 通过 R_2 和内部放电管放电。因放电时间常数远比充电时间常数小，C 上电压 u_C 下降，当下降到 $\frac{1}{3}V_{CC}$ 时，555 定时器又实现置位功能，u_o 又由 0 变为 1，如此循环往复，输出矩形脉冲。

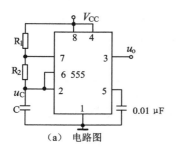
（a）电路图

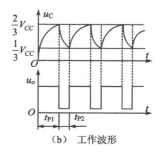
（b）工作波形

图 2.2.88　555 集成定时器构成多谐振荡器

由 555 集成定时器构成的多谐振荡电路的振荡周期的大小为：

$$T=t_{P1}+t_{P2}=0.7(R_1+R_2)C+0.7R_2C=0.7(R_1+2R_2)C$$

要改变振荡频率时，可改变 R_1、R_2、C 的数值，也可以在电压控制端外加电压调节。

（3）555 集成定时器构成施密特触发器

如图 2.2.89 所示为 555 集成定时器构成的施密特触发器。该触发器的工作过程为：

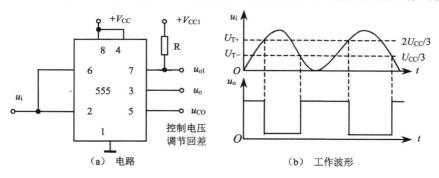

（a）电路　　　　　　　　　　（b）工作波形

图 2.2.89　施密特触发器及工作波形

① $u_i=0$ 时，$R_D=1$、$S_D=0$，触发器置 1，即 $Q=1$、$\overline{Q}=0$，$u_{o1}=u_o=1$。u_i 升高时，在未到达 $\frac{2}{3}V_{CC}$ 以前，$u_{o1}=u_o=1$ 的状态不会改变。

② u_i 升高到 $\frac{2}{3}V_{CC}$ 时，比较器 A_1 输出跳变为 0、A_2 输出为 1，触发器置 0，即跳变到 $Q=0$、

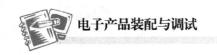

$\overline{Q}=1$，u_{o1}、u_o 也随之跳变到 0。此后，u_i 继续上升到最大值，然后再降低，但在未降低到 $\frac{1}{3}V_{CC}$ 以前，$u_{o1}=0$、$u_o=0$ 的状态不会改变。

③ u_i 下降到 $\frac{1}{3}V_{CC}$ 时，比较器 A_1 输出为 1、A_2 输出跳变为 0，触发器置 1，即跳变到 $Q=1$、$\overline{Q}=0$，u_{o1}、u_o 也随之跳变到 1。此后，u_i 继续下降到 0，但 $u_{o1}=1$、$u_o=1$ 的状态不会改变。

（4）555 集成定时器构成单稳态触发器

单稳态触发器能对输入的不规则的上升沿、下降沿不陡峭的脉冲实现整形功能，通过它就能得到一定宽度和幅度的陡峭的矩形脉冲。

图 2.2.90 是 555 集成定时器构成的单稳态触发器。该触发器的工作过程为：

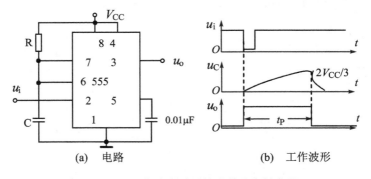

(a) 电路　　　　　　(b) 工作波形

图 2.2.90　555 集成定时器构成单稳态触发器

① 接通 V_{CC} 后瞬间，V_{CC} 通过 R 对 C 充电，当 u_C 上升到 $\frac{2}{3}V_{CC}$ 时，比较器 A_1 输出为 0，将触发器置 0，$u_o=0$。这时 Q=1，放电管 V 导通，C 通过 V 放电，电路进入稳态。

② u_i 到来时，因为 $u_i < \frac{1}{3}V_{CC}$，使 $A_2=0$，触发器置 1，u_o 又由 0 变为 1，电路进入暂稳态。由于此时 Q=0，放电管 V 截止，V_{CC} 经 R 对 C 充电。虽然此时触发脉冲已消失，比较器 A_2 的输出变为 1，但充电继续进行，直到 u_C 上升到 $\frac{2}{3}V_{CC}$ 时，比较器 A_1 输出为 0，将触发器置 0，电路输出 $u_o=0$，V 导通，C 放电，电路恢复到稳定状态。

小提示：

555 集成定时器在连接应用电路时，②脚、⑥脚连在一起，无外加输入时为多谐振荡器；⑥脚、⑦脚连在一起，②脚外加负脉冲时为单稳态触发器；②脚、⑥脚连在一起，需外加输入时为施密特触发器。

五、任务评价

1．评价标准

（1）仪器类型及连接方法

A 级：正确选用示波器测量信号的波形、周期和幅度，选择示波器或者万用表判断逻辑电平的高低，并且正确连接仪器设备与测试点。

B 级：选错一种仪器，但能用其他设备代替的，能正确连接仪器设备与测试点。

C 级：错误选择仪器类型，但知道怎样连接仪器设备与测试点。

D 级：不知道该怎样选择仪器，也不知道该如何进行连接。

（2）仪器使用

A 级：仪器各量程、挡位正确设置，输出信号波形稳定，示波器屏幕上显示波形个数为 2~4 个，幅度为 4~6div，万用表指针偏转合理（数字万用表显示读数合理）。

B 级：仪器各量程、挡位基本设置正确，输出波形不稳定，示波器屏幕显示波形个数和幅度合理，万用表使用正确。

C 级：仪器量程、挡位设备设置不够合理，输出信号波形稳定，示波器屏幕显示波形个数超过 4 个或幅度小于 4div，或幅度超出整个屏幕，万用表使用正确。

D 级：不会设置仪器量程、挡位，输出波形不稳定，波形个数和幅度均不合理，不会使用万用表。

（3）数据测试与记录

A 级：测试方法正确，会读取测试数据，所记录数据与实测数据一致，书写规范，单位正确。

B 级：测试方法正确，会读取测试数据，所记录数据与实测数据基本一致，书写规范，单位正确。

C 级：测试方法正确，会读取测试数据，所记录数据与实测数据不一致，书写不规范，单位不正确。

D 级：测试方法不正确，不会读取测试数据。

2. 评价基本情况

数字显示抢答器电路的测量与调试评价表如表 2.2.68 所示，评分等级见表 2.2.69。

表 2.2.68　数字显示抢答器电路的测量与调试评价表

任务名称			数字显示抢答器电路的测量与调试	评分记录
序号	评价项目	配分	评分细则	得分
1	仪器类型及连接方法	15	正确选用示波器测量信号的波形、周期和幅度，选择示波器或者万用表判断逻辑电平的高低，并且正确连接仪器设备与测试点	
			选错一种仪器，但能用其他设备代替的，能正确连接仪器设备与测试点	
			错误选择仪器类型，但知道怎样连接仪器设备与测试点	
			不知道该怎样选择仪器，也不知道该如何进行连接	
2	仪器使用	15	仪器各量程、挡位正确设置，输出信号波形稳定，示波器屏幕上显示波形个数为 2~4 个，幅度为 4~6div，万用表指针偏转合理（数字万用表显示读数合理）	
			仪器各量程、挡位基本设置正确，输出波形不稳定，示波器屏幕显示波形个数和幅度合理，万用表使用正确	
			仪器量程、挡位设备设置不够合理，输出信号波形稳定，示波器屏幕显示波形个数超过 4 个或幅度小于 4div，或幅度超出整个屏幕，万用表使用正确	
			不会使用仪器	
3	数据测试与记录	60	测试方法正确，会读取测试数据，所记录数据与实测数据一致，书写规范，单位正确	

任务名称			数字显示抢答器电路的测量与调试	评分记录
序号	评价项目	配分	评分细则	得分
			测试方法正确，会读取测试数据，所记录数据与实测数据基本一致，书写规范，单位正确	
			测试方法正确，会读取测试数据，所记录数据与实测数据不一致，书写不规范，单位不正确	
			测试方法不正确，不会读取测试数据	
安全文明操作	仪器工具的摆放与使用和维护情况	10	1. 工作台上的工具按要求摆放整齐，工作完成后台面整洁卫生。每错误一处扣2分 2. 注意用电安全，各工具的使用应符合安全规范，每错误一处扣5分	
合计		100		
教师总体评价				

表 2.2.69　评分等级表

评价分类	A	B	C	D
仪器类型及连接方法				
仪器使用				
数据测试与记录				

六、任务小结

1. 总结在数字显示抢答器电路的测试过程中所出现的问题以及解决方法。

2. 简要叙述在完成本任务的学习后有哪些收获，归纳总结任务中所用到的知识和技能。

项目 2.3　循环灯控制器电路的测量与调试

一、任务名称

本项目为循环灯控制器电路的测量与测试。循环灯控制器利用 CD4017 计数/译码电路和 555 集成定时器完成发光二极管的循环点亮，可构成绚丽多彩的图案。如果增加发光二极管的数量，排列设计周密，可形成一定的字形，用于制作 LED 广告牌。

二、任务描述

为了使数字循环灯控制器能正常工作，要对循环灯控制器电路进行测量和必要的调整，检查电路的参数是否满足工作条件的要求，如果一些参数不符合要求，还要对电路进行适当的调整，为了更好地进行测量与调试，首先要了解数字循环灯控制器的电路组成并要搞懂循环灯控制器电路的工作原理。

1. 循环灯控制器电路

图 2.3.1 为循环灯控制器的实物图，图 2.3.2 为循环灯控制器的电路图，表 2.3.1 为循环灯控制器的元器件列表。

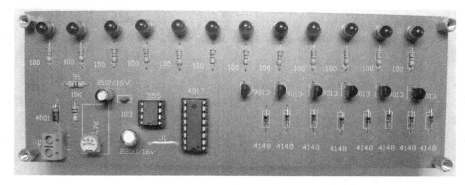

图 2.3.1　循环灯控制器的实物图

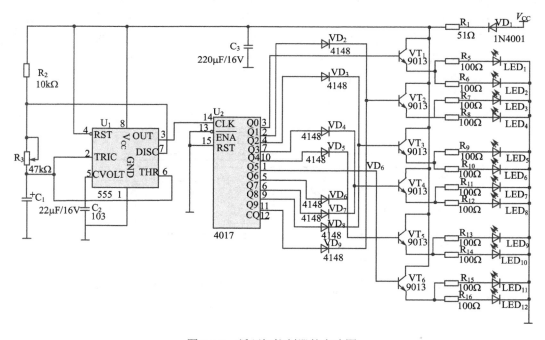

图 2.3.2　循环灯控制器的电路图

表 2.3.1　循环灯控制器电路元器件列表

序　号	标　称	名　称	规　格
1	C_1	电解电容	$2.2\mu F/16V$
2	C_2	电容	103
3	C_3	电解电容	$220\mu F/16V$

169

续表

序　号	标　称	名　称	规　格
4	$R_1 \sim R_{16}$	电阻	51Ω
5	VD_1	二极管	1N4001
6	$VD_2 \sim VD_9$	二极管	1N4148
7	$VT_1 \sim VT_6$	三极管	9013
8	$LED_1 \sim LED_{12}$	发光二极管	
9	U_1	集成块	NE555
10	U_2	集成块	CD4017
11	J_1	电源插座	2PIN

2. 循环灯控制器电路的组成

循环灯控制器由电源电路、脉冲发生器、控制电路和 LED 显示电路组成。电源电路在本电路中省略，直接将+5V 直流电压通过 VD_1、R_1、C_3 给电路供电；脉冲发生器电路由 555 集成定时器 U_1、电阻 R_2、电位器 R_3 和电容器 C_1、C_2 组成的多谐振荡器构成；控制电路由集成电路 CD4017 十进制计数/脉冲分配器 U_2、二极管 $VD_2 \sim VD_9$、三极管 $VT_1 \sim VT_6$ 组成；LED 显示电路由 $R_1 \sim R_{16}$、$LED_1 \sim LED_{12}$ 组成。

CD4017 是同步十进制计数器/脉冲分配器，内部是由五个 D 触发器（$F_1 \sim F_5$）构成的十进制约翰逊计数器和门电路（5~14）构成的时序译码器组成，如图 2.3.3 所示。约翰逊计数器的结构比较简单，它实质上是一种串行移位寄存器。除了第 3 个触发器是通过门电路 15、16 构成的组合逻辑电路作用于 F_3 的 D_3 端以外，其余各级均是将前一级触发器的输出端连接到后一级触发器的输入端 D 的，计数器最后一级的 Q_5 端连接到第一级的 D_1 端。

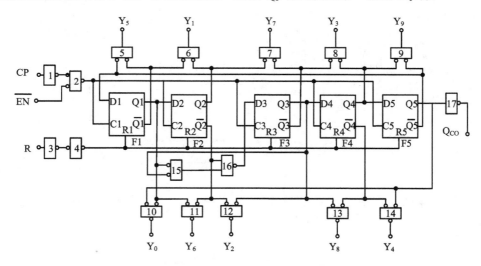

图 2.3.3　CD4017 内部结构电路

CD4017 芯片的外形引脚图如图 2.7.4 所示。

CLR 为异步清零端（复位端），高电平有效，CLR＝1 时，计数被清零为 0000 状态，强制译码器输出 $Q_0 \sim Q_9$ 全为低电平，而 Q_0 和进位输出 CO 为高电平。CP 为时钟输入端。$\overline{EN}$ 为时钟允许控制端，低电平有效，$\overline{EN}$ ＝0 时，在 CP 上升沿进行计数。CP 和 $\overline{EN}$ 之间还有互锁的关系，即利用 CP 计数时，$\overline{EN}$ 端要接低电平：利用 $\overline{EN}$ 计数时，CP 端要接高电平。反之则形成互锁。当 CP＝1 时，在 $\overline{EN}$ 的下降沿也能进行计数。$Q_0 \sim Q_9$ 是十个计数脉冲译码输出端，高电平有效，其中的每一个输出仅在十个 CP 计数脉冲周期的一个周期内能有序地变为高电平。CO 为进位输出端，当计数到 5~9 时 CO 输出为低电平，当计数到 0~4 或者在 CLR＝1 时，CO 输出高电平，进位输出 CO 可以作为十分频输出，也可以用级联输出，以扩展其功能。CC4017 为可自启的同步十进制约翰逊计数器/脉冲分配器，CD4017 时序波形图如图2.3.5 所示。

（a） 实物图

引脚说明：

CO：进位脉冲输出	CP：时钟输入端	CLR：清除端	$\overline{EN}$：时钟允许控制端
$Q_0 \sim Q_9$：计数脉冲输出端	V_{CC}：正电源	V_{SS}：地	

图 2.3.4 CC4017 同步十进制计数器/脉冲分配器

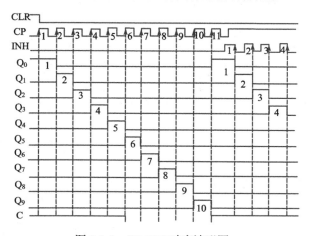

图 2.3.5 CD4017 时序波形图

3. 循环灯控制器的功能描述

循环灯控制器可以控制彩灯按一定的顺序循环点亮，接通电源，电路开始工作，当第 1 个脉冲到来时，U_2 的③脚输出高电平，VD_1、VD_2 点亮，第 2 个脉冲到来时，U_2 的②脚输出高电平，$VD_3 \sim VD_4$ 亮，依次类推。当计数脉冲达 U_2 的①脚时，$VD_1 \sim VD_{12}$ 正向闪亮一遍，随之逆向点亮，直到 U_2 的 11 脚输出高电平，完成一个循环，接着又从 U_2 的③脚开始，重复上述 LED 的循环点亮。调节 R_3 的大小，可改变 555 多谐振荡器的振荡周期，即灯组的流动速度。

4. 循环灯控制器电路的测量

① 多谐振荡器电路的测量与调整。

② 计数器电路的测量。

三、任务完成

全部元器件及插件焊接完成后，经过认真仔细检查后方可通电测试。

① 测量电路 U_1（NE555）各管脚的电压，记录在表 2.3.2 中。

表 2.3.2　NE555 各管脚电压值

引脚	1	2	3	4	5	6	7	8
电压值/V								

② 测量集成电路 U_2（CD4017）正电源端、复位端、时钟允许控制端和进位脉冲输出端对应管脚的电压值，将测试的数据记录在表 2.3.3 中。

表 2.3.3　CD4017 各管脚的电压值

引脚	1	2	3	4	5	6	7	8
电压值/V								
引脚	9	10	11	12	13	14	15	16
电压值/V								

③ 测量集成电路 U_2 输出端电压值，并将数据记录在表 2.3.4 中。

表 2.3.4　CD4017 输出端电压值

引脚	1	2	3	4	5	6	7	8
LED 状态								
电压值/V								
引脚	9	10	11	12	13	14	15	16
LED 状态								
电压值/V								

④ 测量 LED_1 两端的电压值 $U_{LED1}=$ _____ V。

当 2 脚为高电平时：_____ 亮（指明哪些 LED 亮）。

当 3 脚为高电平时：_____ 亮（指明哪些 LED 亮）。

当 4 脚为高电平时：_____ 亮（指明哪些 LED 亮）。

⑤ 测量集成电路 U_1（NE555）第 3 脚输出波形，并将数据记录在表 2.3.5 中。

表 2.3.5　NE555 第 3 脚输出波形

波　　形	周　　期	幅　　度
	量程挡位	量程挡位

⑥ 测量电路 U_2（CD4017）第 3 脚输出波形，并将数据记录在表 2.3.6 中。

表 2.3.6　CD4017 第 3 脚输出波形

波　形	周　期	幅　度
	量程挡位	量程挡位

四、相关知识

1. 触发器

触发器是一种具有"记忆"功能的基本逻辑单元，在下一个输入信号到来之前，能保持前一信号作用的结果，这就是电路的存储记忆功能。正是这些具有存储记忆功能的单元电路，才有可能导致"电脑"的诞生，引发当代信息技术的革命。

触发器属于双稳态电路，触发器的种类按功能分为 RS 触发器、D 触发器、JK 触发器、T 触发器和 T′触发器等。

（1）基本 RS 触发器

RS 触发器因为具有复位（Reset）端和置位（Set）端，故称 RS（复位置位）触发器。

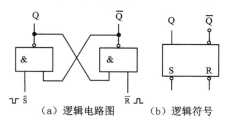

　（a）逻辑电路图　　（b）逻辑符号

图 2.3.6　用与非门构成的基本 RS 触发器

图 2.3.6 为用与非门构成的基本 RS 触发器，图 2.3.6（a）为基本 RS 触发器逻辑电路图，由两个与非门的输入端与输出端相互交叉连接而成(也可用两个或非门构成基本 RS 触发器)，余下的两个输入端分别为置位端 S 和复位端 R，两个与非门的输出端构成触发器的输出端 Q 和反向输出端 $\overline{Q}$（Q 与 $\overline{Q}$ 状态相反），触发器状态由输出端 Q 的电平高低来标定。图 2.3.6（b）为基本 RS 触发器逻辑符号，符号中的 R 和 S 端逻辑符号框外的小圆圈及字母上的划线（"一"非号），表示该端的输入信号为低电平有效，即当 $\overline{R}=0$ 时是有效的信号，对电路的输出状态有影响；当 $\overline{R}=1$ 时是无效的信号，不会影响电路的状态。表 2.3.7 为基本 RS 触发器的逻辑功能表。

说明：当 RS 触发器输入端 $\overline{S}=0$ ，$\overline{R}=0$ 时，输出端 Q=×，触发器状态不能确定，称为不定态；当 $\overline{S}=0$ ，$\overline{R}=1$ 时，输出端 Q=1（$\overline{Q}$=0），触发器被置位（置 1）；当 $\overline{S}=1$ ，$\overline{R}=0$ 时，输出端 Q=0（$\overline{Q}$=1），触发器被置 0；当 $\overline{S}=1$ ，$\overline{R}=1$ 时，触发器可以保持两种稳定的状态（1

状态或 0 状态）。

表 2.3.7　基本 RS 触发器的逻辑功能表

输　　入		输　　出		功能说明
0	0	×	×	不定（不允许）
0	1	1	0	置 1
1	0	0	1	置 0
1	1	Q^n	$\overline{Q}^n$	保持

基本 RS 触发器经常被用作单片机电路中按键去抖电路，用于消除按键触发的外中断信号时产生的电压抖动的情况，如图 2.3.7 所示。

在该电路中，常态时按键开关触点 1、3 闭合，2、3 断开，则 $\overline{S}=1$、$\overline{R}=0$，基本 RS 触发器被置 0，输出 Q=0。按下开关，触点 1、3 断开，2、3 接通，$\overline{S}$ 由 1 变 0，在开关动作瞬间，开关簧片若有抖动，$\overline{S}$ 会在 0、1 间连续跳动，但对于基本 RS 触发器，$\overline{S}$ 端第一次电平为 0，使触发器置 1，后面出现的跳动变化对触发器已无影响，Q 端稳定在 1 状态；开关复位，触点 2、3 断开、1、3 闭合，$\overline{R}$ 端的第一次电平为 0，就将触发器置 0，且一直稳定在 0 态，所以每按一次开关，触发器 Q 端就输出一个无抖动的单脉冲信号。

（2）同步 RS 触发器

在实际应用中，常要求触发器的状态变化，不是直接收 R、S 信号的影响，而是需要在一个控制脉冲到达时，才由 R、S 来决定触发器的状态，这个控制脉冲称为同步时钟脉冲，一般用 CP 表示。在基本 RS 触发器的输入端加两个控制门就构成同步 RS 触发器，如图 2.3.8 所示。

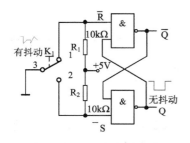

图 2.3.7　去抖电路

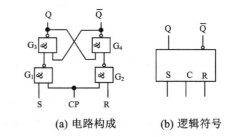

(a) 电路构成　　(b) 逻辑符号

图 2.3.8　同步 RS 触发器

触发器的状态转换受到时钟脉冲 CP 的控制，当 CP=0 时，触发器保持原来状态不变，只有当 CP=1 时，触发器才接收 R、S 的信号，即触发器的状态才由 R、S 决定，这种工作方式称为电平触发。在 CP=1 期间，不允许输入信号 R、S 再发生变化，否则触发器的输出状态也将随之而变。同步 RS 触发器功能表如表 2.3.8 所示。

（3）D 触发器

同步 RS 触发器采用电平触发，应用受到限制，对触发器电路结构改进后出现了一个输入端的 D 触发器，D 触发器能实现置 1、置 0 功能且不会出现不允许的情况。D 触发器采用边沿触发，触发器的状态转换只发生在时钟脉冲 CP 的上升沿或下降沿的瞬间，而在 CP=1

和 CP=0 时，控制端 D 信号的任何变化都不会影响触发器的状态，提高了触发器的抗干扰能力。

表 2.3.8　同步 RS 触发器功能表

输　　入			输　　出	功能说明
CP	R	S	Q^{n+1}	
0	×	×	Q^n	保持
1	0	0	Q^n	保持
1	0	1	1	置 1
1	1	0	0	置 0
1	1	1	不定	不允许

如图 2.3.9 所示为 D 触发器的构成以及逻辑符号。CP=0 时触发器状态保持不变；CP=1 时，根据同步 RS 触发器的逻辑功能可知，如果 D=0，则 R=1，S=0，触发器置 0；如果 D=1，则 R=0，S=1，触发器置 1。所以，D 触发器的逻辑功能是：当 D=0，CP 上升沿到来时，不论触发器的原状态如何，Q=0；当 D=1，CP 触发后，Q=1。可见，D 触发器在 CP 时钟脉冲上升沿到来时，其输出端 Q 的状态将由输入端 D 的状态决定。故逻辑符号如图 2.3.9（b）中，CP 输入端处无小圆圈，为上升沿触发（⤒）。如果 CP 输入端处有小圆圈，则为下降沿触发（⤓）。表 2.3.9 为 D 触发器特性表。

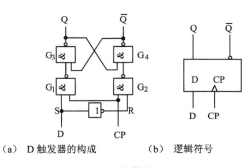

（a）D 触发器的构成　　（b）逻辑符号

图 2.3.9　D 触发器

表 2.3.9　D 触发器特性表

D	Q^{n+1}	功能说明
0	0	置 0
1	1	置 1

如图 2.3.10 所示为集成 D 触发器的典型器件 CD4013，CD4013 是上升沿触发的双 D 触发器，在引脚排列图中以输入信号字母前的序号区分两个不同的触发器，如 "1CP、1D、1Q" 等表示同属一个触发器。D 触发器 CD4013 特性表见表 2.3.10。

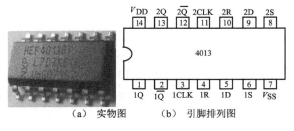

（a）实物图　　（b）引脚排列图

图 2.3.10　D 触发器

表 2.3.10　D 触发器 CC4013 特性表

输　　入					输　　出	
R_D	S_D	CP	D	Q^n	Q^{n+1}	功能说明
1	0	×	×	×	0	设置初态
0	1	×	×	×	1	
0	0	↑	0	0	0	置 0
0	0	↑	0	1	0	
0	0	↑	1	0	1	置 1
0	0	↑	1	1	1	

图 2.3.11 是用 CD4013 制作的触摸开关，CD4013 分别接成一个单稳态电路和一个双稳态电路。单稳态电路的作用是对触摸信号进行脉冲展宽整形，保证每次触摸动作都有效。双稳态电路用来驱动晶闸管 VS。当人手摸一下 M，人体泄漏的交流电在电阻 R_2 上的压降，其正半周信号进入 CD4013 的③脚 CP_1 端，使单稳态电路翻转进入暂态。其输出端 Q_1 即①脚跳变为高电平，此高电平经 R_3 向 C_1 充电，使④脚电位上升，当上升到复位电平时，单稳态电路复位，①脚恢复低电平。所以每触摸一次 M，①脚就输出一个固定宽度的正脉冲。此正脉冲将直接加到 CD4013 的 11 脚 CP_2 端，使双稳态电路翻转一次，其输出端 Q_2 即⑬脚电平就改变一次。当⑬脚为高电平时，VS 开通，电灯 EL 点亮。这时电容 C_3 两端的电压会下降到 3V 左右，发光管 VD_6 熄灭，由于 CMOS 电路的微功耗特点，所以集成块仍能正常工作。当⑬脚输出低电平时。VS 失去触发电流，当交流电过零时即关断，EL 熄灭。这时 C_3 两端电压又恢复到 VD_5 的稳压值 12V，VD_6 发光二极管用来指示开关的位置。由此可见，每触摸一次 M，就能实现电灯的"开"或"关"功能。

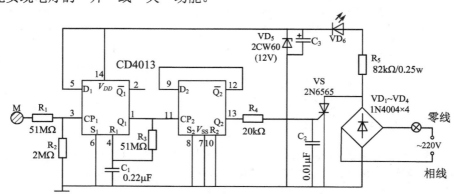

图 2.3.11　用 CD4013 制作的触摸开关

（4）JK 触发器

JK 触发器是触发器的一个主要品种，它有 J、K 两个变量输入端，能使触发器实现 4 种不同的功能，它是功能最齐的触发器。

JK 触发器的逻辑符号如图 2.3.12 所示，图 2.3.13 为集成 JK 触发器的典型器件 74LS112，74LS112 集成双 JK 触发器内含两个独立的 JK 触发器，下降沿触发。它们有各自独立的时钟信号 CP（1CP、2CP），复位、置位信号输入端（$1\overline{R_D}$、$2\overline{R_D}$、$1\overline{S_D}$、$2\overline{S_D}$），共用一个电源。

当 J=1，K=0，在时钟脉冲 CP 下降沿瞬间，Q 端为 1，JK 触发器实现置 1 功能；当 J=0，K=1，在 CP 下降沿瞬间，Q 端为 0，JK 触发器实现置 0 功能；当 J=K=1，CP 下降沿瞬间，

Q 端状态改变（如果原来为 1 态则转变为 0 态，原来为 0 态则转变为 1 态），JK 触发器实现翻转功能；当 J=K=0，CP 下降沿瞬间，Q 端为原态，JK 触发器实现了保持功能。JK 触发器特性表如表 2.3.11 所示。

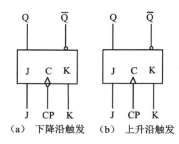

图 2.3.12　JK 触发器逻辑符号

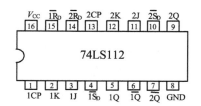

图 2.3.13　双 JK 触发器 74LS112 引脚排列图

表 2.3.11　JK 触发器特性表

J	K	Q^{n+1}	$\overline{Q^{n+1}}$	逻辑功能
0	0	Q^n	$\overline{Q^n}$	保持
0	1	0	1	置0
1	0	1	0	置1
1	1	$\overline{Q^n}$	Q^n	翻转

（5）触发器逻辑功能的转换

在双稳态触发器中，除了 RS 触发器和 JK 触发器外，根据电路结构和工作原理的不同，还有众多具有不同逻辑功能的触发器。根据实际需要，可将某种逻辑功能的触发器经过改接或附加一些门电路后，转换为另一种逻辑功能的触发器，如图 2.3.14～图 2.3.16 所示。

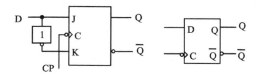

图 2.3.14　JK 触发器→D 触发器

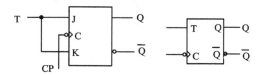

图 2.3.15　JK 触发器→T 触发器

T 触发器的功能表见表 2.3.12 所示。

表 2.3.12　T 触发器的功能表

T	Q^{n+1}	功能
0	Q^n	保持
1	$\overline{Q^n}$	翻转

（a）D触发器接成 T′触发器　　　　（b）JK触发器接成 T′触发器

图 2.3.16　D触发器和 JK触发器接成 T′触发器

T′触发器的逻辑功能是每来一个时钟脉冲翻转一次。

2．计数器

计数器的种类很多，按计数器中触发器的翻转情况，分为同步式和异步式两种；按运算方法分为加法计数器、减法计数器和可逆计数器；按进位制分为二进制计数器、二-十进制计数器、N 进制计数器等。

（1）二进制计数器

在时钟脉冲作用下，各触发器的状态转换按二进制数编码规律计数的逻辑电路，称为二进制计数器。由 1 个 JK 或 D 触发器构成 T′（计数型）触发器，就是 1 位二进制计数器，将两个触发器串接，可构成 2 位二进制计数器，N 个触发器串接后构成 N 位二进制计数器。

① 异步二进制加法计数器。图 2.3.17 为 3 位二进制加法计数器，由于 3 个 JK 触发器都接成了 T′触发器，所以最低位触发器 F0 每来一个时钟脉冲的下降沿（即 CP 由 1 变 0）时翻转一次，而其他两个触发器都是在其相邻低位触发器的输出端 Q 由 1 变 0 时翻转，即 F_1 在 Q_0 由 1 变 0 时翻转，F_2 在 Q_1 由 1 变 0 时翻转。

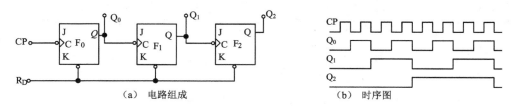

（a）电路组成　　　　　　　　（b）时序图

图 2.3.17　3 位二进制加法计数器组成及波形图

从表 2.3.13 的 3 位二进制加法计数状态表或图 2.3.17（b）时序图可以看出，从状态 000 开始，每来一个计数脉冲，计数器中的数值便加 1，输入 8 个计数脉冲时，就计满归零，所以作为整体，该电路也可称为八进制计数器。

由于这种结构计数器的时钟脉冲不是同时加到各触发器的时钟端，而只加至最低位触发器，其他各位触发器则由相邻低位触发器的输出 Q 来触发翻转，即用低位输出推动相邻高位触发器，3 个触发器的状态只能依次翻转，并不同步，这种结构特点的计数器称为异步计数器。异步计数器结构简单，但计数速度较慢。

表 2.3.13　3 位二进制加法计数

计数脉冲	Q_2	Q_1	Q_0
0	0	0	0
1	0	0	1

续表

计数脉冲	Q_2	Q_1	Q_0
2	0	1	0
3	0	1	1
4	1	0	0
5	1	0	1
6	1	1	0
7	1	1	1
8	0	0	0

② 异步二进制减法计数器。如图 2.3.18 所示是由 D 触发器构成的异步 3 位二进制减法计数器。

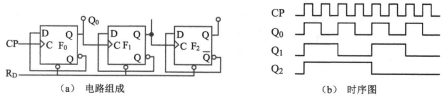

（a） 电路组成　　　　　　　　　　（b）　时序图

图 2.3.18　3 位二进制减法计数器构成及波形图

F_0 每输入一个时钟脉冲翻转一次，F_1 在 Q_0 由 1 变 0 时翻转，F_2 在 Q_1 由 1 变 0 时翻转，3 位二进制减法计数器时序图见图 2.3.18（b），表 2.3.14 为 3 位二进制减法计数状态表。

注意：

异步二进制计数器是把一个一个触发器串接起来，串接方法是将低位的输出端（Q 和 $\overline{Q}$）连接至高一位的时钟端（CP 端），究竟接 Q 端还是接 $\overline{Q}$ 端，取决于两个条件：是加法还是减法计数；触发器是上升沿触发还是下降沿触发。而判断某一异步二进制计数器逻辑电路是加法计数还是减法计数，只要看低位输出（Q，$\overline{Q}$）与高位时钟（C）连接线的两端，若连接线的一端有圈，另一端无圈，则为加法计数；若连接线的两端均有圈或均无圈，则为减法计数。

表 2.3.14　3 位二进制减法计数

计数脉冲	Q_2	Q_1	Q_0
0	0	0	0
1	1	1	1
2	1	1	0
3	1	0	1
4	1	0	0
5	0	1	1
6	0	1	0
7	0	0	1
8	0	0	0

③ 同步二进制加法计数器。如图 2.4.19 所示为同步 3 位二进制加法计数器，从图 2.3.19 中可以看出，3 个 JK 触发器都接成 T 触发器，各级触发器的时钟端连在一起，受同一个触发

脉冲 CP 控制，显然各触发器状态更新时步调一致且 CP 同步，故为同步计数器。同步 3 位二进制加法计数器的逻辑状态和时序图与异步 3 位二进制加法计数器完全相同，不同的是同步计数器各触发器的状态更新受同一个 CP 控制，减少了前后级触发器之间的传输时间，提高了工作速度。

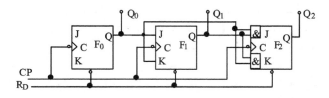

图 2.3.19　同步 3 位二进制加法计数器逻辑图

（3）十进制计数器

十进制是人们日常生活和工作中熟悉和习惯使用的计数方式，所以十进制计数器的使用十分广泛。如图 2.3.20 所示为用反馈复位法构成的异步十进制加法计数器，由 4 个触发器构成的异步 4 位二进制和一个与非门组成，与非门的输出反馈至触发器的复位端（R_D），当与非门的输入全 1 时，输出为 0 并将计数器清 0（即反馈复位）。

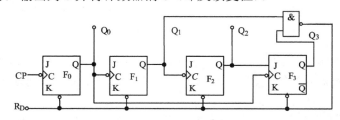

图 2.3.20　异步十进制加法计数器

设计数器初始状态为 $Q_3Q_2Q_1Q_0 = 0000$，在触发器 F_3 翻转之前，即从 0000 起到 0111 为止，$\bar{Q}_3 = 1$，F_0、F_1、F_2 的翻转情况与 3 位异步二进制加法计数器相同。第 7 个计数脉冲到来后，计数器状态变为 0111，$Q_2 = Q_1 = 1$，使 $J_3 = Q_2Q_1 = 1$，而 $K_3 = 1$，为 F_3 由 0 变 1 准备了条件。第 8 个计数脉冲到来后，4 个触发器全部翻转，计数器状态变为 1000。第 9 个计数脉冲到来后，计数器状态变为 1001。这两种情况下 $\bar{Q}_3$ 均为 0，使 $J_1 = 0$，而 $K_1 = 1$。所以第 10 个计数脉冲到来后，Q_0 由 1 变为 0，但 F_1 的状态将保持为 0 不变，而 Q_0 能直接触发 F_3，使 Q_3 由 1 变为 0，从而使计数器恢复到初始状态 0000。异步十进制加法计数器计数规律如表 2.3.15 所示。图 2.3.21 为异步十进制加法计数时序图。

表 2.3.15　异步十进制加法计数

计数脉冲	8421 编码				十进制数
	Q_3	Q_2	Q_1	Q_0	
0	0	0	0	0	0
1	0	0	0	1	1
2	0	0	1	0	2
3	0	0	1	1	3
4	0	1	0	0	4

续表

计数脉冲	8421 编码				十进制数
	Q_3	Q_2	Q_1	Q_0	
5	0	1	0	1	5
6	0	1	1	0	6
7	0	1	1	1	7
8	1	0	0	0	8
9	1	0	0	1	9
10	0	0	0	0	0

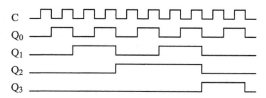

图 2.3.21 异步十进制加法计数时序图

3. 寄存器

在数字系统中，常需将数码或运算结果等暂时存放起来，寄存器就是能暂时存放数码的逻辑部件，一个具有记忆功能的触发器能存储 1 位二进制数码，是最简单的寄存器，若需存储 N 位二进制数码，则应有 N 个触发器。

寄存器具有接收数码、存放数码、移动数码和输出数据的功能。寄存器按功能分为移位寄存器和数码寄存器。

（1）4 位右移寄存器

如图 2.3.22 所示为 4 位右移移位寄存器（虚线部分）的电路图。由图 2.3.21 可知，按下 K_1 键可将寄存器清零，右移数据 D_i 由 K_2 确定，数据何时存入由 K_3 确定。如要将 $D_3D_2D_1D_0 = 1000$ 送到寄存器，第一步先送 $D_3 = 1$，将 K_2 拨向上，当按一次 K_3 时，LED_0 点亮（即将最高位 D_3 送入 Q_0），同时寄存器内部状态右移一次，$Q_0 \rightarrow Q_1$，$Q_1 \rightarrow Q_2$，……；第二步再送 $D_2 = 0$，将 K_2 拨向下，当按一次 K_3 时，将 $D_2=0$ 送入 Q_0，同时原 $Q_0=1$ 右移至 Q_1。依此类推，每按动一次 K_3，被寄存的数码就从高位到低位逐一移入 Q_0，同时寄存器内的数码依次右移一位。经过 4 个移位脉冲，数码 D_3 移到了 Q_3 端，使 $D_3D_2D_1D_0 = 1000$，这组数码可以从寄存器的输出端并行输出，也可再经过 4 个脉冲作用，从 Q_3 端串行输出 1000，如表 2.4.16 所示。故移位寄存器又称为串行输入/并行输出寄存器。

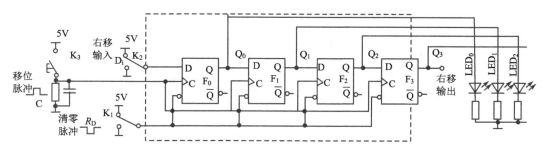

图 2.3.22 4 位右移移位寄存器

表 2.3.16　右移移位寄存器的状态变化

被寄存数	按下 K_3	现　象				寄存器内容				说　明
D_i	CP	LED_0	LED_1	LED_2	LED_3	Q_0	Q_1	Q_2	Q_3	数据送入前，按下 K_1 清 0，LED 全暗。被寄存数从高位到低位依次送至 Q_0，经 4 次右移将被寄存数码存入寄存器，Q_3 Q_2 Q_1 Q_0=1000
1	↑	亮	暗	暗	暗	1	0	0	0	
0	↑	暗	亮	暗	暗	0	1	0	0	
0	↑	暗	暗	亮	暗	0	0	1	0	
0	↑	暗	暗	暗	亮	0	0	0	1	

（2）4 位左移移位寄存器

若被寄存数码从低位到高位依次从右边 F_3 的 D 端输入，各触发器按左移方向串接，则构成左移移位寄存器，如图 2.3.23 所示。表 2.3.17 为左移寄存器的数码移动情况。

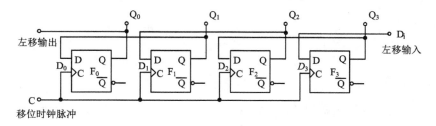

图 2.3.23　左移移位寄存器

表 2.4.17　左移移位寄存器的状态变化

被寄存数	移位时钟	寄存器内容			
D_i	CP	Q_0	Q_1	Q_2	Q_3
0	↑	0	0	0	1
0	↑	0	0	1	0
0	↑	0	1	1	1
1	↑	1	0	0	0

（3）数码寄存器

用于存储二进制数码的寄存器称为数码寄存器。如图 2.3.24 所示为由 4 个 D 触发器组成的 4 位数码寄存器，4 个 D 触发器的时钟脉冲 CP 输入端连在一起，作为接收数码的控制端，上升沿有效。F_0～F_3 为寄存器的数码输入端，Q_0~Q_3 是数码并行输出端。各触发器的复位端连在一起，作为寄存器的总清零端，低电平有效。

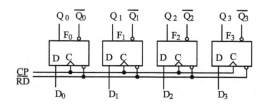

图 2.3.24　4 位数码寄存器

无论寄存器中原来的内容是什么，只要送数控制时钟脉冲 CP 上升沿到来，加在并行数据输入端的数据 $D_0 \sim D_3$，就立即被送入进寄存器中，即有：$Q_3^{n+1}Q_2^{n+1}Q_1^{n+1}Q_0^{n+1} = D_3D_2D_1D_0$。由于数码寄存器被存储数码同时从各触发器的 D 端输入，又同时从各 Q 端输出，故又称并行输入、并行数码寄存器。

五、任务评价

1．评价标准

（1）仪器类型及连接方法

A 级：正确选用示波器测量信号的波形、周期和幅度，选择示波器或者万用表判断逻辑电平的高低，并且正确连接仪器设备与测试点。

B 级：选错一种仪器，但能用其他设备代替的，能正确连接仪器设备与测试点。

C 级：错误选择仪器类型，但知道怎样连接仪器设备与测试点。

D 级：不知道该怎样选择仪器，也不知道该如何进行连接。

（2）仪器使用

A 级：仪器各量程、挡位正确设置，输出信号波形稳定，示波器屏幕上显示波形个数为 2~4 个，幅度为 4~6 div，万用表指针偏转合理（数字万用表显示读数合理）。

B 级：仪器各量程、挡位基本设置正确，输出波形不稳定，示波器屏幕显示波形个数和幅度合理，万用表使用正确。

C 级：仪器量程、挡位设备设置不够合理，输出信号波形稳定，示波器屏幕显示波形个数超过 4 个或幅度小于 4div，或幅度超出整个屏幕，万用表使用正确。

D 级：不会设置仪器量程、挡位，输出波形不稳定，波形个数和幅度均不合理，不会使用万用表。

（3）数据测试与记录

A 级：测试方法正确，会读取测试数据，所记录数据与实测数据一致，书写规范，单位正确。

B 级：测试方法正确，会读取测试数据，所记录数据与实测数据基本一致，书写规范，单位正确。

C 级：测试方法正确，会读取测试数据，所记录数据与实测数据不一致，书写不规范，单位不正确。

D 级：测试方法不正确，不会读取测试数据。

2．评价基本情况

循环灯控制器电路的测量与调试评价表如表 2.3.18，评分等级见表 2.3.19。

表 2.3.18　循环灯控制器电路的测量与调试评价表

任务名称			循环灯控制器电路的测量与调试	评分记录
序号	评价项目	配分	评分细则	得分
1	仪器类型及连接方法	15	正确选用示波器测量信号的波形、周期和幅度，选择示波器或者万用表判断逻辑电平的高低，并且正确连接仪器设备与测试点	
			选错一种仪器，但能用其他设备代替的，能正确连接仪器设备与测试点	
			错误选择仪器类型，但知道怎样连接仪器设备与测试点	
			不知道该怎样选择仪器，也不知道该如何进行连接	

任务名称			循环灯控制器电路的测量与调试	评分记录
序号	评价项目	配分	评分细则	得分
2	仪器使用	15	仪器各量程、挡位正确设置，输出信号波形稳定，示波器屏幕上显示波形个数为2~4个，幅度为4~6 div，万用表指针偏转合理（数字万用表显示读数合理）	
			仪器各量程、挡位基本设置正确，输出波形不稳定，示波器屏幕显示波形个数和幅度合理，万用表使用正确	
			仪器量程、挡位设备设置不够合理，输出信号波形稳定，示波器屏幕显示波形个数超过4个或幅度小于4div，或幅度超出整个屏幕，万用表使用正确	
			不会使用仪器	
3	数据测试与记录	60	测试方法正确，会读取测试数据，所记录数据与实测数据一致，书写规范，单位正确	
			测试方法正确，会读取测试数据，所记录数据与实测数据基本一致，书写规范，单位正确	
			测试方法正确，会读取测试数据，所记录数据与实测数据不一致，书写不规范，单位不正确	
			测试方法不正确，不会读取测试数据	
安全文明操作	仪器工具的摆放与使用和维护情况	10	1. 工作台上的工具按要求摆放整齐，工作完成后台面整洁卫生。每错误一处扣2分 2. 注意用电安全，各工具的使用应符合安全规范，每错误一处扣5分	
合计		100		
教师总体评价				

表 2.3.19　循环灯控制器电路的测量与调试评分等级表

评价分类	A	B	C	D
仪器类型及连接方法				
仪器使用				
数据测试与记录				

六、任务小结

1. 总结在循环灯控制器电路的测量与调试过程中所出现的问题以及解决方法。

2. 简要叙述在完成本任务的学习后有哪些收获，归纳总结任务中所用到的知识和技能。

电路的检测

项目 3.1　直流稳压电源的检测

一、任务名称

本项目为直流稳压电源的检测。经过一段时间的使用或在安装与调试过程中，直流稳压电源可能出现故障，使直流稳压电源不能正常工作，这时必须对电路进行检测，也就是要对电路进行检测维修，排除故障，保证电路继续工作。

二、任务描述

对直流稳压电路进行检测，首先要了解直流稳压电路，确定直流稳压电路的组成部分，每部分由什么电路构成，研究单个电路的原理。本项目将研究串联型直流稳压电源电路比较常见的故障及故障的排除方法。

1. 串联型直流稳压电路必须要掌握的内容

（1）串联型直流稳压电源电路分析

串联型直流稳压电源电路原理图如图 2.1.24 所示，直流稳压电源的电路分析已经在"项目 2.1→任务 2→二、→1."中叙述，这里不再重复。

（2）串联型直流稳压电路功能的描述

串联型直流稳压电路功能的描述已经在"项目 2.1→任务 2→二、→2."中叙述，这里不再重复。

（3）直流稳压电路的测量与调整

为了确保直流稳压电路能够正常工作，也就是说当输入的直流电压发生变化或负载发生变化时，它能为负载提供基本不变的直流电压，并实现一定范围内电压值的可调整，在完成直流稳压电路的焊接与安装后，必须要对直流稳压电路进行测量和调整。一般可以使用通用仪器对直流稳压电源电路进行测量和调整，这部分内容已经在"项目 2.1→任务 2→三"中叙述，这里不再重述。

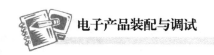

2. 直流稳压电路检测的方法

① 准确地描述电路出现故障时的故障现象。就是说要能够描述出直流稳压电路出现故障时与正常时的不同之处。

② 完成对电路的检测。使用仪器设备对电路进行测量，找出不符合电路参数要求的部位，判别出故障的电路部位。

③ 使用仪器设备，找出故障的位置或找出故障元器件，并检查落实故障的位置（元器件）。

④ 排除故障，恢复电路的功能。根据故障部位的具体情况，采用补焊、替换元器件等方法进行故障排除，恢复电路功能。

三、任务完成

下面简单了解串联型直流稳压电路的工作流程，如图 3.1.1 所示。

如图 3.1.1 所示中的任何一个环节出现问题，都有可能造成该稳压电路不能正常工作，所以对串联型直流稳压电源电路进行检修，要根据故障现象，检测各个环节，最终找出故障的元器件来，从而排除故障。

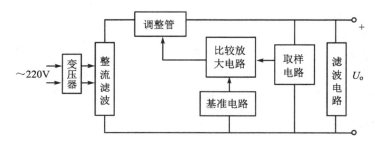

图 3.1.1 串联型直流稳压电路的工作流程

串联型直流稳压电源电路故障的检测与维修案例如下。

案例 1 串联型直流稳压电源无输出电压。

（1）故障描述

在串联型直流稳压电源电路中输出电压为零，即电路无输出，无发热现象。

（2）故障分析

分析故障出现的原因，从电路输入端分析到输出端，不难看出，如果电路存在以下几种情况中的任意一种，电路均会无输出电压。

① 变压器的次级开路。

② 桥式整流电路开路。

③ 电容 C_5 短路。

④ R_1、R_2 开路。

⑤ 电容 C_7 短路。

⑥ VT_1 发射结开路。

⑦ VT_2 发射结开路。

（3）故障排除方法及步骤

第一步：测量 VT_1 集电极对地电压。

从电路可知，VT$_1$集电极对地正常电压应等于整流、滤波部分的输出电压（即C$_5$两端的电压）。

若测得VT$_1$集电极对地电压为零，即整流、滤波后无电流输出，就说明可能是变压器T次级线圈开路，或整流电路引线开路。这几种情况中任意一种存在，都会使整流、滤波部分无电流流向稳压部分，电路就无输出电压。

若测得VT$_1$集电极对地电压正常，则进行第二步。

第二步：测VT$_1$基极对地电压。

从电路可知：VT$_1$基极对地电压正常情况下应比电路的输出电压U$_o$高出1.4V左右（VT$_1$、VT$_2$两管的发射结导通电压各取0.7V，共1.4V）。

若测得VT$_1$基极对地电压为零，则说明可能是电容C$_7$短路或电阻R$_1$、R$_2$开路。C$_7$短路使VT$_1$基极与地直接相连，VT$_1$基极对地电压为零，VT$_1$、VT$_2$组成的复合调整管处于截止状态，电路就无输出，即输出电压为零；电阻R$_1$、R$_2$开路，VT$_1$基极电流为零。

若测得VT$_1$基极对地电压正常，则说明可能是VT$_1$、VT$_2$发射结开路。VT$_1$、VT$_2$任意一个或两个的发射结开路时，复合调整管都无输出，电路输出也就为零。

（4）故障排除

按照前面故障检测的方法对电路进行检测，查出C$_5$两端有14V电压，但VT$_1$基极电压为0，说明VT$_1$基极偏置电路存在问题，检查R$_1$、R$_2$和C$_2$发现R$_1$有一引脚虚焊。重新焊接后，故障排除。

案例2 电路输出电压高于正常值且调不下来。

（1）故障描述

在串联型直流稳压电源电路中输出电压偏高，调整电位器RP，电路输出无明显减小。

（2）故障分析

分析故障出现的原因，如果滤波电容两端电压正常，则输出电压偏高是由于调整管压降减少引起的，故障一般出在稳压电路。如比较放大管VT$_3$、稳压管VZ开路，取样电路中元器件断开，都会造成输出电压偏高且调不下来的故障。

（3）故障排除方法及步骤

第一步：测VT$_1$的集电极对地电压。

VT$_1$集电极对地电压应等于整流、滤波部分的输出电压（即C$_5$两端的电压）。一般情况下，此时测得的VT$_1$集电极对地电压都是正常的。

第二步：测VZ对地电压，若测得VZ对地电压高于5.1V，说明是VZ开路或接反。这样，就会使VT$_3$的发射极对地电压升高，VT$_3$的B-E间电压V_{BE}降低，其基极电流减小，集电极电流也减小，使流过VT$_2$的基极电流增大，其集电极电流也增大，复合调整管管压降就降低，从而就使输出电压更高。

若测得VZ对地电压正常，则进行第三步。

第三步：测量VT$_3$基极对地电压。

VT$_3$基极对地正常电压应为VZ正常对地电压与VT$_3$的B-E结电压之和（5.1V+0.7V=5.8V）。

若测得VT$_3$基极对地电压不等于5.8V，则重点检查VT$_3$及其基极偏置电阻的连接情况。

（4）故障排除

按照故障检测的方法对电路进行检测，测量VT$_1$集电极电压为14V，正常，测量VZ对

地电压为稳压值 5.1V，测量 VT_3 发现基极电位不正常，检查三极管 VT_3 没问题，怀疑其基极偏置电阻有故障，仔细检查 R_7、R_8 的连接情况，发现 R_8 有一引脚虚焊，重新焊接后，故障排除。

案例 3 电流输出电压低于正常电压且调不上来。

（1）故障描述

在串联型直流稳压电源电路中输出电压偏低，调整电位器 RP 电路输出无明显变化。

（2）故障分析

分析故障出现的原因，此故障可由负载重、电流过大引起；或者整流管、滤波电容性能变差，使得带负载能力变差；或者由稳压电路中稳压管、比较放大管、调整管性能不良等原因引起。

（3）故障排除方法及步骤

第一步：断开负载测量输出电压，如果输出电压恢复正常，则故障可能在负载，应先排除负载短路等现象。

第二步：测量 VT_1 集电极对地电压，应等于整流、滤波部分的输出电压（即 C_5 两端的电压）。若测得的 VT_1 集电极对地电压低于 10V，就说明可能是整流滤波部分电路故障，如 C_5 漏电，使该部分输出电压低，电路输出电压自然就低。

若测得 VT_1 集电极对地电压正常，则进行第三步。

第三步：测量 VT_1 基极对地电压。VT_1 基极对地电压正常情况下应比电路的输出电压高出 1.4V 左右（VT_1、VT_2 两管的发射结导通电压各取 0.7V，共 1.4V）。

若测得 VT_1 基极对地电压低于正常电压，则进行第四步。

第四步：断开 VT_3 的集电极，重测 VT_1 基极对地电压。

若此时测得的 VT_1 基极对地电压还是低于正常电压，则说明是电容 C_7 漏电。由电路可知，电容 C_7 漏电，就会使 VT_1 基极对地电压降低，同样其基极电流降低，复合调整管集电极电流降低，复合调整管管压降就会升高，从而使整个电路输出电压更低。

若此时测得 VT_1 基极对地电压升高，则说明是 VZ 有短路或击穿，或是 VT_3 的 C-E 结漏电或击穿，或是电位器调节不当。VZ 有短路或击穿，VZ 对地电压必然小于其正常电压（稳压值）。此时，就会使 VT_3 的发射极对地电压降低，VT_3 的 B-E 间的电压 V_{BE} 升高，其基极电流增大，集电极电流也增大，使流过 VT_1 的基极电流减小，其集电极电流也减小，复合调整管管压降就升高，从而就使输出电压更低。当电位器往下调时，使 VT_3 基极对地电压升高，其基极电流增大，集电极电流也增大，VT_1 基极电流就减小，其集电极电流也减小，复合管管压降就升高，从而使输出电压更低。

（4）故障排除

按照故障排除方法逐步检查，发现 C_7 漏电，更换 C_7 后故障排除。

四、相关知识

1. 电子产品电路故障判断的一般方法

一般电子产品电路故障诊断过程，就是从故障现象出发，通过反复测试，做出分析判断，逐步找出故障的过程。

（1）故障产生的原因

对于定型产品使用一段时间后出现故障，故障原因可能是元器件损坏，连线发生短路或断路，或使用条件发生变化影响电子设备的正常运行。

对于新设计安装的电路来说，故障原因可能是：实际电路与设计的原理图不符；元件使用不当或损坏；设计的电路本身就存在某些严重缺点，不满足技术要求；连线发生短路或断路等。

仪器使用不正确引起的故障，如示波器使用不正确而造成的波形异常或无波形，共地问题处理不当而引起的干扰等，各种干扰引起的故障。

（2）电路故障查找的基本方法与技巧

① 直接观察法。直接观察法包括不通电检查和通电观察。不通电观察一般可以观察检查仪器的选用和使用是否正确；电源电压的数值和极性是否符合要求；熔断丝是否断开；电解电容的极性，二极管和三极管的管脚、集成电路的引脚有无错接、漏接、互碰等情况；焊点是否老化虚焊；布线是否合理；印制板有无断线；电阻、电容等元器件有无烧焦或炸裂等。通电观察主要是观察在通电的情况下元器件有无发烫、冒烟，有无焦味、打火等。

② 电阻检查法。电阻检查法是检测故障的一种基本方法，是通过测量电路中的元器件两端的直流电阻是否正常来判断故障所在的方法，一般有在线测量法和不在线测量法。在线电阻测量是指被测元器件已焊在印制电路板上，万用表测出的阻值是被测元器件阻值、万用表的内阻和电路中其他元件阻值的并联值。测量时，万用表的挡位选择技巧是选用 R×1 挡，可测量电路中是否有短路现象，是否是元器件击穿引起的短路现象；选择 R×10k 挡，可测量电路中是否有短断现象，是否是元器件击穿引起的断路现象。若电路有短路现象时，测得的阻值一般很小或为零；若电路中有断路现象时，测得的阻值一般较大。

印制电路板在制作时，腐蚀不当，会造成印制电路板某处断裂，形成很细小的裂缝，断裂地方的阻值很大，用万用表电阻档测量断裂处时表头的指针不动，如图 3.1.2 所示。

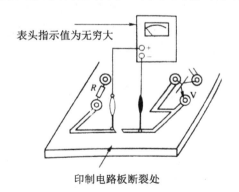

表头指示值为无穷大

印制电路板断裂处

图 3.1.2　印制电路板断裂处测试图

③ 电压测量法。电压测量法是通过测量电源电压、集成电路各脚电压、晶体管各脚电压、电路中各关键点电压正常与否来判断故障所在的方法。这种方法是最简捷、有效、迅速的方法，大部分故障根据所测得的实际电压与正常值相比较，经过分析可以较快地判断故障部位。

④ 电流检查法是通过测量电路中的直流电流是否正常来判断故障所在的方法。检查最多的是开关型稳压电源输出的直流电流和各单元电路工作电流。特别是各类输出级，如行输出级、场输出级、音频输出级、视频输出级等电路的工作电流。电流检查往往比电阻检查更

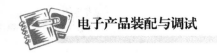

能定量反映各电路的工作正常与否。

采用电流检查法可利用电路中专门的电流测试口，只要用电烙铁断开测试口，将电流表串接在测试口中，即可测量电路中的电流。如无预留的测试口，也可人造一个测试口。另外常用的电流检查方法是电流间接测量法，就是先测直流电压，然后用欧姆定律进行换算，估算出电流的大小。采用这种方法是为了方便，不用在印制电路板上人造测试口，如图 3.1.3 所示，可以直接测量 R_4 两端的电压，即可求出发射极的电流。

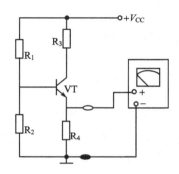

图 3.1.3　电流间接测量示意图

⑤ 短接法。短接法是用导线、镊子等导体，将电路中的某个元器件、某两点或几点暂时连接起来。短接法能检查信号通路中某个元器件是否损坏；检查信号通路中由于接插件损坏引起的故障。用导体短路某个支路或某个元器件后，该电路能恢复正常工作了，则说明故障就在被短接的支路或元器件中。

短接电路中某个元器件的技巧：在电路中要短接某个元器件，首先要弄清这个元器件在电路中的作用，从而找出信号通路中的关键元器件。所谓关键元器件，是这个元器件损坏会造成整个电路信号中断，如放大电路工作电压正常，就是无信号输出，此时应考虑是否是耦合电容失效引起的，可用一只好的电容将电路中的电容短路，短路后放大电路若有信号输出，那么说明是电容器损坏造成的，如图 3.1.4 所示。

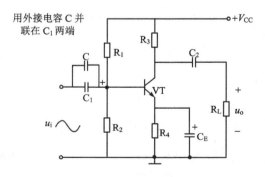

图 3.1.4　短接法示意图

数字电路中关键元器件损坏会造成电路的逻辑功能失常或控制失灵等现象，用短接法将所需逻辑电平直接送入被控制对象可以很快判断被短接部分电路或元器件是否有问题。

⑥ 信号寻迹法。信号寻迹法是对各种电路普遍适用且简单直观的方法，在动态调试中广为应用。信号注入可以是信号发生器或干扰信号。应当指出，对于反馈环内的故障诊断是

比较困难的。在这个闭环回路中，只要有一个元器件（或功能块）出现故障，往往整个回路中处处都存在故障现象。寻找故障的方法是先把反馈回路断开，使系统成为一个开环系统，然后再接入一适当的输入信号，利用信号寻迹法逐一寻找发生故障的元、器件（或功能块）。例如，图 3.1.5 是一个带有反馈的方波和锯齿波电压产生器电路，A_1 的输出信号 u_{o1} 作为 A_2 的输入信号，A_2 的输出信号 u_{o2} 作为 A_1 的输入信号。也就是说，不论 A_1 组成的过零比较器或 A_2 组成的积分器发生故障，都将导致 u_{o1}、u_{o2} 无输出波形。寻找故障的方法是，断开反馈回路中的一点（例如 B_1 点或 B_2 点），假设断开 B_2 点，并从 B_2 点与 R_7 连线端输入一适当幅值的锯齿波，用示波器观测 u_{o1} 输出波形应为方波，u_{o2} 输出波形应为锯齿波，如果 u_{o1} 没有波形或 u_{o2} 波形出现异常，则故障就发生在 A_1 组成的过零比较器（或 A_2 组成的积分器）电路上。

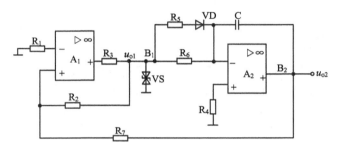

图 3.1.5　方波和锯齿波电压产生器电路

⑦ 其他故障检修方法。在查找故障的过程中，有时只用一种方法还不能解决问题，需要用其他一些方法配合，才能排除电路故障，其他常用的故障检修方法有比较法、替代法、假负载法和电路分割法等。

2. 电阻器的识别与检测

电阻是电子电路中应用最广泛的元件之一，在电路中起分压、分流阻尼、限流、负载等作用。电阻器的种类繁多，通常分为固定电阻器、可变电阻器和特种电阻器三大类。其中，固定电阻器主要有 RT 型碳膜电阻、RJ 型金属膜电阻、RY 型线绕电阻和片状电阻，它们的外形和特点如表 3.1.1 所示。

表 3.1.1　常用电阻的结构和特点

名　称	外　形	特　点
碳膜电阻		电压稳定性好，高频特性好，噪声小，价格低廉。在直流、交流电路中应用很广
金属膜电阻		电压稳定性好，精密度高，噪声小，耐高温。在各种仪表、仪器及无线电设备中应用广泛
金属氧化膜电阻		性能稳定，精密度高，噪声小，具有更高的耐压、耐热性能。大功率电阻大都是这种电阻
线绕电阻		阻值精确，稳定性好，耐热性好，功率较大。有固定式和可调式两种。缺点是体积大，成本高，有电感存在，不适用于高频电路

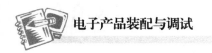

（1）固定电阻器的识别与检测

① 标称阻值的识别。电阻器上都标有电阻的数值，这就是电阻器的**标称阻值**。

我国规定了标称阻值系列如表 3.1.2 所示，电阻的阻值是表 3.1.2 所列数值的 10^n 倍，其中 n 为正整数、负数或零。例如：E24 系列中的 1.8，其标称阻值可以是 0.18Ω、1.8Ω、18Ω、$1.8k\Omega$、$18k\Omega$、$180k\Omega$、$1.8M\Omega$ 等。使用时一般采用表中系列内的阻值，非系列内的阻值通常需要订做。

表 3.1.2　电阻器标称阻值系列

系　　列	允许误差	电阻器的标称值
E24	±5%（Ⅰ）	1.0；1.1；1.2；1.3；1.5；1.6；1.8；2.0；2.2；2.4；2.7；3.0；3.3；3.6；3.9；4.3；4.7；5.1；5.6；6.2；6.8；7.5；8.2；9.1
E12	±10%（Ⅱ）	1.0；1.2；1.5；1.8；2.2；2.7；3.3；3.9；4.7；5.6；6.8；8.2
E6	±20%（Ⅲ）	1.0；1.5；2.2；3.3；4.7；6.8

电阻器标称阻值的标示方法主要有直标法、文字符号法和色标法。

直标法是把标称阻值和允许误差用数字、符号直接印在电阻表面上，如图 3.1.6 所示。

图 3.1.6　直标法

文字符号法是将整数写在单位前面，小数写在单位后面，允许误差用字母或罗马数字Ⅰ、Ⅱ、Ⅲ表示，如图 3.1.7 所示。

图 3.1.7　文字符号法

色标法是用不同颜色的色环来表示标称阻值和允许误差，并标志在电阻表面上。

普通精度的电阻用四条色环表示阻值及误差，如图 3.1.8 所示，左边（与电阻端部距离最近的）为第一色环，顺次向右为第二、第三、第四色环。各色环所代表的意义为：第一、第二色环相应地代表阻值的第一、第二位有效数字；第三色环表示第一、二位数之后加"0"的个数；第四色环代表阻值的允许误差。其四条色环所代表的意义见表 3.1.3。

图 3.1.8　电阻器四色环标志识别法

表 3.1.3　普通精度电阻色环与数值对照表

色环颜色	第一色环	第二色环	第三色环	第四色环
	第一位 有效数字	第二位 有效数字	前面两位数字后面加 0 的个数	误差范围
黑	—	0	$10^0=1$	—
棕	1	1	$10^1=10$	±1%
红	2	2	$10^2=100$	±2%
橙	3	3	$10^3=1000$	—
黄	4	4	$10^4=10000$	—
绿	5	5	$10^5=100000$	—
蓝	6	6	$10^6=1000000$	—
紫	7	7	—	—
灰	8	8	—	—
白	9	9	—	—
金	—	—	$10^{-1}=0.1$	±5%（J）
银	—	—	$10^{-2}=0.01$	±10%（K）

　　精密电阻用五条色环表示阻值及误差，如图 3.1.9 所示，方法与四色环相似，不同之处是第三色环表示第三位有效数字，第四色环表示第一、二、三位数之后加"0"的个数；第五色环表示允许误差。其五条色环所代表的意义见表 3.1.4。

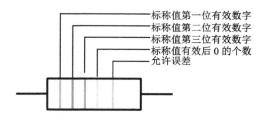

图 3.1.9　电阻器五色环标志识别法

表 3.1.4　五色环代表的意义

色环颜色	第一色环	第二色环	第三色环	第四色环	第五色环
	第一位 有效数字	第二位 有效数字	第三位 有效数字	倍乘	允许误差
黑	0	0	0	10^0	—
棕	1	1	1	10^1	±1%
红	2	2	2	10^2	±2%
橙	3	3	3	10^3	—
黄	4	7	4	10^4	—
绿	5	5	5	10^5	±0.5%
蓝	6	6	6	10^6	±0.25%
紫	7	7	7	10^7	±0.1%
灰	8	8	8	10^8	—
白	9	9	9	10^9	—
金	—	—	—	10^{-1}	
银	—	—	—	10^{-2}	

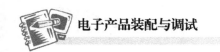

初学者在识别采用色标法表示的电阻时，往往会遇到困难，下面介绍一种速读的方法。

首先，要把颜色与代表的数字记熟，即：棕1、红2、橙3、黄4、绿5、蓝6、紫7、灰8、白9、黑0。

其次，关键是搞清第三环所表示的数量级。把其内容编成口诀为：

金色欧姆黑几十，棕为几百红是k。

几十k级橙色当，几百级是黄环。

登上兆欧涂绿彩，2环出黑是整数。

"2环出黑是整数"，指的是第二环颜色如果是黑色，那么该电阻的阻值将是整数。最后，把这两者结合起来，加上最后一环金色为Ⅰ级误差（±5%）、银色为Ⅱ级误差（±10%），就能把色环电阻的阻值和误差很快地读出来了。

② 允许误差的识别。电阻器的标称值往往和它的实际值不完全相符，实际值和标称值的偏差除以标称值所得的百分数，叫电阻的误差。

电阻的误差反映了电阻的精度。不同的精度有一个相应的允许误差，表 3.1.5 列出了常用电阻器的允许误差的等级（精度等级）。常用的普通型电阻是碳膜电阻，其允许误差为±5%；精密型电阻是金属膜电阻，其允许误差为±1%。

表 3.1.5　电阻器允许误差标志符号

允许误差/%	±0.1	±0.2	±0.5	±1	±2	±5 或 Ⅰ	±10 或 Ⅱ	±20 或 Ⅲ
文字符号	B	C	D	F	G	J	K	M
类　型	精密型				普通型			

③ 额定功率的识别。当电流通过电阻的时候，电阻便会发热。如果电阻发热的功率超出其所能承受的功率，电阻就会烧坏。电阻长时间正常工作允许所加的最大功率叫做**额定功率**。

电阻的额定功率通常有 1/8W、1/4W、1/2W、1W、2W、3W、5W、10W 等，常用的电路符号见图 3.1.10 所示。

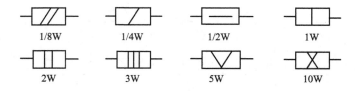

图 3.1.10　电阻器额定功率的电路符号

④ 固定电阻器的检测。最方便的办法就是使用万用表，用万用表的两个表笔直接测量电阻的两端就可以了，阻值应该与色标相差不多，一般在 5%～10%，注意阻值量程的切换。一般的电阻在线测量就可以了，在线阻值和标称阻值差别不大，但有些电路设计电阻的两端连接其他的电路形成并联，这样阻值就会降低，有些甚至降低一半还要多，那么就要用电烙铁焊起电阻的一端进行测量。大部分情况下在线测量的阻值是低于标称阻值的，因为属于并联，如果你测量出电阻高于标称阻值，那么有几点可能：一是电阻断路，二是色标看错，三是万用表错误（使用错误或者电池低）。

（2）电位器的识别与检测

电位器的种类很多，按电阻体所用材料的不同分为非线绕电位器和线绕电位器两大类。非线绕电位器又分为碳膜电位器、合成碳膜电位器、有机实芯电位器、无机实芯电位器、金属膜电位器和玻璃釉电位器等。如表 3.1.6 所示，这里介绍几种常用的电位器。

表 3.1.6　常用电位器

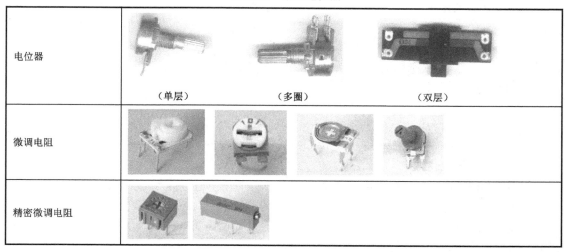

电位器	（单层）　　　　　（多圈）　　　　　（双层）
微调电阻	
精密微调电阻	

可调电位器的连接方式一般是一端固定端与可调端短路，所以在测量的时候测量这个短路端与另一端的电阻就可以了，粗略的判断一般是转动可调点，这两端的阻值发生变化，那么基本上可以断定没有问题。

可调电位器的三端分别连接的电路，可以将可调端与任一端测量即可。电路中存在电位器就说明此电路可调，至于监测点和调整参数需要有技术说明的，在未知具体参数的情况下不要随意进行调整。有些电路设定的范围很宽，在不知情的情况下调整范围很小对电路的影响不大，也就看不出什么问题。有些电路设定范围很小，稍微调整就会看到效果。所以在做电位器调整前，一定设法记住初始位置初始参数，可以记住往什么方向调整了几圈，然后在调整无效的情况下可以恢复回去。

3．电容器的识别与检测

电容器是由两个极板中间夹一层电介质构成的。给电容施加直流电压时，可发现电容上的电压随时间增加。其两端的电压按指数规律上升，说明电容有一个充电过程，它是一种储能元件。电容器在电路中用于交流信号耦合、滤波，交流信号旁路、谐振、隔直和能力交换等。

在电子电路中，电容器的种类很多，常用的电容器有：瓷介电容器、聚酯薄膜介质电容器、涤纶电容器、铝电解电容、云母电容器等，其外形标志和符号见表 3.1.7。

表 3.1.7　常用电容器

| 瓷介
电容器 | | 聚酯
电容器 | |
| 金属
电容器 | | 电解
电容器 | |

续表

涤沦 电容器		聚炳烯 电容器		
CBB 电容器		钽 电容器		
独石 电容器		微调 电容器		
双联可变 电容器				

（1）电容器的标称识别

① 标称容量和允许误差。标称容量：电容器外壳上标注的电容量，就是电容器的标称容量；允许误差：电容器允许误差的含义与电阻器相同。

表 3.1.8 是电容器标称容量系列和允许误差，使用时应按表内系列选用，否则在市场上较难购买。

表 3.1.8 电容器标称容量系列和允许误差

系　列	允许误差	电容器的标称容量
E 24	±5%(J)	1.0；1.1；1.2；1.3；1.5；1.6；1.8；2.0；2.2；2.4；2.7；3.0；3.3；3.6；3.9；4.3；4.7；5.1；5.6；6.2；6.8；7.5；8.2；9.1
E12	±10%(K)	1.0；1.2；1.5；1.8；2.2；2.7；3.3；3.9；4.7；5.6；6.8；8.2
E6	±20%(M)	1.0；1.5；2.2；3.3；4.7；6.8

电容器标称容量的标示方法主要有直标法、文字符号法、色标法和数码表示法。

直标法具体方法与电阻器的标示方法相同。有些电容器由于体积小，标注时省略了单位。具体如图 3.1.11 所示。不带小数点的整数，不标单位时其单位为 pF。有小数点的数，不标单位时其单位为 μF。

文字符号法的具体方法与电阻器的标示方法相同。整数写在单位前面，小数写在单位后面，允许误差用字母表示，具体如图 3.1.12 所示，常用的单位是：μF、nF、pF。

(a) 3300pF±10%　　　(b) 0.01μF±5%　　　　(a) 4700pF±10%　　(b) 6.8pF±5%

图 3.1.11 电容器的直标法　　　　图 3.1.12 文字符号法

色标法有色环或色点两种，具体方法与电阻器的标示方法相同。颜色符号代表的意义可参见表 3.1.3，其单位用 pF，如图 3.1.13 所示。如果某个色码环比正常色码环宽两倍或三倍，表示这两个或三个色环的颜色是相同的。

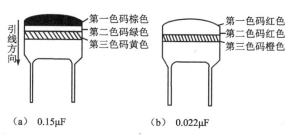

图 3.1.13   电容器色码标志识别法

数码表示法用三位数码表示，第一、二位是有效数值，第一位是十位上的数值，第二位是个位上的数值，第三位是乘以 10^n 次方。其单位是 pF，超过万位的要转化为 μF，如图 3.1.14 所示。

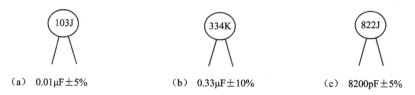

（a）0.01μF±5%   （b）0.33μF±10%   （c）8200pF±5%

图 3.1.14   电容器的数码表示法

② 额定直流工作电压（电容器的耐压值）。额定直流工作电压是指在允许的环境温度范围内，电容上可连续长期施加的最大电压。

③ 绝缘电阻。电容介质不可能绝对不导电，当电容器加上直流工作电压时，总有漏电流产生。绝缘电阻越大，漏电流越小，电容的质量越好。

（2）电容器的检测

电容器的检测是用万用表的电阻挡进行测量的，万用表等效于一个电源。测量过程相当于电源对电容进行充电的过程。

刚开始测量时，充电电流大，万用表表针的摆动幅度最大，随着电容两端的电压不断升高，充电电流逐步下降，表针慢慢向∞处退回，当电容两端电压等于电源电压时，电容充电停止，表针静止不动。这时，表针所指的电阻值就是电容器的绝缘电阻。

电容器的容量越大，充电电流越大、充电时间越长，万用表表针的摆动幅度越大；电容器的容量越小，充电电流越小、充电时间越短，万用表表针的摆动幅度越小。

测量时，选择电阻挡量程越大（如 R×10k 挡），充电电流越小；选择电阻挡量程越小（如 R×1 挡），充电电流越大。

① 根据电容器的标称容量选择合适的量程挡。

选择量程的原则：电容器容量越大，选择的量程挡应越小；无极电容器容量较小，一般选择 R×10k 挡测量。具体见表 3.1.9。

表 3.1.9   固定电容器测量选择量程的原则

电容容量/μF	欧姆量程挡
1μF 以下	R×10k 挡
1～47μF	R×1k 挡
47～470μF	R×100 挡
1000μF 以上	先用 R×10 或 R×1 挡，再用 R×1k 挡

② 绝缘电阻的测量。测量电容器的绝缘电阻，绝缘电阻越大，质量越好，绝缘电阻越小，漏电越大。

a．电解电容器极性判别。电解电容器绝大部分是有极性的。在外壳上，一般用"–"表示负极。如果无"–"标志，那么金属外壳就是负极，与金属壳绝缘的焊片或引线就是正极；未经使用的电容器还可从引脚的长短来判断极性，一般长脚为正极、短脚为负极。

如果无法从外观上识别正、负极性，可以根据电解电容正向连接时绝缘电阻大、反向连接时绝缘电阻小的特征判别。用万用表正负表笔交换来测量电容的绝缘电阻，绝缘电阻大的一侧，黑表笔接的就是正极（因为黑表笔与万用表内电池的正极相接），另一极就是负极。

b．电解电容器绝缘电阻的测量。万用表黑表笔接电容器的正极，红表笔接电容器的负极，表针先向电阻为0的方向摆去，再向电阻为∞的方向退回，表针最后停下来所指的阻值就是电容器的正向绝缘电阻。

c．无极性电容器的测量。测量时表笔不用分极性，具体方法与有极性电容器的测量方法相同。

③ 电容器的常见故障：开路、短路、漏电、失效。

a．正常：表针向电阻为零的方向摆动并反方向退回，最后在电阻为∞处，说明绝缘电阻为∞。绝缘电阻越接近∞，质量越好。

无极性电容器（1μF以下）的绝缘电阻一般接近∞，电解电容一般在几兆以上；电解电容器的容量越小，绝缘电阻越大；电解电容器的容量越大，绝缘电阻越小。

b．开路：对0.047μF以上的电容器，应看表针有轻微摆动，并返回电阻为∞处，若指针不摆动，说明其开路。

测量5100pF～0.047μF的电容器时，应看到表针有轻微摆动，并返回电阻为∞处，若指针不摆动，说明该电容器开路。

对5100pF以下的电容器，由于容量太小，充电时间极短，观察不到表针是否摆动，不能误作开路。

c．短路：表针向电阻为0的方向摆动，并停留在0Ω处不向后退回，说明该电容短路。

d．漏电：表针向电阻为0的方向摆动并向后退回，但不能返回电阻为∞处，说明该电容漏电。

e．失效：严重的容量不足相当于开路。相同容量的两只电容，用相同的量程挡测量，表针向右摆动的幅度小的，说明该电容容量不足。

④ 可调电容器的测量。

a．由于可调电容器容量通常比较小，一般使用R×10k挡进行测量。

b．首先区分电容器的动点和两个定点，见图3.1.15，两支表笔分别接触可变电容（或微调电容）的动片和定片，缓慢地来回旋转转轴，观察表针摆动的情况。正常情况下表针应始终保持不动。

c．可调电容器的常见故障：碰片、漏电。

正常：若表针始终静止不动，则无碰片、漏电现象，说明该可调电容器正常。

碰片：若旋转到某一角度时，表针摆向0Ω处，说明此处碰片。

漏电：若旋转转轴时，表针出现轻微摆动，说明该电容有漏电现象。

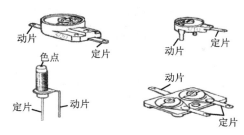

图 3.1.15　微调电容器

五、任务评价

1. 评价标准

（1）描述故障部位及故障现象

A 级：能正确描述故障部位及故障现象。

B 级：能基本描述故障部位及故障现象。

C 级：只能模糊描述故障部位及故障现象。

D 级：不能描述故障部位及故障现象。

（2）判断元器件损坏部位

A 级：能准确分析描述故障并确定电路损坏部位。

B 级：只能简单分析描述故障并确定电路损坏部位。

C 级：只能描述故障并确定电路损坏部位。

D 级：不能分析描述故障并确定电路损坏部位。

（3）使用仪器设备对电路进行检查

A 级：能正确使用仪器设备对电路进行检查，排除整流滤波电路、稳压电路等电路故障。

B 级：能正确使用仪器设备对电路进行检查，排除稳压电路故障。

C 级：能正确使用仪器设备对电路进行检查，排除整流滤波电路故障。

D 级：不会使用仪器设备对电路进行检查。

（4）故障位置（元器件）的判定

A 级：能正确判定元器件。

B 级：只能排除部分故障元器件。

C 级：不能排除故障元器件。

D 级：没有找到故障元器件。

（5）更换损坏元器件，重现电路功能

A 级：能找出故障元器件并能将它焊下来，将好的元器件正确焊上，使电路恢复功能。

B 级：能找出故障元器件并能将它焊下来，能将元器件正确焊上，但电路功能工作不稳定。

C 级：能找出故障元器件并能将它焊下来，但不能正确焊上，电路功能无法恢复。

D 级：不会更换元器件。

2. 评价记录

经过以上检测项目的训练，可以把评价结果归纳在表 3.1.10 中，学生在完成这一项目后，可以从表中看到这一项目训练的总体评价情况。

表 3.1.10　直流稳压电源故障检测与排除评价记录表

故　　障		评价分类		评价等级	
案例 1	故障描述	A	B	C	D
	器件损坏部位				
	仪器使用				
	故障元器件判定				
	恢复电路功能				
案例 2	故障描述				
	器件损坏部位				
	仪器使用				
	故障元器件判定				
	恢复电路功能				
案例 3	故障描述				
	器件损坏部位				
	仪器使用				
	故障元器件判定				
	恢复电路功能				
教师总体评价					

六、任务小结

1．分析总结直流稳压电源电路可能出现的故障现象。

2．归纳小结完成本任务所用到的知识与技能。

项目 3.2　音频功率放大电路的检测

一、任务名称

本项目为音频功率放大器电路的检测。经过一段时间的使用或在安装与调试过程中，音频功率放大器电路可能出现问题或故障，使音频功率放大器电路不能正常工作，这时必须对电路进行检测，也就是要对电路进行检测维修，排除故障，保证电路继续工作。

二、任务描述

对音频功率放大器电路进行检测，首先要了解音频功率放大器电路的组成部分，每部分由什么电路构成，最后研究单个电路的工作原理。本项目将研究音频功率放大器电路比较常见的故障及故障检查、排除的方法。只有了解音频功率放大器电路，才能进行故障的检测与排除。

音频功率放大器电路是由前置放大级、功率输出级和电源电路等部分组成的,如图 2.2.34 所示。音频功率放大器电路工作流程框图如图 3.2.1 所示,因为这部分电路在"项目 2.2→任务 3→二、"中已经详述,这里不再重述。

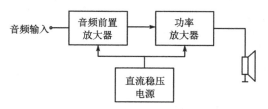

图 3.2.1　音频功率放大器电路工作流程框图

1. **音频功率放大器电路必须掌握的内容**

（1）音频功率放大器电路分析

音频功率放大器电路分析已经在"项目 2.2→任务 3→二、→1."中叙述,这里不再重述。

（2）音频功率放大器电路功能

音频功率放大器电路功能说明已经在"项目 2.2→任务 3→二、→2."中叙述,这里不再重述。

（3）音频功率放大器电路功能的测量与调整

为了确保音频功率放大器电路能够正常工作,也就是说要能够实现声音信号的放大、音量可调,失真小,在完成音频功率放大器电路的焊接与安装后,必须对音频功率放大器电路进行测量和调试。使用通用仪器即可完成该电路的测量、调整和故障检修等工作。这部分内容在"项目 2.2→任务 3→三、"中已经详述,这里不再重复。

2. **音频功率放大器电路检测的方法**

① 准确地描述电路出现故障时的故障现象。就是说要能够描述出音频功率放大器电路出现故障时与正常时的不同之处。

② 完成对电路的检测。使用仪器设备对电路进行测量,找出不符合电路参数要求的部位,判别出故障的电路部位。

③ 使用仪器设备,找出故障的位置或找出故障元器件,并检查落实故障的位置(元器件)。

④ 排除故障,恢复电路的功能。根据故障部位的具体情况,采用电压法、信号跟踪法、补焊、替换元器件等方法进行故障排除,恢复电路功能。

三、任务完成

音频功率放大器电路的故障检测与维修案例如下。

案例 1 完全无声故障。

（1）故障描述

接上电源,音频功率放大器扬声器无任何信号和噪声,调整音量电位器,电路无变化。

（2）故障分析

功率放大电路出现完全无声故障,包括两个声道或一个声道的扬声器无任何声音。其故障原因是功率放大电路中的电源电路或功放电路本身出现了故障。其中可能有:

① 电源电路故障,导致功率放大器无直流工作电压;

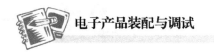

② 信号输入回路开路性故障；

③ 前置放大级电路故障；

④ 功放集成击穿或开路，导致功率放大器无法正常工作；

⑤ 功放输出回路开路，如输出端耦合电容开路，扬声器线路故障等。

可用电压法或信号法进行故障排除。采用电压法进行故障排除，用万用表实测故障电路，对数据有差异的电路进行分析、判断，最终找出故障所在。

若通过电压法不能查找出故障，可采用信号跟踪法。从音频功率放大器输入端输入 1kHz 的正弦信号，用示波器逐级检测电路输入、输出波形是否正常，直至找出故障所在。

（3）故障检修的方法和步骤

检修时应先检查功放与音源设备（信号输入）和音箱（信号输出）的连接是否正常，然后再检查电源电路。可用万用表测量电源插头两端的直流电阻值，正常时应有数百欧姆的电阻值。若测得阻值偏小许多，且电源变压器严重发热，说明电源变压器的初级回路有局部短路处；若测得阻值为无穷大，应检查变压器初级绕组是否开路、电源线与插头之间有无断线。

若电源插头两端阻值正常，可通电测量电源电路各输出电压是否正常。由图 2.2.34 音频功率放大器电路原理图可知，在变压器次级应该测得双 12V 交流电压，C_3 正极测得+12V、C_4 负极测得−12V 供电电压送至前置放大集成 NE5532 的 4 脚和 8 脚，TDA2030A 的 5 脚和 3 脚。如没有直流工作电压，则要用电压检测法检测电压供给电路及电源电路。若有直流工作电压，应检查功率放大器输出端的直流电位是否正常（输出端电压正常应为 0V），如不正常，故障可能在功放电路及其外围电路。

检测功放电路及其外围电路可以用干扰法或信号追踪法确定故障的部位。在图 2.2.34 所示电路中，先用万用表欧姆挡 R×1k 挡，红表笔接地，用黑表笔先点触扬声器，两只扬声器分别查找，同时听扬声器是否发出“喀、喀”声，如无此声，那么故障在扬声器。如有声，再点触 TDA2030A 集成电路的 1 脚。听扬声器中是否发出“喀、喀”声，如无此声，那么故障在集成电路到扬声器的电路中。当故障部位确认后，应重点检查集成电路的外围元件是否有元件开路、损坏、扬声器线路是否断开等。

如果只有一个声道完全无声，可先将两个声道的扬声器对调试听，以确定扬声器是否有故障。如对调后故障依旧，说明该声道功率放大电路有故障。检查时，将有故障声道与正常声道的对应点（管脚）电压进行对比，可快速发现故障点。

注意：

用万用表直流电压挡测量集成电路某个引脚电压时，发现不正常，而又不能马上断定是集成电路损坏，要测量与其相关的外围元件是否损坏才能下结论。

（4）故障排除

根据故障检修的方法和步骤，检查输入信号、输出信号与功放放大连接，没发现问题，静态测试正常，电源电路有±12V 电压输出，NE5532 集成的 8 脚和 TDA2030A 的 5 脚有+12V 电压供电、NE5532 集成的 4 脚和 TDA2030A 的 3 脚有−12V 电压。然后采用信号输入法从音频功率放大器输入端输入 1kHz 的正弦信号，逐级用示波器，发现信号不能到达前置放大级，由此判断故障在信号输入回路，经检测发现音量电位器损坏，更换电位器后，故障排除。

案例2 左声道有声，但声音很小，右声道嗡嗡声。

（1）故障描述

接通电源，功率放大器左声道有声音信号输出，但声音很小，另一声道听到较强的电流声（嗡嗡声）。

（2）故障分析

从故障现象可知，功放的输出回路没有开路。故障原因可能是前置放大电路、功率放大电路、电源电路供电或输入回路有问题。

（3）故障检修

检修方法和步骤与案例 1 所描述的基本相同，先进行静态测试，再采用信号跟踪法，对功放各级电路进行信号测试，一般可迅速找到故障。

（4）故障排除

接通电源，先进行静态测试，电源电路正常，但左声道 NE5532 的 4 脚供电为 0V，正常应该为-12V，查供电回路，发现电阻 R_5 有一引脚上的焊盘脱落，进行修复后，故障排除。

案例 3 功放右声道音轻。

（1）故障描述

接通电源，功率放大器左右声道有声音信号输出，但右声道明显音轻。

（2）故障分析

从故障现象可知，功放的输入、输出回路没有开路。故障原因可能是某个放大级放大量变化或在某个环节被衰减，使放大器的增益下降或输出功率变小。

（3）故障检修

检修时，首先应检查信号源和音箱是否正常，可用左、右声道替换的办法来检查。然后检查微调开关和音量电位器，看音量能否变大。

若以上各部分均正常，应判断出故障是在前级还是在后级电路。对于某一个声道音轻，可将其前级电路输出的信号交换输入到另一声道的后级电路，若音箱的声音大小不变，则故障在后级电路；反之，故障在前级电路。

后级放大电路造成的音轻，主要有输出功率不足和增益不够两种原因。可用适当加大输入信号的方法来判断是哪种原因引起的。若加大输入信号后，输出的声音足够大，说明功放输出功率足够，只是增益降低，应着重检查继电器触点有无接触电阻增大、输入耦合电容容量减小、隔离电阻阻值增大、负反馈电容容量变小或开路、负反馈电阻阻值增大或开路等现象。若加大输入信号后，输出的声音出现失真，音量并无显著增大，说明后级放大器的输出功率不足，应先检查放大器的正、负供电电压是否偏低（若只是一个声道音轻，可不必检查电源供电）、功率管或集成电路的性能是否变差、发射极电阻阻值有无变大等。

（4）故障排除

接通电源，用左、右声道替换的办法来检查信号源和音箱，右声道音轻故障没改变，静态测试各个引脚供电正常，采用信号输入法从音频功率放大器输入端输入 1kHz 的正弦信号，逐级用示波器进行观察，发现右声道 TDA2030A 集成输出 3 脚信号波形明显比左声道输出信号波形幅度要小，由此判断故障在右声道功率放大电路部分，测试 TDA2030A 另外三脚都是零电压，判定 TDA2030A 没问题。问题出在 TDA2030A 外围元件，由电路可知，R_{19} 为反馈电阻，R_{19}/R_{18} 决定 TDA2030A 芯片的放大倍数，采用替换法更换反馈电阻 R_{19}，故障排除。

四、相关知识

1. TDA2030A 的检测

在音频功率放大器中检测功放部分电路时，TDA2030A 是比较容易损坏的器件，除了信

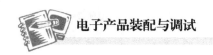

号注入法，还可以用以下方法快速判断 TDA2030A 的好坏。

首先检测 TDA2030A 芯片的供电是否正常，即 5 脚为正 12V，3 脚为负 12V。在没有信号输入的情况下，另外三脚应该是零电压的。如果测得第 4 脚（功放输出）有直流电压输出，（甚至达到 12V 左右），确定芯片已经损坏。特别需要留意的一点：TDA2030A 的引脚 3 与散热接触面是连通的，如果散热面与散热板之间没有垫绝缘片，维修时要切记：散热板不要碰到地线或者电源线，否则有可能导致芯片损坏。

2. 集成电路的检测

集成电路常用的检测方法有在线测量法、非在线测量法（裸式测量法）和代换法。在线测量法是通过万用表检测集成电路在路（在电路中）直流电阻，对地交、直流电压及工作电流是否正常，来判断该集成电路是否损坏，这种方法是检测集成电路最常用和实用的方法；非在线测量法是在集成电路未接入电路时，通过万用表测量集成电路各引脚对应于接地引脚之间的正、反向直流电阻值，然后与已知正常同型号集成电路各引脚之间的直流电阻值进行比较，以确定其是否正常，非在线测量法测量示意图如图 3.2.2 所示；代换法是用已知完好的同型号、同规格集成电路来代换被测集成电路，可以判断出该集成电路是否损坏。

（1）直流电阻检测法

直流电阻检测法是一种用万用表欧姆挡直接在电路板上测量集成电路各引脚和外围元件的正、反向直流电阻值，并与正常数据进行比较，来发现和确定故障的一种方法。

使用集成电路时，总有一个引脚与印制电路板上的"地"线是连通的，在电路中该引脚称为地脚。由于集成电路内部元器件之间的连接都采用直接耦合，因此，集成电路的其他引脚与接地引脚之间都存在确定的直流电阻。这种确定的直流电阻被称内部等效直流电阻，简称内阻。当拿到一块新的集成电路时，可通过用万用表测量各引脚的内阻来判断其好坏，若与标准值相差过大，则说明集成电路内部损坏。

（2）总电流测量法

该法是通过检测集成电路电源进线的总电流，来判断测集成电路好坏的一种方法。由于被测集成电路内部绝大多数为直接耦合，被测集成电路损坏时（如某一个 PN 结击穿或开路）会引起后级饱和与截止，使总电流发生变化。所以通过测量总电流的方法可以判断测量集成电路的好坏。也可用测量电源通路中电阻的电压降，用欧姆定律计算出总电流。

（3）对地交、直流电压测量法

这是一种在通电情况下，用万用表直流电压挡对直流供电电压、外围元件的工作电压进行测量，检测集成电路各引脚对地直流电压值，并与正常值相比较，进而压缩故障范围，找出损坏元件的测量方法。

对于输出交流信号的输出端，此时不能用直流电压法来判断，要用交流电压法来判断。检测交流电压时要把万用表挡位置于"交流挡"，然后检测该脚对电路"地"的交流电压。如果电压异常，则可断开引脚连线测接线端电压，以判断电压变化是由外围元件引起，还是由集成电路引起的。

对于一些多引脚的集成电路，不必检测每一个引脚的电压，只要检测几个关键引脚的电压值即可大致判断故障位置。

（4）常用集成电路的检测

① 开关电源集成电路的检测。开关电源集成电路的关键是电源脚 V_{CC}、激励脉冲输出脚

V_{OUT}、电压检测输入脚、电流检测输入端 I_L。

② 音频功率放大集成电路的检测。音频功率放大集成电路的关键引脚是电源脚 V_{CC}、接地端 GND、输入端 IN、输出端 OUT。对引起无声故障的音频功放集成电路，测其电源电压引脚电压正常时，可用信号干扰法来检查。检查时，可用手捏金属螺丝刀金属部分碰触音频输入端，或者将指针式万用表置于 R×1Ω 挡，红表笔接地，黑表笔碰触音频输入端，正常情况下扬声器会发出较强的"喀、喀"声。

③ 单片机（微处理器）集成电路的检测。单片机（微处理器）集成电路的关键测试引脚是 V_{DD} 电源端、RESET 复位端、XIN 晶振信号输入端、XOUT 晶振信号输出端及其他各线输入、输出端。在路测量这些关键脚对地的电阻值和电压值，看是否与正常值（可从产品电路图或有关维修资料中查出）相同。不同型号微处理器的 RESET 复位电压也不相同，有的是低电平复位，即在开机瞬间为低电平，复位后维持高电平；有的是高电平复位，即在开关瞬间为高电平，复位后维持低电平。

④ 内置大功率开关管的厚膜集成电路，还可通过测量开关管 C、B、E 极之间的正、反向电阻值，来判断开关管是否正常。

⑤ 集成运算放大器电路的检测。集成运算放大器电路的检测用万用表直流电压挡，测量运算放大器输出端与负电源端之间的电压值（在静态时电压值较高）。用手持金属镊子依次点触运算放大器的两个输入端（加入干扰信号），若万用表表针有较大幅度的摆动，则说明该运算放大器完好；若万用表表针不动，则说明运算放大器已损坏。

3. 扬声器的识别与检测

扬声器俗称喇叭，是一种能够将电信号转换为声音的电声器件，是音响系统中的重要器材。

扬声器的种类很多，按其换能原理可分为电动式（即动圈式）、静电式（即电容式）、电磁式（即舌簧式）、压电式（即晶体式）等几种，后两种多用于农村有线广播网中；按频率范围可分为低频扬声器、中频扬声器、高频扬声器，这些常在音箱中作为组合扬声器使用。

按振膜形状分，主要有锥形、平板形、球顶形、带状形、薄片形等；按放声频率，可分为低音扬声器、中音扬声器、高音扬声器、全频带扬声器等。如图 3.2.2（a）所示为电磁式扬声器。

扬声器在电路原理图中常用文字符号"B"或"BL"表示，它的电路图形符号如图 3.2.2（b）所示。

（a）电磁式扬声器 　　　　　　　　　　（b）电路图形符号

图 3.2.2　扬声器

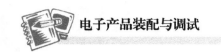

扬声器的常见故障现象为：开路故障，即两个引脚之间的电阻为无穷大，在电路中表现为无声，扬声器中没有任何响声；纸盆破裂故障，直接检查可以发现这一故障，这种故障的扬声器要更换；音质差故障，这是扬声器的软故障，通常不能发现什么明显的故障特征，只是声音不悦耳，这种故障的扬声器要更换处理。

扬声器的检测可以采用试听检查法和万用表检测法。

① 测量直流电阻：用 R×1Ω 挡测量扬声器两引脚之间的直流电阻，正常时应比铭牌扬声器阻抗（额定阻抗常见的有 4Ω、8Ω、16Ω、32Ω 等）略小。设扬声器直流电阻为 R，则其阻抗为 1.25R。例如 8Ω 的扬声器测量的电阻正常为 7Ω 左右，如图 3.2.3 所示。测量阻值为无穷大，或远大于它的标称阻抗值，说明扬声器已经损坏。

图 3.2.3　用万用表测量扬声器

② 听"喀喇喀喇"响声：测量直流电阻时，将一只表笔固定，另一只表笔断续接触引脚，应该能听到扬声器发出"喀喇喀喇"响声，响声越大越好，无此响声说明扬声器音圈被卡死或音圈损坏。

③ 扬声器极性、相位的判断。扬声器相位是指扬声器在串联、并联使用时的正极、负极的接法，当使用两只以上的扬声器时，要设法保证流过扬声器的音频电流方向的一致性，这样才能使扬声器的纸盆振动方向保持一致，不至于使空气振动的能量被抵消，不至于降低放音效果。为能做到这一要求，就要求串联使用时一只扬声器的正极接另一只扬声器的负极依次地连接起来；并联使用时，每只扬声器的正极与正极相连，负极与负极相连，这样达到了同相位的要求。

确定扬声器的正负极性，可以采用直接法，一些扬声器背面的接线支架上已经用"+""–"符号标出两根引线的正负极性，可以直接识别出来；还有可以采用视听法判别扬声器的引脚极性。将两只扬声器两根引脚任意并联起来，接在功率放大器输出端，给两只扬声器馈入电信号，两只扬声器同时发出声音。然后将两只扬声器口对口接近，如果声音越来越小，说明两只扬声器反极性并联，即一只扬声器的正极与另一只扬声器的负极相并联。

上述识别方法的原理是两只扬声器反极并联时，一只扬声器的纸盆向里运动，另一只扬声器的纸盆向外运动，这时两只扬声器口与口之间的声压减小，所以声音低。因此当两只扬声器相互接近后，两只扬声器口与口之间的声压更小，所以声音更小。

4. 压电蜂鸣片的识别与检测

压电蜂鸣片由压电陶瓷片和金属振动片黏合而成，因此又被称为 "压电陶瓷片"，主要应用在电话机、手机、定时器及玩具等电子产品中作为发声器件，如图 3.2.4 所示为几种常用的压电蜂鸣片及其电路图形符号。

压电蜂鸣片的检测可以将压电蜂鸣片平放在桌子上，在压电蜂鸣片的两极引出两根引线，两根引线分别与万用表（数字式、指针式皆可）的两表笔相接，将万用表置于最小电流挡，然后用铅笔橡皮头轻按压电蜂鸣片，若万用表指针明显摆动（数字表有显示），说明压电蜂鸣片完好；否则，说明已损坏。

（a）压电蜂鸣片 　　　　　　　　　　　　　　　　　（b）图形符号

图 3.2.4　常用的压电蜂鸣片

五、任务评价

1．评价标准

（1）描述故障部位及故障现象

A 级：能正确描述故障部位及故障现象。

B 级：能基本描述故障部位及故障现象。

C 级：只能模糊描述故障部位及故障现象。

D 级：不能描述故障部位及故障现象。

（2）判断元器件损坏部位

A 级：能准确分析描述故障并确定电路损坏部位。

B 级：只能简单分析描述故障并确定电路损坏部位。

C 级：只能描述故障并确定电路损坏部位。

D 级：不能分析描述故障并确定电路损坏部位。

（3）使用仪器设备对电路进行检查

A 级：能正确使用仪器设备对电路进行检查，排除整流滤波电路，稳压电路等电路故障。

B 级：能正确使用仪器设备对电路进行检查，排除稳压电路故障。

C 级：能正确使用仪器设备对电路进行检查，排除整流滤波电路故障。

D 级：不会使用仪器设备对电路进行检查。

（4）故障位置（元器件）的判定

A 级：能正确判定元器件。

B 级：只能排除部分故障元器件。

C 级：不能排除故障元器件。

D 级：没有找到故障元器件。

（5）更换损坏元器件，重现电路功能

A 级：能找出故障元器件并能将它焊下来，将好的元器件正确焊上，使电路恢复功能。

B 级：能找出故障元器件并能将它焊下来，能将元器件正确焊上，但电路功能工作不稳定。

C 级：能找出故障元器件并能将它焊下来，但不能正确焊上，电路功能无法恢复。

D 级：不会更换元器件。

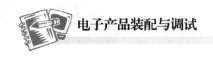

2. 评价记录

经过以上检测项目的训练，可以把评价结果归纳在表 3.2.1 中，学生在完成这一项目后，可以从表中看到这一项目训练的总体评价情况。

表 3.2.1　音频功率放大器故障检测与排除评价记录表

故障		评价分类		评价等级	
案例 1	故障描述	A	B	C	D
	器件损坏部位				
	仪器使用				
	故障元器件判定				
	恢复电路功能				
案例 2	故障描述				
	器件损坏部位				
	仪器使用				
	故障元器件判定				
	恢复电路功能				
案例 3	故障描述				
	器件损坏部位				
	仪器使用				
	故障元器件判定				
	恢复电路功能				
教师总体评价					

六、任务小结

1．分析总结音频功率放大器电路可能出现的故障现象。

2．归纳小结完成本任务所用到的知识与技能。

项目 3.3　声光控楼道灯电路的检测

一、任务名称

本项目为声光控楼道灯电路的检测。经过一段时间的使用或在安装与调试过程中，声光控楼道灯电路可能出现故障，使声光控楼道灯电路不能正常工作，这时必须对电路进行检测，也就是要对电路进行检测维修，排除故障，保证电路继续工作。

二、任务描述

对声光控楼道灯电路进行检测，首先要了解声光控楼道灯电路的组成部分，每部分由什么电路构成，最后研究单个电路的工作原理。本项目将研究声光控楼道灯电路比较常见的故障及故障检查、排除的方法。只有了解声光控楼道灯电路，才能进行故障的检测与排除。

声光控楼道灯电路是由音频放大电路、电平比较电路、延时开启电路、触发控制电路、电源电路和晶闸管主回路等组成的，如图 3.3.1 所示。

图 3.3.1　声光控楼道灯电路工作原理框图

1. 声光控楼道灯电路必须掌握的内容

（1）声光控楼道灯电路分析

① 桥式整流滤波电路。桥式整流电路是由整流桥堆 2W10（VD）组成的。其功能是将 24V 的交流电源转换为脉动直流电压，然后经 VD_6、电容 C_1 滤波获得直流电压 $1.2 \times$ 24V=28.8V，经限流电阻 R_1，使 VS 稳压二极管有 U_Z=6.2V，作为控制电路的直流电源。

② 光信号控制电路。光控制电路由 RP_1、R_2 及 CD4011 组成。光信号控制电路的工作原理：白天时，光敏电阻 RG 阻值较小，与非门 CD4011 的 2 脚为低电平 0 态，根据与非门的逻辑功能（与非门的逻辑功能为有 0 出 1，全 1 出 0）可得，CD4011 的 3 脚被锁定为高电平，与 1 脚的输入高低电平无关，即电路封锁了声音通道，使声音信号不能通过，即灯泡亮灭不受声音控制。这时，CD4011 的 3 脚输出的高电平使 CD4011 的 4 脚为低电平，隔离兼传导二极管 VD_5 截止，CD4011 输入端 8、9 脚为低电平，10 脚为高电平，送入 CD4011 的 12、13 脚，使 CD4011 的 11 脚为低电平，晶闸管 VT_1 无触发信号不导通，灯 L 不亮。夜晚，RG 因无光线照射呈高阻，约为 10MΩ，则光敏电阻的电压 U_{RG} 最小为：

$$U_{RG} = \frac{U_Z \times R_G}{R_{RP_1} + R_4 + R_G} = \frac{6.2V \times 1000000}{200000 + 1000000} \approx 5.2V$$

则与非门 CD4011 的输入端 2 脚变成高电平，CD4011 的 3 脚输出状态受 2 脚输入电平的控制，这为声音通道的开通创造了条件。

③ 声控及放大电路。声控及放大电路由驻极体话筒 BM、电阻 RP_2、RP_3、R_3、R_4、R_5、电容 C_2 和三极管 VT_2 组成。

声控及放大电路的工作原理是当没有声音时，驻极体话筒 BM 无动态信号，偏置电阻（RP_2 和 R_4）使 VT_2 工作在饱和状态，使 CD4011 的 1 脚为低电平；当有声音时，声音信号经话筒 BM 转换为电信号后经 C_2 耦合至三极管 VT_2 放大，VT_2 由饱和状态进入放大状态，其集电极由低电平转变成高电平并送入集成电路 CD4011 的 1 脚。

④ 延时控制电路。延时电路由二极管 VD_5、电阻 R_6 和电容 C_3 组成。控制电路由集成电路 CD4011、电阻 R_7 和可控硅 VT_1 组成，集成电路 CD4011 是整个电子开关的核心器件，可控硅的作用是控制开关的通断。在该电路中与非门 1 和与非门 2 组成声音信号和光信号与逻

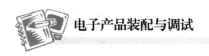

辑电路；与非门 3、与非门 4 和电阻 R_7 组成触发电路。

延时控制电路的工作原理：在白天时，与非门 CD4011 的输入端 2 脚为低电平，则 3 脚被锁定为高电平，与 2 脚的输入高低电平无关，所以电路封锁了声音通道，使声音信号不能通过，即灯泡亮灭不受声音控制。这时，CD4011 的 3 脚输出的高电平经过与非门 2、与非门 3、与非门 4 三次反相后成低电平，晶闸管 VT_1 无触发信号不导通，灯不亮；当在夜晚同时有声音信号时，与非门 CD4011 的输入端 1 脚和 2 脚都为高电平，则其 3 脚输出为低电平，再经与非门 2 反相输出高电平，通过隔离二极管 VD_5 给电容 C_3 充电，当 C_3 充电电压达到与非门 3 的阈值电平时，使与非门 4 输出高电平，即 CD4011 的 11 脚为高电平，通过 R_7 触发晶闸管 VT_1 使其导通，主回路便有较大的电流通过灯 L 使其点亮。当声音消失后，与非门 1 输入端的 1 脚变为低电平，则其输出端为高电平，从而使与非门 2 输出为低电平，VD_5 截止，因 VD_5 的阻断作用，电容 C_3 只能通过 R_6 缓慢放电，经过大约 30s 下降到与非门 3 的阈值电压以下，使与非门 4 输出低电平，当交流电过零点时，可控硅自动关断，灯 L 熄灭。

（2）声光控楼道灯电路功能

声光控电灯是一种声光控电子照明装置，它是一种操作简便、灵活、可干扰能力强、控制灵敏的声光控灯，人嘴发出声音或击掌或脚步声可作为控制信号，方便及时地打开和关闭照明装置，并有防误触发而设置的自动延时关闭功能和手动开关，使其应用更加方便。

（3）声光控楼道灯电路功能的测量与调整

为了确保声光控楼道灯电路能够正常工作，也就是说要稳定、准确地反映白天、黑夜灯的变化，在完成声光控楼道灯电路的焊接与安装后，必须要对声光控楼道灯电路进行测量和调试。使用通用仪器即可完成该电路的测量、调整和故障检修等工作。

2. 声光控楼道灯电路检测的方法

① 准确地描述电路出现故障时的故障现象。就是说要能够描述出声光控楼道灯电路出现故障时与正常时的不同之处。

② 完成对电路的检测。使用仪器设备对电路进行测量，找出不符合电路参数要求的部位，判别出故障的电路部位。

③ 使用仪器设备，找出故障的位置或找出故障元器件，并检查落实故障的位置（元器件）。

④ 排除故障，恢复电路的功能。根据故障部位的具体情况，采用补焊、替换元器件等方法进行故障排除，恢复电路功能。

三、任务完成

声光控楼道灯电路的故障的检测与维修案例如下。

案例 1 灯泡一直不亮。

（1）故障描述

晚上，在声光控楼道灯电路中让声控传感器（话筒）接收到声音信号，但灯 L 始终不亮。

（2）故障分析

从故障现象可以看出，出现此故障的原因较可能是灯泡断路，可以先检测灯泡是否烧坏。然后在确认灯泡正常的情况下，再进行电源或控制电路的检查。

（3）故障检修

先检查整流电路输出端即 VT_1 两端是否有 10V 以上的直流电压。如果没有，说明整流桥堆 2W10 或电阻或焊点出现开路性故障，或 C_1 损坏，应逐一检查确诊。若 VT_1 两端电压正常，再检查光敏电阻是否正常，光敏电阻在用黑纸包起来后测量其阻值应在 $1M\Omega$ 以上，在有光照射的情况下阻值应只有数百欧姆，否则应予更换。当确认光敏电阻正常后，用黑纸严密包裹起来，然后利用短接法在四个与非门输入端依次加入人为的触发信号，并用万用表监测其输出端电平是否改变。若不变，在外围元件正常的情况下，说明 CD4011 损坏。若证明 CD4011 正常，在 CD4011 的 11 脚有高电平输出的前提下，灯泡仍不亮，那只有是 R_3 或可控硅 VT_1 出现开路性故障。若在 CD4011 各输入端人为加入触发信号，CD4011 能正常翻转且灯泡能点亮，则应检查声控及放大电路。

声控及放大电路检查可以用示波器观察三极管 VT_2 基极的波形变化，触碰驻极体话筒，如基极电平有跳跃变化，说明问题出在三极管 VT_2；如基极电平没有跳跃变化，说明问题重点出在驻极体话筒。

（4）故障排除

按照故障检修的方法和步骤，查 C_1 两端有 18V 电压，然后将光敏电阻焊下（模拟 CD4011 的 2 脚对地为高阻），但 CD4011 的 3 脚始终输出低电平，查 8、9 脚始终为低电平，检查 C_3、R_6 正常，说明与非门 2 和与非门 3 之间存在开路性故障，检查 VD_5，果然发现 VD_5 有一个引脚虚焊，重新焊接后故障排除。

案例 2 灯泡常亮不熄。

（1）故障描述

声光控楼道灯开关电路中不论白天黑夜，有无声音信号，但灯 L 始终点亮。

（2）故障分析

灯泡常亮不熄，这种情况表明故障主要在控制电路。可先检查可控硅是否已击穿。若正常，再查 VT_2 的 C-E 极是否开路；RP_1 阻值是否增大，VT_1 是否开路。

（3）故障检修

根据故障现象，首先检查晶闸管 VT_1 是否击穿。如果 VT_1 正常，则可判断出晶闸管 VT_1 导通，与非门 CD4011 的引脚 11 为高电平，用万用表逐级往前判断 CD4011 功能是否正常，最后判断 1、2 脚的输入信号。用黑纸包住或放开光敏电阻，观察 CD4011 引脚 2 上的电平变化，如果有变化，说明光控电路是好的。此时应重点检查声控电路，按照前面所讲方法检查声控电路，然后观测引脚 1 上的电平变化。

（4）故障排除

经查与非门 4 的输出端 11 脚并未输出高电平，据此，说明可控硅击穿。该声光控电路所用的可控硅为 BT151，重新更换后，故障排除。

案例 3 灯泡点亮时间太短。

（1）故障描述

在声光控楼道灯开关电路中，灯会受声光控制，但点亮时间太短。

（2）故障分析

从故障现象可以看出，晶闸管 VT_1 导通及截止正常，与非门 CD4011 工作也正常，声控及放大电路和光控电路也起作用，所以，故障应该出在延时电路。

（3）故障检修

根据声光控楼道灯电路工作原理知道，延时电路由 R_6、C_3、VD_5 组成，其中 R_6、C_3 决定

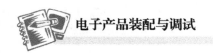

延时的时间，二极管 VD_5 保证延时电路起作用。点亮时间短，这主要是 R_6、C_3 时间常数太小。常见原因是 C_3 漏电，其次是二极管 VD_5 的反向漏电流太大，检查并更换后故障即可排除。

（4）故障排除

首先检查 C_3，发现有漏电，经更换后恢复正常。

案例 4 声光控开关灵敏度不够。

（1）故障描述

在声光控楼道灯电路中，灯能会受声光控制，但需要很响的声音才能使灯泡点亮。

（2）故障分析

从故障现象可以看出，晶闸管 VT_1 导通及截止正常，与非门 CD4011 工作也正常，声控及放大电路和光控电路也起作用，但灵敏度太低。所以，重点应该检查声控及放大电路。

（3）故障检修

对于该故障现象，只需用替换法检测驻极体话筒 BM、耦合电容 C_2、控制三极管 VT_2 等元器件，故障一般可排除。

（4）故障排除

用直观法检查话筒，发现话筒受音面布满灰尘（受音面被遮盖），经灰尘清除后，灵敏度恢复正常。

四、相关知识

1. 特殊电阻的识别与检测

特殊电阻种类较多，电子电路中应用较多的有光敏电阻、热敏电阻、压敏电阻、气敏电阻、湿敏电阻、磁敏电阻等。特殊电阻的阻值随环境的变化而变化，特殊电阻的表面一般不标注阻值大小，只标注型号。

（1）光敏电阻

光敏电阻又叫光感电阻，是利用半导体的光电效应制成的一种电阻值随入射光的强弱而改变的电阻；入射光强，电阻值减小，入射光弱，电阻值增大。光敏电阻的型号命名分为三个部分：第一部分用字母表示主称；第二部分用数字表示用途或特征；第三部分用数字表示序号，以区别该电阻的外形尺寸及性能指标。光敏电阻的详细介绍见"项目 1.3→四、→2."。

（2）热敏电阻

热敏电阻有正温度系数（PTC）热敏电阻和负温度系数（NTC）热敏电阻两种，如图 3.3.2 所示。

（a） 正温度系数（PTC）热敏电阻

图 3.3.2　热敏电阻

（b） 负温度系数（NTC）热敏电阻

图 3.3.2　热敏电阻（续）

热敏电阻在电路中用字母符号"RT+"或"R"表示，其电路图形符号如图 3.3.3 所示。

（a）　正温度系数热敏电阻符号　　　　　（b）　负温度系数（NTC）热敏电阻符号

图 3.3.3　热敏电阻电路图形符号

① NTC 热敏电阻的检测。测量时需分两步进行，第一步测量常温电阻值，第二步测量温变时（升温或降温）的电阻值，其具体测量方法与步骤如下。

常温下检测：将万用表置于合适的欧姆挡（根据标称电阻值确定挡位），用两表笔分别接触热敏电阻的两引脚测出实际阻值，并与标称阻值相比较，如果二者相差过大，则说明所测热敏电阻性能不良或已损坏，如图 3.3.4（a）所示。

在常温测试正常的基础上，即可进行升温或降温检测。加热后热敏电阻阻值减小，说明这只 NTC 热敏电阻是好的，如图 3.3.4（b）所示。

（a）　常温下检测　　　　　　　　　　　（b）　升温下检测

图 3.3.4　NTC 热敏电阻的检测

② PTC 热敏电阻的检测。同样，测量时需分两步进行，第一步测量常温电阻值，第二步测量温变时（升温或降温）的电阻值。常温检测就是在室内温度接近 25℃时进行检测，具体做法是将万用表两表笔接触 PTC 热敏电阻的两引脚测出实际阻值，并与标称阻值相比较，两者相差不大即为正常。实际阻值若与标称阻值相差过大，则说明其性能不良或已损坏。

在常温测试正常的基础上，即可进行升温或降温检测，升温具体方法是用一热源（如电烙铁）加热 PTC 热敏电阻，同时用万用表检测其电阻值是否随温度的升高而增大。如果是，则说明热敏电阻正常；若加热后，阻值无变化说明其性能不佳，不能再继续使用。

（3）压敏电阻

压敏电阻是利用半导体材料的非线性制成的一种特殊电阻，是一种在某一特定电压范围内其电导随电压的增加而急剧增大的敏感元件。压敏电阻在电路中用字母"MY"或"RV"表示，如图 3.3.5 所示。

（a）实物　　　　　　　　（b）电路图形符号

图 3.3.5　压敏电阻及其图形符号

检测压敏电阻时，将万用表设置成最大欧姆挡位。常温下测量压敏电阻的两引脚间阻值应为无穷大，若阻值为零或有阻值，说明已被击穿损坏，如图 3.3.6 所示。

（a）压敏电阻已损坏　　　　（b）压敏电阻正常

图 3.3.6　压敏电阻的检测

（4）湿敏电阻

湿敏电阻是利用湿敏材料吸收空气中的水分而导致本身电阻值发生变化这一原理而制成的电阻，如图 3.3.7 所示。

  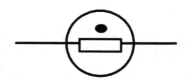

（a）实物　　　　　　　　　　　（b）电路图形符号

图 3.3.7　湿敏电阻

湿敏电阻在电路中的文字符号用字母"RS"或"R"表示。

如图 3.3.8 所示，用万用表检测湿敏电阻，应先将万用表置于欧姆挡（具体挡位根据湿敏电阻阻值的大小确定），再用蘸水棉签放在湿敏电阻上，如果万用表显示的阻值在数分钟后有明显变化（依湿度特性不同而变大或变小），则说明所测湿敏电阻良好。

图 3.3.8　湿敏电阻的检测

（5）气敏电阻

气敏电阻是利用气体的吸附而使半导体本身的电导率发生变化这一原理将检测到的气体的成分和浓度转换为电信号的电阻，如图 3.3.9 所示。

图 3.3.9　气敏电阻

气敏电阻在电路中常用字母"RQ"或"R"表示，气敏电阻电路图形符号，如图 3.3.10 所示。

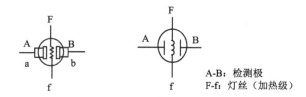

A-B：检测极
F-f：灯丝（加热级）

图 3.3.10　气敏电阻电路图形符号

检测气敏电阻时，首先判断哪两个极为加热器引脚，哪两个是阻值敏感极引脚。由于气敏电阻加热器引脚之间阻值较小，应将万用表置于最小欧姆挡。万用表两表笔任意分别接触两个引脚测其阻值，其中两个引脚之间的阻值较小，一般阻值为 30～40Ω，则这两个引脚为加热极 F、f。余下引脚为阻值敏感极 A、B。

其次检测气敏电阻是否损坏。将指针万用表置于 R×1k 挡或将数字万用表置于 20k 挡，红、黑表笔分别接气敏电阻的阻值敏感极。气敏电阻的加热极引脚接一限流电阻与电源相连，对气敏元件加热，观察万用表显示阻值变化。在清洁空气中，接通电源时，万用表显示阻值刚开始应先变小，随后阻值逐渐变大，大约几分钟后，阻值稳定。如果测得阻值为零、阻值无穷大或测量过程中阻值不变，都说明气敏电阻已损坏。在清洁空气中检测，待气敏电阻阻值稳定后，将气敏电阻置于液化气灶上（打开液化气瓶，释放液化气，不点火），观察万用表显示阻值。如果测得阻值明显减小，说明所测气敏电阻为 N 型；如果测得阻值明显增大，则说明所测气敏电阻为 P 型；如果测得阻值变化不明显或阻值不变，则说明气敏电阻灵敏度差或已损坏。

（6）磁敏电阻

磁敏电阻是利用半导体的磁阻效应制造的电阻。磁敏电阻在电路中常用符号"RC"或"R"表示，如图 3.3.11 所示。

用万用表检测磁敏电阻只能粗略检测好坏，但不能准确测出阻值。检测时，将指针万用表置于 R×1 挡，数字万用表置于 200Ω挡，两表笔分别与磁敏电阻的两引脚相接，测其阻值。磁敏电阻旁边无磁场时，阻值应比较小，此时若将一磁铁靠近磁敏电阻，万用表指示的阻值会有明显变化，说明磁敏电阻正常；若显示的阻值无变化，说明磁敏电阻已损坏。

（a）实物　　　　　　　　　　　　　（b）电路图形符号

图 3.3.11　磁敏电阻

（7）保险电阻

保险电阻又叫安全电阻或熔断电阻，是一种兼电阻器和熔断器双重作用的功能元件。保险电阻在电路中的文字符号用字母"RF"或"R"表示，如图 3.3.12 所示。

（a）实物　　　　　　　　　　　　　（b）电路图形符号

图 3.3.12　保险电阻

保险电阻检测方法与普通电阻的检测方法一样，如果测出保险电阻的阻值远大于它的标称阻值，则说明被测保险电阻已损坏。对于熔断后的保险电阻所测阻值应为无穷大。

（8）力敏电阻

力敏电阻是一种阻值随压力变化而变化的电阻，国外称为压电电阻器，如图 3.3.13 所示。所谓压力电阻效应即半导体材料的电阻率随机械应力的变化而变化的效应。力敏电阻在电路中常用符号"RL"或"R"表示。

检测力敏电阻时，将指针万用表置于 R×10 挡，数字万用表置于 200Ω挡，两表笔分别与力敏电阻两引脚相接测阻值。对力敏电阻未施加压力时，万用表显示阻值应与标称阻值一致或接近，否则说明力敏电阻已损坏。对力敏电阻施加压力，万用表显示阻值将随外加压力大小变化而变化。若万用表显示阻值无变化，则说明力敏电阻已损坏。

（a）实物　　　　　　　　　　　　　　　　　　　（b）电路图形符号

图 3.3.13　力敏电阻

2. 门电路的检测

门电路是最基本的逻辑电路，也是数字电路最基本的单元电路，最基本的门电路有与门、或门、非门三种，它们是具有多端输入（非门为单端输入）、单端输出的开关电路。按照构造方法的不同，门电路分为分立元件门电路和集成门电路。门电路常见的故障现象有：

① 门电路逻辑功能不正常，有输入信号、无输出信号或输出状态不正确；

② 输出电平不正常；

③ 器件损坏。

在应用电路中，门电路逻辑功能不正常，有输入信号、无输出信号或输出状态不正确故障，因为涉及的集成块比较多，分析、查找电路故障的方法与技巧因集成块而异。总的来说，应该非常熟悉电路的工作原理和各功能模块的工作原理，熟悉各器件的功能及性能指标。下面以 CD4011 为例进行说明。

集成电路 CD4011 是 CMOS 2 输入四与非门，在声光控楼道灯电路中所使用的 CD4011 是贴片式集成，其实物图形及外引脚排列图如图 3.3.14 所示。与非门的逻辑功能为"有 0 出 1，全 1 出 0"有故障时经常出现无论输入如何，输出都保持"1"或"0"状态，即所谓的固定电平故障。

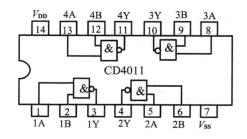

（a）贴片式 CD4011 实物　　　　　　　　　　（b）引脚排列图

图 3.3.14　CD4011 实物及引脚排列图

查找该故障的最简单的方法是感观法和替换法。感观法即仔细查看连接线有无错误，如电路的正、负电源端子引线；所使用的门电路的输入、输出引脚与其他电路的连接是否正确，会不会出现输出端接到固定的高电平或低电平这种情况。在检查连接线无误的情况下，可以考虑用同型号的集成块替换，观察是否正常，如功能正常则说明集成块坏。

门电路通常在电路中用做控制门，因此，首先查看控制端的信号是否正常，被控信号是否正常。当电路较复杂，与门电路单元的联系较多时，在对整个应用电路功能及工作原理比较熟悉的基础上，应用信号寻迹法，按照信号的流程从前级到后级，用示波器或万用表或逻

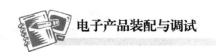

辑笔逐级逐点地检查信号的控制及传输情况，从而缩小故障范围，判断出故障所在的部位并加以确定，排除故障。

对输出电平不正常的故障，首先要明确门电路的输出电平的典型值是多少（输出高电平典型值为 3.6V，输出低电平值通常为 0.3V）。对于 CD4011，可以使用以下方法进行测试。

根据 CD4011 的引脚排列图 3.3.14（b），选择电源电压 $V_{DD}=10V$，测试 2 输入 CMOS 四与非门的主要参数。接线如图 3.3.15 所示，测出输出高电平 $U_{OH}=$_____V；接线如图 3.3.16 所示，测出输出低电平 $U_{OL}=$_____V。

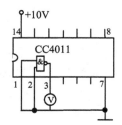

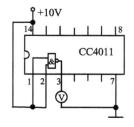

图 3.3.15　CMOS 与非门输出高电平测试图　　图 3.3.16　CMOS 与非门输出低电平测试图

对数字电路，会发现电路完全不工作或不稳定现象。出现这类情况时，多半是集成电路的管脚电平不正常，而且问题大多数出现在控制电路部分。可查找：电源电压是否超出正常范围；器件的管脚接触是否良好；提供输入信号的电路（前级电路）的带负载能力是否不强；是否因为闲置的管脚处理不当而造成干扰信号的串入等。检查的方法是用万用表检测控制电路中集成门电路的电源电压是否正常，接地是否良好，再用示波器检测电压成分中的纹波成分，以确定是否要进行电源的检修。电源电压正常后，再测量集成块各管脚的电压值是否正常，当输出脚的低电平大于 0.8V 或高电平低于 1.8V 时，容易造成电路逻辑功能的混乱、电路失控，使整个电路时而稳定、时而混乱。如果测量发现上述情况，首先用同型号的集成块进行替换，看是否恢复正常，如正常，说明器件损坏；如还不正常，应检查线路的连接，有可能是线路混线或与之相连的其他数字单元电路有故障而造成的；另外还应考虑会不会是因为该器件所带负载过重。判断是否由相连的其他电路引起的故障，可以采用分割测试法，即把外接电路断开，再检查门电路的逻辑功能是否正常，如正常则说明是外接电路引起门电路逻辑功能不正常的。

集成门电路由于使用不当，会造成集成块的损坏，主要表现在：集成块的频繁拔插，造成管脚的断裂或变形；连线时不注意，将门电路的输出端子直接接在电源或地上，通电试验前未仔细检查，这时容易造成集成器件的损坏；接线时不小心将集成块的工作电源的正、负极性端子接反，通电后造成集成门电路损坏。对于这些现象，均可采用直接观察法、功能分析法、管脚电源测量法等进行检测。

3. 光控电路电阻的检测

按图 3.3.17 所示光控电路，测试光敏电阻在亮阻/暗阻时的压降。在白天自然光照下，光敏电阻 R_G 阻值减小，这时调节 RP_1，使电压 U_{RG} 小于阈值电压 U_{OL}，用万用表直流电压挡测试，关掉电源，测量此时光敏电阻的亮阻值，将测量结果记录在表 3.3.1 中，然后用黑纸或黑胶带包住 R_G，这时 R_G 阻值增大，调整 RP_1，使电压 U_{RG} 大于阈值电压 U_{OH}，关掉电源，测量此时的 RP_1 和 R_2 的阻值（注：若调整 RP_1 不能使 $U_{RG}>U_{OH}$，则可能是 $R_{RP_1}+R_2$ 太小），并测量 R_G 暗阻，将测量结果记录在表 3.3.1 中。

4. 声电转换电路的测试

（1）根据图 3.3.18 所示的声控及放大电路测试静态参数。调节 RP$_2$，用万用表直流电压挡测试，VT$_2$ 集电极 C 的电压近似小于 U_{OH}，约为 2V。调节好后，关闭电源，用万用表电阻挡测试 RP$_2$ 和 R$_4$ 的阻值并记录于表 3.3.2 中。

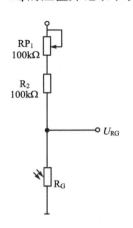

图 3.3.17　光控电路

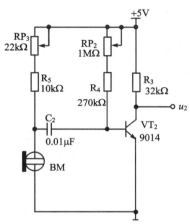

图 3.3.18　声控及放大电路

表 3.3.1　光控电路的测量

光控电路	($R_{RP_1} + R_2$)=
光敏电阻	亮阻=　　　　　暗阻=

（2）根据图 3.3.18 电路，接上电源，在无声音信号时，调节 RP$_3$ 使 BM 上电压约为 0.7V，然后不断拍手，用示波器直流电压挡观察驻极体话筒 BM 端的电压是否有动态波形输出，再观察电容 C$_2$ 输出端隔直后是否有针对零线上下波动的信号输出，若无输出可调节 RP$_3$ 或增大 RP$_3$ 再试。

（3）与放大电路 VT$_2$ 基极相连，用示波器观察集电极 C 的电压是否大于 U_{OH}，如果达到要求，关掉电源，用万用表测试 $R_{RP_3} + R_5$ 的值并记录于表 3.3.2 中。

表 3.3.2　声控电路及放大电路电阻的测量

声控电路	($R_{RP_3} + R_5$)=
放大电路	($R_{RP_2} + R_4$)=

5. 声光控楼道灯整机电路测试

整机安装完毕，保持前面所确定的参数不变，接通+24V 交流电源，进行整机测试。

（1）测试稳压管 VS 输出端应该为 $U_Z=$_____。

（2）将光敏电阻在自然光照下，用万用表测量 u_1、u_2 以及与非门 1～与非门 4 输出端电压 $u_{o1} \sim u_{o4}$ 和 u_c，并将测试结果记录于表 3.3.3 中。

表 3.3.3　电路各端电压测试记录表

序　号	测试条件	各端电压测试值/V							
1	光敏电阻受光	u_1	u_2	u_{o1}	u_{o2}	u_c	u_{o3}	u_{o4}	灯状态
2	光敏电阻不受光，有声音信号								点亮时间持续=_____s

五、任务评价

1. 评价标准

（1）描述故障部位及故障现象

A 级：能正确描述故障部位及故障现象。

B 级：能基本描述故障部位及故障现象。

C 级：只能模糊描述故障部位及故障现象。

D 级：不能描述故障部位及故障现象。

（2）判断元器件损坏部位

A 级：能准确分析描述故障并确定电路损坏部位。

B 级：只能简单分析描述故障并确定电路损坏部位。

C 级：只能描述故障并确定电路损坏部位。

D 级：不能分析描述故障并确定电路损坏部位。

（3）使用仪器设备对电路进行检查

A 级：能正确使用仪器设备对电路进行检查，排除整流滤波电路、稳压电路等电路故障。

B 级：能正确使用仪器设备对电路进行检查，排除稳压电路故障。

C 级：能正确使用仪器设备对电路进行检查，排除整流滤波电路故障。

D 级：不会使用仪器设备对电路进行检查。

（4）故障位置（元器件）的判定

A 级：能正确判定元器件。

B 级：只能排除部分故障元器件。

C 级：不能排除故障元器件。

D 级：没有找到故障元器件。

（5）更换损坏元器件，重现电路功能

A 级：能找出故障元器件并能将它焊下来，将好的元器件正确焊上，使电路恢复功能。

B 级：能找出故障元器件并能将它焊下来，能将元器件正确焊上，但电路功能工作不稳定。

C 级：能找出故障元器件并能将它焊下来，但不能正确焊上，电路功能无法恢复。

D 级：不会更换元器件。

2. 评价记录

经过以上检测项目的训练，可以把评价结果归纳在表 3.3.4 中，学生在完成这一项目后，可以从表中看到这一项目训练的总体评价情况。

表 3.3.4　声光控楼道灯电路故障检测与排除评价记录

故　　障	评价分类	评价等级			
案例 1	故障描述	A	B	C	D
	器件损坏部位				
	仪器使用				
	故障元器件判定				
	恢复电路功能				

故　　障	评价分类	评价等级		
案例2	故障描述			
	器件损坏部位			
	仪器使用			
	故障元器件判定			
	恢复电路功能			
案例3	故障描述			
	器件损坏部位			
	仪器使用			
	故障元器件判定			
	恢复电路功能			
案例4	故障描述			
	器件损坏部位			
	仪器使用			
	故障元器件判定			
	恢复电路功能			
教师总体评价				

六、任务小结

1．分析总结声光控楼道灯电路可能出现的故障现象。

2．归纳小结完成本任务所用到的知识与技能。

项目3.4　数字显示抢答器电路的检测

一、任务名称

本项目为数字显示抢答器电路的检测。经过一段时间的使用或在安装与调试过程中，数字显示抢答器出现故障，使数字显示抢答器电路不能正常工作，这时必须对电路进行检测，也就是要对电路进行检测维修，排除故障，保证电路继续工作。

二、任务描述

对数字显示抢答器电路进行检测，首先要熟悉了解数字显示抢答器电路的组成部分，每部分由什么电路构成，最后研究单个电路的工作原理。本项目将研究数字显示抢答器电路比较常见的故障及故障检查、排除的方法。只有了解数字显示抢答器电路的工作流程，才能进行故障的检测与排除。

1. 数字显示抢答器电路必须要掌握的内容

（1）数字显示抢答器电路分析

数字显示抢答器电路如图 1.4.1 所示，数字显示抢答器的电路分析已经在"项目 2.2→任务 5→1."中叙述，这里不再重复。

（2）数字显示抢答器电路功能的描述

数字显示抢答器电路功能的描述已经在"项目 2.2→任务 5→2."中叙述，这里不再重复。

（3）数字显示抢答器电路的测量与调整

为了使数字显示抢答器能正常工作，要对抢答器电路进行测量和必要的调整，检查电路的参数是否满足工作条件的要求，如果一些参数不符合要求，还要对电路进行适当的调整。一般可以使用通用仪器对直流稳压电路进行测量和调整，这部分内容已经在"项目 2.2→任务 5"中叙述，这里不再重述。

2. 数字显示抢答器电路检测的方法

① 准确地描述电路出现故障时的故障现象。就是说要能够描述出数字显示抢答器电路出现故障时与正常时的不同之处。

② 完成对电路的检测。使用仪器设备对电路进行测量，找出不符合电路参数要求的部位，判别出故障的电路部位。

③ 使用仪器设备，找出故障的位置或找出故障元器件，并检查落实故障的位置（元器件）。

④ 排除故障，恢复电路的功能。根据故障部位的具体情况，采用补焊、替换元器件等方法进行故障排除，恢复电路功能。

三、任务完成

下面简单了解数字显示抢答器电路的工作流程，如图 3.4.1 所示。

图 3.4.1 中的任何一个环节出现问题，都有可能造成该稳压电路不能正常工作，所以对串联型直流稳压电源电路进行检修，要根据故障现象，检测各个环节，最终找出故障的元器件来，从而排除故障。

数字显示抢答器电路故障的检测与维修案例如下。

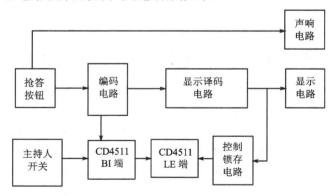

图 3.4.1 数字显示抢答器电路原理框图

案例 1 按下抢答器的 S_5 抢答键时 LED 显示器显示数字"1"。

（1）故障描述

抢答过程中，当按下抢答器的 S_5 抢答键时 LED 显示器显示数字"1"，电路能锁存，能复位。其他按键按下无故障现象。

（2）故障分析

从故障现象可看出，抢答器电路的电源电路、锁存电路、及报警电路均正常，按下 S_5 抢答键显示错误，故障有可能在开关二极管编码电路或显示电路。可先检查开关二极管编码电路，若正常，再检查数字显示电路。

（3）故障检修

根据故障现象，首先检查开关二极管编码电路。按下 S_5 键，应该输出 8421BCD 码"0101"，即用万用表测量 CD4511 的 6、2、1、7 引脚电平分别为"低、高、低、高"，否则编码电路有问题。如果测试正常，则要重点检查数字显示电路，LED 数码管是否正常。LED 显示器要显示数字"5"，则 abcdefg=1011011，可分别测量对应引脚电平是否正常，如果对应引脚的电平正常，故障在 LED 数码管；如果不正常，测试电平不正确的那条线路一般可找到故障点。

（4）故障排除

按照前面所述故障检修的方法，先检查开关二极管编码电路，按下按键开关，用万用表测试编码电路的输出，发现 S_5 按下时 2 脚电平为低，由编码电路可知，R_3 短路或 VD_6 开路、接反均有可能导致 2 脚低电平。仔细检查，发现 VD_6 有一引脚虚焊，重新进行焊接，故障排除。

案例 2 按键 S_1 能正常显示，但不能进行锁存。

（1）故障描述

按下按键 S_1，LED 数码管能正常显示数字"1"，但一松开按键，数码管马上显示数字"0"，即不能锁存，其他按键按下无故障现象。

（2）故障分析

由故障现象可知，电源电路、显示电路、报警电路均正常，因为其他按键按下无故障现象，则复位电路判定无故障，故障可能在锁存电路。

（3）故障检修

根据电路工作原理知道，锁存电路由 R_5、R_7、VD_{13}、VD_{14} 和 VT_1 组成，CD4511 的 b 端（12 引脚）电平由低变高、d 端（10 引脚）和 g 端（14 引脚）的变化将使 LE 锁定端被置高电平，使 CD4511 的数据受到锁存。因此，只要在按下按键时，分别测试 b 端、d 端和 g 端的电平变化能否使 LE 锁存端置高电平就很容易找到故障的线路，进而排除故障。

（4）故障排除

按下按键 S_1，测量 b 端为高电平，LE 端为低电平，即 b 端电平变化不能使 LE 置高；松开按键 S_1，b 端电平马上被拉低，电阻 R_7 可能一端虚接或三极管 VT_1 的 C-E 击穿或极间短路，分别检测电阻 R_7 和 VT_1，发现 VT_1 的 C-E 击穿，更换三极管 VT_1，故障排除。

案例 3 声响电路失效。

（1）故障描述

按下数字显示抢答器电路的各个开关，LED 数码管能正确显示相应的数字，锁存、复位电路均正常，但按任何按键均无声响报警。

（2）故障分析

根据故障现象很容易判断出故障在声响电路，有可能是 555 振荡电路或蜂鸣器发生故障。

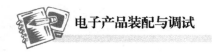

（3）故障检修

555 定时器和蜂鸣器构成抢答器声响报警电路，首先排除蜂鸣器故障，再排除 555 振荡电路故障。555 构成多谐振荡器，振荡频率 $f_{\circ} = 1.43/[(R_{16} + 2R_{17})C_1]$，其输出信号直接推动蜂鸣器。$R_{16}$ 未直接接电源，而是通过四只 1N4148 构成二极管或门电路，如图 3.4.2 所示。当有按键按下时，R_{16} 即接通电源，振荡器工作，反之，电路停振。因此，故障可能是 555 定时器外围元件有开路性故障或 555 集成器件损坏。

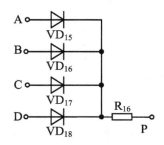

图 3.4.2　二极管或门电路

（4）故障排除

首先用万用表 R×1Ω挡测量蜂鸣器，蜂鸣器有声响发出，故障不在蜂鸣器。按下任意按键保持不松开状态，用示波器检查 555 集成定时器 U_2 的 3 脚发现无输出信号，用短接法将 V_{CC} 直接送入电阻 R_{16}，再测试 U_2 的 3 脚仍无输出信号，由此判断故障在 555 集成或其外围电路。检查外围电路发现电容 C_1 开路，重新焊好 C_1，故障排除。

四、相关知识

1. LED 数码管的识别与检测

LED 数码管是以发光二极管作为显示笔段，按照共阴或者共阳方式连接而成。将多个数字字符封装在一起成为多位数码管。

数码管按段数分为七段数码管和八段数码管，八段数码管比七段数码管多一个发光二极管单元（多一个小数点显示）；按能显示多少个"8"可分为 1 位、2 位、4 位等数码管；按发光二极管单元连接方式分为共阳极数码管和共阴极数码管；按发光强度可分为普通亮度 LED 数码显示器和高亮度数码显示器；按字高可分为 7.62mm（0.3 英寸）、12.7mm（0.5 英寸）直至数百毫米；按颜色分有红、橙、黄、绿等几种。

国产 LED 数码管的型号命名由四部分组成，各部分的组成如图 3.4.3 所示。

例如：BS12.7R—1（字符高度为 12.7mm 的红色共阳极数码管）

BS——半导体发光数码管；

12.7——12.7mm；

R——红色；

1——共阳极。

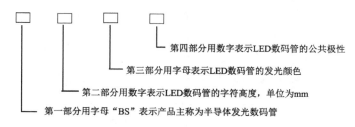

第四部分用数字表示LED数码管的公共极性

第三部分用字母表示LED数码管的发光颜色

第二部分用数字表示LED数码管的字符高度，单位为mm

第一部分用字母"BS"表示产品主称为半导体发光数码管

图 3.4.3　国产 LED 数码管的型号命名

数码管的内部连接方式见"项目 1.4→四、→3."部分内容。常用两位和四位数码管的内部连接如图 3.4.4 所示。

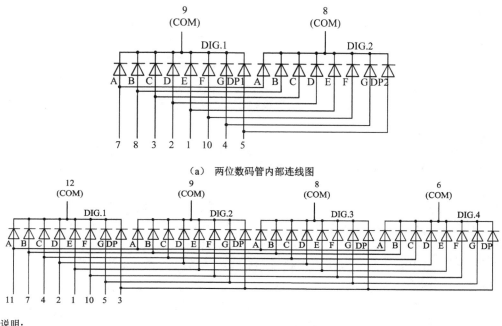

（a）　两位数码管内部连线图

说明：
① 管脚顺序：从数码管的正面观看，以第一脚为起点，管脚的顺序是逆时针方向排列。
② 12、9、8、6 是公共脚，引脚对应关系：A-11，B-7，C-4，D-2，E-1，F-10，G-5，DP-3。

（b）　四位数码管内部连线图

图 3.4.4　常用的两位和四位数码管内部连接图

数码管要正常显示，就要用驱动电路来驱动数码管的各个段码，从而显示出我们要的数字，因此根据数码管的驱动方式的不同，可以分为静态式和动态式两类。

（1）静态显示驱动：静态驱动也称直流驱动。静态驱动是指每个数码管的每一个段码都由一个单片机的 I/O 端口进行驱动，或者使用如 BCD 码二-十进制译码器译码进行驱动。

（2）动态显示驱动：数码管动态显示接口是单片机中应用最为广泛的一种显示方式，动态驱动是将所有数码管的 8 个显示笔画 "a、b、c、d、e、f、g、dp" 的同名端连在一起，另外为每个数码管的公共极 COM 增加位选通控制电路，位选通由各自独立的 I/O 线控制，当单片机输出字形码时，所有数码管都接收到相同的字形码，但究竟是那个数码管会显示出字形，取决于单片机对位选通 COM 端电路的控制，所以只要将需要显示的数码管的选通控制打开，该位就显示出字形，没有选通的数码管就不会亮。

数码管的检测见"项目 1.4→四、→3."部分内容。

2. 555 集成定时器检测

按图 3.4.5 所示连接实验电路，测试 555 定时器的输入、输出关系。

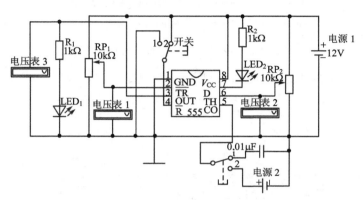

图 3.4.5　555 集成定时器检测测试电路

测试电路说明：

（1）开关 1 打到 2 端时，4 脚复位端接电源，也就是接高电平。在表 3.4.1 和表 3.4.2 中用"1"表示；开关 1 打到 1 端时，4 脚复位端接地，也就是接低电平。在表 3.4.1 和表 3.4.2 中用"0"表示。

（2）开关 2 打到 2 端时，5 脚控制电压端 CO 接电源 2，也就是接高电平。在表 3.4.1 和表 3.4.2 中用"1"表示；开关 2 打到 1 端时，5 脚控制电压端 CO 悬空。在表 3.4.1 和表 3.4.2 中用"0"表示。

（3）调整可调电阻 RP_1，控制 2 脚低触发端 $\overline{TR}$ 的电压，其值可由电压表 1 读取；调整可调电阻 RP_2，控制 6 脚高触发端 TH 的电压，其值可由电压表 2 读取。

（4）发光二极管 LED_1 亮说明输出端 3 脚 OUT 输出高电平用 U_{OH} 表示；发光二极管 LED_1 灭说明输出端 3 脚 OUT 输出低电平用 U_{OL} 表示。

（5）发光二极管 LED_2 亮说明 555 定时器内部三极管 VT 饱和，放电端 7 脚对地近视短路。用导通表示；发光二极管 LED_2 灭说明 555 定时器内部三极管 VT 截止，放电端 7 脚对地近似断路，用截止表示。

参照上述条件，当电源 1、电源 2 均为 12V 时，将测试结果记录到表 3.4.1 中。

表 3.4.1　555 定时器性能测试记录

$\overline{R}$	CO	U_{TH}	U_{TR}	U_{OUT}	VT 的状态
0					
1	0				
	1				

当电源 1 为 9V、电源 2 为 6V 时，将测试结果记录到表 3.4.2 中。

表 3.4.2　555 定时器性能测试记录

$\overline{R}$	CO	U_{TH}	U_{TR}	U_{OUT}	VT 的状态
0	0				
1					
	1				

五、任务评价

1．评价标准

（1）描述故障部位及故障现象

A 级：能正确描述故障部位及故障现象。

B 级：能基本描述故障部位及故障现象。

C 级：只能模糊描述故障部位及故障现象。

D 级：不能描述故障部位及故障现象。

（2）判断元器件损坏部位

A 级：能准确分析描述故障并确定电路损坏部位。

B 级：只能简单分析描述故障并确定电路损坏部位。

C 级：只能描述故障并确定电路损坏部位。

D 级：不能分析描述故障并确定电路损坏部位。

（3）使用仪器设备对电路进行检查

A 级：能正确使用仪器设备对电路进行检查，排除整流滤波电路、稳压电路等电路故障。

B 级：能正确使用仪器设备对电路进行检查，排除稳压电路故障。

C 级：能正确使用仪器设备对电路进行检查，排除整流滤波电路故障。

D 级：不会使用仪器设备对电路进行检查。

（4）故障位置（元器件）的判定

A 级：能正确判定元器件。

B 级：只能排除部分故障元器件。

C 级：不能排除故障元器件。

D 级：没有找到故障元器件。

（5）更换损坏元器件，重现电路功能

A 级：能找出故障元器件并能将它焊下来，将好的元器件正确焊上，使电路恢复功能。

B 级：能找出故障元器件并能将它焊下来，能将元器件正确焊上，但电路功能工作不稳定。

C 级：能找出故障元器件并能将它焊下来，但不能正确焊上，电路功能无法恢复。

D 级：不会更换元器件。

227

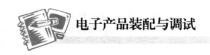

2. 评价记录

经过以上检测项目的训练，可以把评价结果归纳在表 3.4.3 中，学生在完成这一项目后，可以从表中看到这一项目训练的总体评价情况。

表 3.4.3　数字显示抢答器电路故障检测与排除评价记录表

故　障	评价分类	评价等级			
		A	B	C	D
案例 1	故障描述				
	器件损坏部位				
	仪器使用				
	故障元器件判定				
	恢复电路功能				
案例 2	故障描述				
	器件损坏部位				
	仪器使用				
	故障元器件判定				
	恢复电路功能				
案例 3	故障描述				
	器件损坏部位				
	仪器使用				
	故障元器件判定				
	恢复电路功能				
教师总体评价					

六、任务小结

1. 分析总结数字显示抢答器电路可能出现的故障现象。

2. 归纳小结完成本任务所用到的知识与技能。

项目 4

综 合 训 练

项目 4.1   音频功率放大电路综合训练

一、任务名称

本任务为音频功率放大器电路的综合训练。音频功率放大器电路包含直流稳压电源电路、音频前置放大电路、功率放大电路和反馈等方面的知识。通过本综合训练加深对模拟电子技术知识的理解，提高综合运用电子技术知识的工程能力。

二、任务描述

音频功率放大器电路的综合训练是在学习了前面项目的基础上进行的，它通过对音频功率放大器电路元器件的检测、焊接与安装，运用仪器仪表进行测量与调试，以及对音频功率放大器电路的检测与维护，全面提高学生的综合职业能力。

三、任务完成

1. 音频功率放大器元器件的检测

根据图 2.2.34 所示的音频功率放大器电路图，2.2.14 音频功率放大器元器件列表，在装配前对元器件进行检测，并将检测结果填入表 4.1.1 中。各元器件检测的要求如下：

① 电阻：符合电阻值要求，在误差范围内；

② 可调电阻：符合电阻值要求，调整时连续可变；

③ 电容（含电解电容）：不开路、不短路、不漏电，用电容计测试电容值在误差允许范围内；

④ 二极管：反向电阻大，正向电阻小，不短路，不开路；

⑤ IC 座：IC 座金属触点整齐，相互间不短路。

表 4.1.1 音频功率放大器元器件的检测

序　号	标　称	名　称	检测结果	序　号	标　称	名　称	检测结果
1	C_1	电解电容		23	R_5	电阻	
2	C_2	电解电容		24	R_6	电阻	
3	C_3	电解电容		25	R_7	电阻	
4	C_4	电解电容		26	R_8	电阻	
5	C_5	电解电容		27	R_9	电阻	
6	C_6	电解电容		28	R_{10}	电阻	
7	C_7	电解电容		29	R_{11}	电阻	
8	C_8	电容		30	R_{12}	电阻	
9	C_9	电解电容		31	R_{13}	电阻	
10	C_{10}	电解电容		32	R_{14}	电阻	
11	C_{11}	电解电容		33	R_{15}	电阻	
12	C_{12}	电解电容		34	R_{16}	电阻	
13	C_{13}	电解电容		35	R_{17}	电阻	
14	C_{14}	电容		36	R_{18}	电阻	
15	C_{15}	电解电容		37	R_{20}	电阻	
16	C_{16}	电解电容		38	RP_1	音量电位器	
17	C_{17}	电容		39	$VD_1 \sim VD_4$	二极管	
18	C_{18}	电容		39	T_1	变压器	
19	R_1	电阻		40	U_1	集成运放	
20	R_2	电阻		41	U_2	集成功放	
21	R_3	电阻		42	U_3	集成功放	
22	RP_4	电位器		43	SP_1	音频输入端子	

2. 音频功率放大电路元器件的焊接与安装

根据图 2.2.33 所示的音频功率放大器电路元器件安装图和如图 2.2.34 所示的电路图进行焊接和安装。

音频功率放大器电路元器件的焊前成形与焊接要求可参照"项目 1"中的相关内容。要特别注意 TDA2030A 与散热片在电路板上的安装，TDA2030A 的散热片是与 3 脚连通的，即为−12V 电源，不可接地，安装时应与外加散热片做好绝缘防护，并用固定螺钉将 TDA2030A 与散热片进行固定，最后将散热片固定在电路板上。

3. 音频功率放大电路的测量与调试

（1）静态测试

① 电源部分。

a. 测量变压器次级半绕组电压（交流）=＿＿＿＿＿＿＿V。

b. 测量正电源电压（C_{15} 正极）=＿＿＿＿＿＿＿V。

c. 测量负电源电压（C_{16} 负极）=＿＿＿＿＿＿＿V。

② 功放部分。

a. 测量功放集成块 TDA2030A 的供电电压，将测量所得数据填入表 4.1.2 中。

表 4.1.2 TDA2030A 的供电电压

引脚	③脚电压/V	⑤脚电压/V
左声道		
右声道		

b．测量功放集成块 TDA2030A 的输出脚电压（因为集成内电路是 OCL 功放电路，其输出端电压正常应为 0V），将测量所得数据填入表 4.1.3 中。

表 4.1.3 TDA2030A 的输出脚电压

引脚	④脚电压/V
左声道	
右声道	

③ 前置放大电路部分。

a．测量前置集成块 NE5532 的供电电压，将测量所得数据填入表 4.1.4 中。

表 4.1.4 NE5532 的供电电压

引脚	④脚电压/V	⑧脚电压/V
NE5532		

b．测量 NE5532 其他各引脚的电压，将测量所得数据填入表 4.1.5 中。

表 4.1.5 NE5532 各引脚的电压

引脚	①脚电压/V	②脚电压/V	③脚电压/V	⑤脚电压/V	⑥脚电压/V	⑦脚电压/V
NE5532						

（2）动态调试

① 前置放大器的测量与调试。

a．两个通道输入端输入相同的交流小信号（u_i=10mV，f=1kHz)，测量两个声道的输出端电压，观察输出电压变化范围；

b．调节电位器 RP$_4$，用示波器观察左、右二声道输出端的电压波形，使两个输出端的输出电压相等，测量此时 RP$_4$ 两端的阻值，R_{RP_4} =_____Ω，然后用固定电阻代替电位器 RP$_4$。在表 4.1.6 中绘制所观察到的波形。

表 4.1.6 输出信号电压波形

输出信号电压波形		周　　期		幅　　度	
		量程挡位		量程挡位	
		格数		格数	

② 整机动态测量。按照图 4.1.2 整机电路与仪器设备连接示意图，将电路域相关的仪器设备进行连接，连线检查无误后接通电源。

a. 测量最大不失真输出电压。电路输出端接上 8Ω 假负载，示波器与毫伏表接在输出端，音量电位器 RP_1 旋到中间位置。

在电路输入端接入信号频率为 1kHz、幅度为 0.77V 有效值（即 $U_i' = 0.77V$），旋转音量电位器 RP_1 使输出波形达到最大不失真，用交流毫伏表测量此时电路的输出电压 U_o，将数据记录在表 4.1.7 中。

b. 用毫伏表接在电位器的动点，即测量输入电压 U_i，将数据记录在表 4.1.7 中。

c. 计算输出功率 $P_o = \dfrac{U_o{}^2}{R_L}$（不失真功率约有 10W，$R_L$ 为 8Ω），将数据记录在表 4.1.7 中。

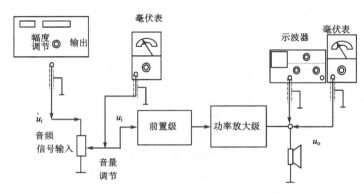

图 4.1.2　整机动态测试连接示意图

表 4.1.7　整机动态测试数据

最大不失真电压	左　声　道			右　声　道		
测量值	U_i	U_o	$P_o = \dfrac{U_o{}^2}{R_L}$	U_i	U_o	$P_o = \dfrac{U_o{}^2}{R_L}$

③ 测量频响特性曲线。保持输入信号为 1kHz 时的最大不失真输出的输入信号大小不变，调节信号发生器的频率如表 4.1.8 所示，依次测出对应的输出电压值 U_o 并记录下来，据此画出频响特性曲线，将数据填入表 4.1.8 中。

表 4.1.8　频响特性曲线

左声道	输入信号频率/Hz	20	50	100	500	1k	3k	5k	10k	15k	20k
	U_o/V										
右声道	输入信号频率/Hz	20	50	100	500	1k	3k	5k	10k	15k	20k
	U_o/V										

④ 测量噪声电压。输入端不接信号（将输入端短接），用毫伏表接输出端，测量其输出电压（即噪声电压），左声道噪声电压 $U_1 =$ _____V，右声道噪声电压 $U_2 =$ _____V。

（3）试音

① 连接好输入输出接线。输出端接喇叭，输入端接音源。将音量电位器 RP_1 逆时针旋转到尽头，即音量关到最小。

② 接通电源，将音量电位器 RP_1 顺时针逐渐增大至适当位置，此时听放音效果。

4. **音频功率放大电路的检测**

案例 1 完全无声故障。

（1）故障描述

（2）故障分析

（3）故障检修的方法和步骤

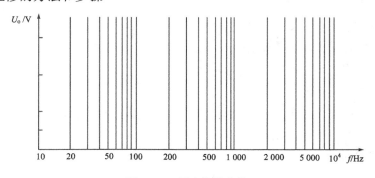

图 4.1.3　频响特性曲线

（4）故障排除

案例 2　左声道有声，但声音很小，右声道嗡嗡声。

（1）故障描述

（2）故障分析

（3）故障检修的方法和步骤

（4）故障排除

案例 3　功放右声道音轻。

（1）故障描述

（2）故障分析

（3）故障检修的方法和步骤

（4）故障排除

四、任务评价

1. **安装情况功能评价**

（1）评价标准

① 元件的选择与整形。要求印制电路板插件位置正确，元器件极性正确，元器件、导线安装及字标方向均应符合工艺要求；接插件、紧固件安装牢固，印制电路板安装对位；无烫伤和划伤处，整机清洁无污物。

A 级：装配不符合工艺处要求少于 3 处。

B 级：装配不符合工艺要求为 3～6 处。

C 级：装配不符合工艺要求为 6～10 处。

D 级：装配不符合工艺要求为 10 处以上。

② 焊接的质量。要求电子产品的焊点大小适中，无漏焊、假焊、虚焊、连焊，焊点光滑、圆润、干净、无毛刺；引脚加工尺寸及成形符合工艺要求；导线长度、剥头长度符合工艺要求，芯线完好，捻头镀锡。

A 级：焊接疵点处少于 3 处。

B 级：焊接疵点处为 3～6 处。

C 级：焊接疵点处为 6～10 处。

D 级：焊接疵点处 10 处以上。

③ 功能的完整性。音频功率放大器要求左、右声道均能正常工作，可以噪声低、功率大、频响宽、音质佳等作为评价依据。

A 级：左、右声道均能正常工作，噪声低、功率大、频响宽、音质佳。

B 级：左、右声道均能正常工作，但音质略有欠佳。

C 级：左、右声道均能工作，但音质较差，或者只有一声道音质较佳。

D 级：左、右声道均不能正常工作。

（2）评价基本情况

将安装情况的评价结果记录在表 4.1.9 中。

表 4.1.9　安装情况的评价表

评价分类	A	B	C	D
元器件识别				
元件焊接				

2. 测量与调试情况评价

（1）仪器的正确选择与使用

能正确并且熟练地使用仪器设备进行数据的测量，无违反操纵规程等现象，所记录的数据正确、规范。

A 级：测量方法正确，能正确记录所有波形和数据。

B 级：测量方法不熟练，所测波形或数据有 2～3 个错误。

C 级：所测试波形或数据有 3 个以上的错误。

D 级：所测试波形或数据有一半或以上是错误的。

（2）评价记录

将检测评价的结果记录在表 4.1.10 中。

3. 故障情况分析评价

（1）评价标准

① 故障的发现。

A 级：能准确定位故障点到具体器件。

B 级：能判断出是哪部分电路出故障。

C 级：知道有存在的几种可能性（其中有一种是故障）。

D 级：不能觉察出故障所在位置。

表 4.1.10　数据测试评价表

评 价 分 类		A	B	C	D
静态测试	仪器选择				
	量度范围选择				
	数据记录				
动态测试	仪器选择				
	量度范围选择				
	数据记录				

② 故障的排除。

A 级：能及时排除故障。

B 级：对电路的某个模块区域的元件需要多次尝试更换才能排除故障。

C 级：对整体电路的元件需要多次尝试更换才能排除故障。

D 级：不能排除故障。

（2）评价记录

将评价的结果记录于表 4.1.11 中。

表 4.1.11　故障排除能力测试评价表

评价分类		A	B	C	D
案例 1	故障描述				
	元器件损坏部位				
	仪器使用				
	损坏元器件判定				
	重现电路功能				
案例 2	故障描述				
	元器件损坏部位				
	仪器使用				
	损坏元器件判定				
	重现电路功能				
案例 3	故障描述				
	元器件损坏部位				
	仪器使用				
	损坏元器件判定				
	重现电路功能				

4. 教师总体评价

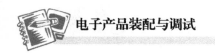

六、任务小结

1. 总结分析 TDA2030A 构成的音频功率放大器电路的工作原理。

2. 小结在音频功率放大器电路装配与调试过程中的难点，以及对出现的故障的分析。

项目 4.2　充电器和稳压电源两用电路的装配与调试

一、任务名称

本任务为充电器和稳压电源两用电路的综合训练。充电器和稳压电源两用电路由串联型直流稳压电源和充电器两部分组成：稳压电源输出 3V、6V 直流稳压电压，可作为收音机、收录机等小型电子产品的外接电源；充电器可对 5 号、7 号可充电池进行恒流充电。通过本综合训练加深对电子产品装配全过程的了解，训练动手能力，培养工程实践观念。

二、任务描述

1. 充电器和稳压电源两用电路的组成

充电器和稳压电源两用电路的电路原理图如图 4.2.1 所示。

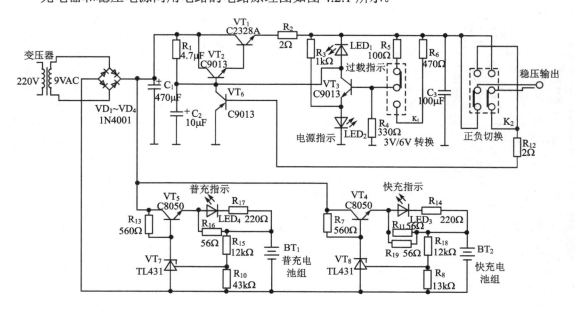

图 4.2.1　充电器和稳压电源两用电路

变压器 T 及二极管 VD_1~VD4、电容 C_1 构成典型的桥式整流、电容滤波电路，在稳压电路中是典型的串联稳压电路，其中 LED_2 兼作电源指示及基准稳压管，当流经该发光二极管的电流变化不大时，其正向压降较为稳定，约为 1.7V 左右，但此值会因发光二极管的规格不同而有所不同，对同一种 LED 则变化不大，因此发光二极管可作为低电压稳压管来使用。R_2 和 LED_1 组成简单的过载和短路保护电路，LED_1 还兼作电流过载指示。当输出过载（输出电流增大）时，R_2 上的压降增大，当增大到一定数值后会使 LED_1 导通，使调整管 VT_1、VT_2 的基极电流不再增大，限制了输出电流的增加，起到了限流保护作用。K_1 为输出电压选择开关，K_2 为输出电压极性变换开关。

VT_5、VT_4 及其相应元器件组成普充和快充电路，C8050 和 TL431 接成恒流源电路，该充电器在电池未充满时以近似恒流方式工作，当电池达到额定值后，即以恒压断续充电。LED_3、LED_4 作为充电指示用。充电器和稳压电源两用电路框图如图 4.2.2 所示。

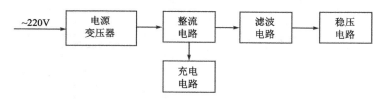

图 4.2.2　充电器和稳压电源两用电路框图

充电器和稳压电源两用电路印制电路板如图 4.2.3 所示，材料清单列表见表 4.2.1。

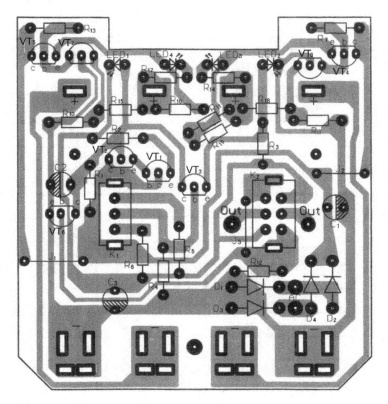

图 4.2.3　充电器和稳压电源两用电路印制电路板图和元器件安装图

表 4.2.1　材料清单列表

序　号	标　称	名　称	规　格	序　号	标　称	名　称	规　格
1	C_1	电解电容	470μF	21	R_{19}	电阻	56Ω
2	C_2	电解电容	10μF	22	VD_1	整流二极管	1N4001
3	C_3	电解电容	100μF	23	VD_2	整流二极管	1N4001
4	R_1	电阻	4.7μF	24	VD_3	整流二极管	1N4001
5	R_2	电阻	2Ω	25	VD_4	整流二极管	1N4001
6	R_3	电阻	1kΩ	26	LED_1	发光二极管	红色
7	R_4	电阻	330Ω	27	LED_2	发光二极管	绿色
8	R_5	电阻	100Ω	28	LED_3	发光二极管	红色
9	R_6	电阻	470Ω	29	LED_4	发光二极管	红色
10	R_7	电阻	560Ω	30	VT_1	三极管	C2328A
11	R_8	电阻	13kΩ	31	VT_2	三极管	C9013
12	R_{10}	电阻	43kΩ	32	VT_3	三极管	C9013
13	R_{11}	电阻	56Ω	33	VT_4	三极管	C8050
14	R_{12}	电阻	2Ω	34	VT_5	三极管	C8050
15	R_{13}	电阻	560Ω	35	VT_6	三极管	C9013
16	R_{14}	电阻	220Ω	36	K_1	直脚开关	1×2
17	R_{15}	电阻	12kΩ	37	K_2	直脚开关	2×2
18	R_{16}	电阻	56Ω	38	U_1	三端基准稳压管	TL431
19	R_{17}	电阻	220Ω	39	U_2	三端基准稳压管	TL431
20	R_{18}	电阻	12kΩ	40		机壳等其他配件	

2．充电器和稳压电源两用电路的功能描述

本产品是由稳压电源和充电器两部分组成的，稳压电源输出 3V 和 6V 直流稳压电压，可作为收音机、收录机等小型电子产品的外接电源；充电器可对 5 号、7 号可充电池进行恒流充电。功能及主要参数如下：

（1）直流稳压电源

输入电压：交流 220V；

输出电压：3V、6V；

最大输出电流：500mA；

（2）电池充电器

左通道（E_1、E_2）充电电流 60～70mA（普通充电），右通道（E3、E4）充电电流 120～130mA（快速充电），两通道可以同时使用，各可以充 5 号或 7 号电池两节（串接）。稳压电源和充电器可以同时使用，只要两者电流之和不超过 500mA。

三、任务完成

1．元器件的识别与检测

全部元器件在安装之前必须按照充电器和稳压电源两用电路材料清单进行检查，然后用万用表等工具对所有元器件进行测试检查，检查合格后再进行装配。将检测结果填入表4.2.2 中。

2. 元器件的装配和焊接

① 印制电路板上的元器件电阻、电解电容、二极管、三极管采用卧式安装方式，在装配中要注意二极管和电解电容的极性，元件卧式安装的形式应如图 4.2.4 所示，插装完成后可进行焊接。

表 4.2.2 元器件的识别与检测

序 号	标 称	名 称	检查结果	序 号	标 称	名 称	检查结果
1	C_1	电解电容		21	R_{19}	电阻	
2	C_2	电解电容		22	VD_1	整流二极管	
3	C_3	电解电容		23	VD_2	整流二极管	
4	R_1	电阻		24	VD_3	整流二极管	
5	R_2	电阻		25	VD_4	整流二极管	
6	R_3	电阻		26	LED_1	发光二极管	
7	R_4	电阻		27	LED_2	发光二极管	
8	R_5	电阻		28	LED_3	发光二极管	
9	R_6	电阻		29	LED_4	发光二极管	
10	R_7	电阻		30	VT_1	三极管	
11	R_8	电阻		31	VT_2	三极管	
12	R_{10}	电阻		32	VT_3	三极管	
13	R_{11}	电阻		33	VT_4	三极管	
14	R_{12}	电阻		34	VT_5	三极管	
15	R_{13}	电阻		35	VT_6	三极管	
16	R_{14}	电阻		36	K_1	拨动开关	
17	R_{15}	电阻		37	K_2	拨动开关	
18	R_{16}	电阻		38	U_1	三端基准稳压管	
19	R_{17}	电阻		39	U_2	三端基准稳压管	
20	R_{18}	电阻		40	机壳等其他配件		

　　　　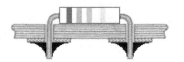

（a）电解电容、三极管　　　　　　（b）电阻、二极管

图 4.2.4　元器件卧式安装

② 其他元器件的安装采用立式安装。要注意三极管和发光二极管焊接高度与机壳的距离，尤其是发光二极管 LED_1～LED_4 的焊接高度一定要如图 4.2.5 所示，要求发光二极管顶部距离印制板高度为 17～17.5mm，保证让 4 个发光二极管顶在机壳的圆孔上面，且排列整齐。焊接时因为二极管预留的引脚较长，为防止短路，引脚应该套上热塑管，要注意发光二极管的极性。

③ 开关 K_1、K_2、电池夹的正、负基片从元器件面插入，且必须插到底。

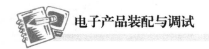

3. 导线的加工连接与焊接

导线的加工可分为剪裁剥头、捻头（多股导线）、浸锡、清洁、印标记等工序。导线加工焊接完毕还要进行扎线处理。焊接好后要注意整理导线，以方便安装到机壳内。

（1）导线捻头

对多股芯线的导线在剪切剥头等加工过程中易于松散，尤其是带有纤维绝缘层的多股芯线，在去掉纤维层时更易松散，这就必须增加捻线工序。捻头时要顺着原来的合股方向旋转来捻，螺旋角度一般为 30°～45°，如图 4.2.6 所示，捻线时用力要均匀，不宜过猛，否则易将较细的芯线捻断。

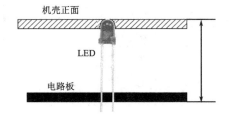

图 4.2.5　发光二极管 LED_1～LED_4 的焊接高度

图 4.2.6　导线捻头的要求

（2）十字插头线

十字插头线一般里面为正极，外面为负极，焊接时应注意区分（本电路因为可以正负极性切换，所以在调试好后应该做好标记，以避免使用时正负极性掉反）。

（3）电源线的连接

把电源线焊接至变压器交流 220V 的输入端，变压器次级引线接至 PCB 板上。

安装好的充电器和稳压电源两用电路板如图 4.2.7 所示。

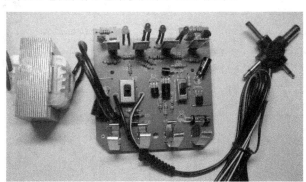

图 4.2.7　安装好后的充电器和稳压电源两用电路板

4. 充电器和稳压电源两用电路测量与调试

以上安装和焊接步骤全部完成后，对照充电器和稳压电源两用电路原理图和安装图进行检查，正确无误后，才能进行通电检查和各项技术指标的检测调试。

（1）目视检验

电路及连接线安装完毕后按照充电器和稳压电源两用电路原理图及工艺要求检查电路安装情况，着重检查电源插头与变压器初级连线、变压器次级输出连线与印制电路板的连接是否正确、可靠，连线与印制板相邻导线及焊点有无短路及其他缺陷。

（2）使用仪器仪表进行测试

用万用表电阻挡检测整机的输入电阻和所有稳压电源输出回路的电阻值的大小是否合适，是否有短路或开路现象，然后再进行通电检测，将测量所得数据填入表 4.2.3。

表 4.2.3 充电器和稳压电源两用电路的输入、输出电阻

项　　目		是否正常
输入电阻		
稳压电源输出电阻		

（3）通电检测

① 接通电源，绿色电源指示灯（LED_2）亮。测量此时 LED_2 两端的电压=_____V。

② 空载输出电压测量。在十字头输出端测量输出电压（注意电压表极性），所测电压应与面板指示相对应。拨动开关 K_1，输出电压应相应变化（与面板标称值误差在±10%为正常），记录测试值并将结果填入表 4.2.4。

表 4.2.4 空载输出电压

项　　目		输出电压	误差
开关 K_1	2 端和 1 端相接		
	2 端和 3 端相接		

③ 极性转换功能的检查。按面板所示开关 K_2 位置，检查电源输出电压极性能否转换，确定极性后在面板上做相应的标注。

④ 带负载能力的检查。用一个 47Ω/2W 以上的电位器作为负载，接到直流电压输出端，串接万用表 500mA 挡。调节电位器使输出电流为额定值 150mA，测量此时的输出电压。将所测得的数据填入表 4.2.5，并将所测电压与②中所测电压值比较，各挡电压下降均应小于 0.3V。

表 4.2.5 带负载能力的检查

项　　目		输出电压/V
输出电流为 150mA	3V 电压挡	
	6V 电压挡	

⑤ 过载保护功能的检查。将万用表 DC 500mA 挡串入电源负载回路，逐渐减小电位器阻值，面板指示灯 LED_1 逐渐_____，指示灯 LED_2 逐渐_____，同时输出电压_____。当电流逐渐增大到 500mA 左右时，则保护电路起作用，指示灯 LED_1_____，指示灯 LED_2_____。当增大阻值后，电路恢复正常供电。（注意：过载时间不可过长，以免烧坏电位器）

⑥ 充电功能的检测。用万用表 DC 500mA 作为充电负载代替被充电电池，当万用表正、负表笔分别触及所测通道的正负极时（注意以二节电池为一组），被测通道充电指示灯亮，此时，万用表所显示的电流值即为最大充电电流值（短路电流值）。分别测量普通通道短路电流值和快充通道电流值，将测试结果记录在表 4.2.6 中。

表 4.2.6 充电电流

	项　目	短路电流值/mA
充电电流	普通通道	
	快充通道	

⑦ 充电电压的测量。用万用表测量普通充电通道和快速充电通道的充电电压，将测量结果记录在表 4.2.7 中。

表 4.2.7 充电电压

	项　目	充电电压/V
充电电压	普通通道	
	快充通道	

5．充电器和稳压电源两用电路的检测

案例 1　稳压电源的负载在 150mA 时，3V 输出电压误差过大。

（1）故障描述

（2）故障分析

（3）故障检修的方法和步骤

（4）故障排除

案例 2　电池充不上电。

（1）故障描述

（2）故障分析

（3）故障检修的方法和步骤

（4）故障排除

案例 3　快充指示灯常亮。

（1）故障描述

（2）故障分析

（3）故障检修的方法和步骤

（4）故障排除

6．充电器和稳压电源两用电路整机总装

完成所有测试和检测后，对充电器和稳压电源两用电路进行总装。

① 将焊好的电路板小心放入机壳，将电池正、负极片正确插入机壳的正、负极片对应插槽内，注意插入过程不能强行插入，以免电池极片损坏或脱离电路板。

② 电路板与机壳磨合好之后，用 M2.5 自攻螺钉固定在机壳上。

③ 整流变压器初级和次级连线，然后将变压器也用螺钉固定在机壳上。

④ 将机壳前后面板合上，上紧螺钉。

四、相关知识

1．并联型三端稳压基准管

图 4.2.8 所示的 TL431 是并联型三端稳压基准管，它具有高精度、高速度、低温漂的优点。电路进行二次稳压，对前级放大器的噪声和温漂的影响极大，常规的二次稳压电路中，

稳压管的电源抑制比太低，三端稳压器的噪声太大，其他精密芯片电路复杂，而成本高。而且许多稳压基准的负载能力都很小，端电压调节也不方便，而由 TL431 构成的稳压基准温漂小，又有相当的负载能力，且输出电压连续可调，电路简单，其电压调节范围为 2.5～36V，近年来在国外已经得到了广泛应用。

2. TL431 二次稳压电路

在电子电路中经常需要纹波系数小、电压稳定和任意大小的输出电压作为电源，使用 TL431 三端基准稳压管作为二次稳压电路比较适用。图 4.2.9 为 TL431 的稳压应用示例。

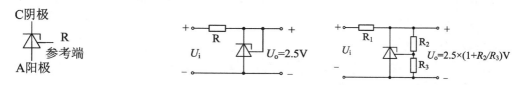

图 4.2.8   TL431 图形符号与引脚   图 4.2.9   TL431 基本使用电路

五、任务评价

1. 安装情况功能评价

（1）评价标准

① 元件的选择与整形。要求印制电路板插件位置正确，元器件极性正确，元器件、导线安装及字标方向均应符合工艺要求；接插件、紧固件安装牢固，印制电路板安装对位；无烫伤和划伤处，整机清洁无污物。

A 级：装配不符合工艺处要求少于 3 处。

B 级：装配不符合工艺要求为 3～6 处。

C 级：装配不符合工艺要求为 6～10 处。

D 级：装配不符合工艺要求为 10 处以上。

② 焊接的质量。要求电子产品的焊点大小适中，无漏焊、假焊、虚焊、连焊，焊点光滑、圆润、干净、无毛刺；引脚加工尺寸及成形符合工艺要求；导线长度、剥头长度符合工艺要求，芯线完好，捻头镀锡。

A 级：焊接疵点处少于 3 处。

B 级：焊接疵点处为 3～6 处。

C 级：焊接疵点处为 6～10 处。

D 级：焊接疵点处 10 处以上。

③ 功能的完整性。其应具备的功能主要有：作为稳压电源能有 3V、6V 电压输出，可切换输出极性，过载保护电路工作正常；作为充电电路，普充和慢充功能正常。

A 级：所有功能都能完成并十分完整。

B 级：完成其中两项及以上。

C 级：只完成其中一项及以上。

D 级：一项也没有完成。

（2）评价基本情况

将安装情况的评价结果记录在表 4.2.8 中。

表 4.2.8　安装情况的评价表

评价分类	A	B	C	D
元器件识别				
元件焊接				
功能完成情况				

2．测量与调试情况评价

（1）仪器的正确选择与使用

能正确并且熟练地使用仪器设备进行数据的测量。如测量电流方法正确，无违反操纵规程等现象，所测试数据记录正确和规范。

A 级：测量方法正确，能正确记录所有数据。

B 级：测量方法不熟练，所测数据有 2～3 个错误。

C 级：所测试数据有 3 个以上的错误。

D 级：所测试有一半及一半以上是错误的。

（2）评价记录

将检测评价的结果记录于表 4.2.9 中。

表 4.2.9　数据测试评价表

评价分类		A	B	C	D
稳压电源的测量	仪器选择				
	量度范围选择				
	数据记录				
充电电路的测量	仪器选择				
	量度范围选择				
	数据记录				

3．故障情况分析评价

（1）评价标准

① 故障的发现。

A 级：能准确定位故障点到具体器件。

B 级：能判断出是哪部分电路出故障。

C 级：知道有存在的几种可能性（其中有一种是故障）。

D 级：不能觉察出故障所在位置。

② 故障的排除。

A 级：能及时排除故障。

B 级：对电路的某个模块区域的元件需要多次尝试更换才能排除故障。

C 级：对整体电路的元件需要多次尝试更换才能排除故障。

D级：不能排除故障。

（2）评价记录

将评价的结果记录在表4.2.10中。

表4.2.10　故障排除能力测试评价表

评价分类		A	B	C	D
案例1	故障描述				
	元器件损坏部位				
	仪器使用				
	损坏元器件判定				
	重现电路功能				
案例2	故障描述				
	元器件损坏部位				
	仪器使用				
	损坏元器件判定				
	重现电路功能				
案例3	故障描述				
	元器件损坏部位				
	仪器使用				
	损坏元器件判定				
	重现电路功能				

4．教师总体评价

六、任务小结

1．总结分析各部分电路的工作原理。

2．小结在充电器和稳压电源两用电路装配与调试过程中的难点，以及对出现故障的分析。

项目4.3　环境湿度控制器电路的装配与调试

一、任务名称

本任务为环境湿度控制器电路的装配与调试。环境湿度控制器电路由湿度/频率转换电路、基准脉冲发生电路、频率比较电路和湿度控制输出电路组成。该电路可对被测环境的湿

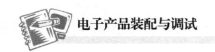

度进行实时监测，当湿度超过设定值时，启动控制电路。该电路是电子电路知识的综合运用，通过本综合训练培养学生电子专业的素养，在各个方面都有一个提升。

二、任务描述

1. 环境湿度控制器电路组成

环境湿度控制器电路图如图 4.3.1 所示，由湿敏电容 HS1101 和 TLC555（U_1）等组成湿度/频率转换电路，转换电路将湿度物理量转换为与湿度大小相对应的脉冲频率；集成电路 U_3 与外部 RC 元件组成基准脉冲发生器，经过 12 级分频后将信号输出；脉冲频率比较电路由 U_2 和部分外围元件组成，频率比较电路接收来自湿度/频率转换电路和基准脉冲发生电路的信号，比较结果经 D 触发器（U_4：CD4013）锁存后输出，驱动继电器 K_1 吸合。

在湿度/频率转换电路中，555 集成定时器构成多稳态触发器输出频率信号，当电源接通时，由于 555 集成定时器 6 脚和 2 脚的输入为"0"，则定时器 3 脚输出为"1"；又由于湿敏电容 C_2（HS1101）两端电压为 0，故 V_{CC} 通过 R_1、R_2、R_4 和 R_9、R_{10}、R_{11} 对 C_2 充电，当 C_2 两端电压达到 $\frac{2}{3}V_{CC}$ 时，555 定时电路输出电平翻转，输出变为"0"。此时 555 定时器内部的放电 BJT 的基极电压为"1"，放电 BJT 导通，从而使电容 C_2 通过 R_9、R_{10}、R_{11} 和内部放电 BJT 进行放电，当 C_2 端电压降低到 $\frac{1}{3}V_{CC}$ 时，555 定时电路输出电平又翻转，使输出变为"1"，内部 BJT 截止，V_{CC} 又开始通过 R_1、R_2、R_4 和 R_9、R_{10}、R_{11} 对 C_2 充电，如此周而复始，形成振荡。

当外界湿度变化时，湿敏电容 C_2（HS1101）两端电容值发生改变，从而改变 555 定时电路的输出频率。因此，只要测出 555 定时电路的输出信号频率，并根据湿度与输出频率的关系，即可求得环境的湿度。湿度与脉冲频率的关系见表 4.3.1。

表 4.3.1　湿度与脉冲频率的关系

RH	0	10	20	30	40	50	60	70	80	90	100
f/Hz	7 351	7 224	7 100	6 976	6 853	6 728	6 600	6 468	6 330	6 186	6 033

注：（RH：百分比相对湿度，f：频率）

基准脉冲发生器由一个 RC 电路构成的振荡器和 CD4060 构成，RC 振荡电路由 RP_1、R_3、C_3 构成，调节 RP_1 可以改变 RC 振荡频率（$f = \frac{1}{2.3RC}$）。CD4060 是 14 位二进制串行计数器/分频器，CD4060 引脚排列图和内部结构示意图如图 4.3.2 所示，CD4060 内部有 2 级反相器（与外部元件连接后构成振荡器）和一组 14 位二进制计数（分频）电路。Φ_I、$\overline{\Phi_0}$、Φ_0 是二级反相器的引出端，RESET 是复位端，高电平有效，计数器的输出端有 $Q_4 \sim Q_{10}$、$Q_{12} \sim Q_{14}$ 共 10 个引出端。因此，CD4060 能得到 10 种分频系数的频率，最小为 16（2^4）分频，最大为 16 384（2^{14}）分频。若振荡器的振荡频率为 32 768Hz，则在不同的输出端可得到不同分频系数的输出，见表 4.3.2。

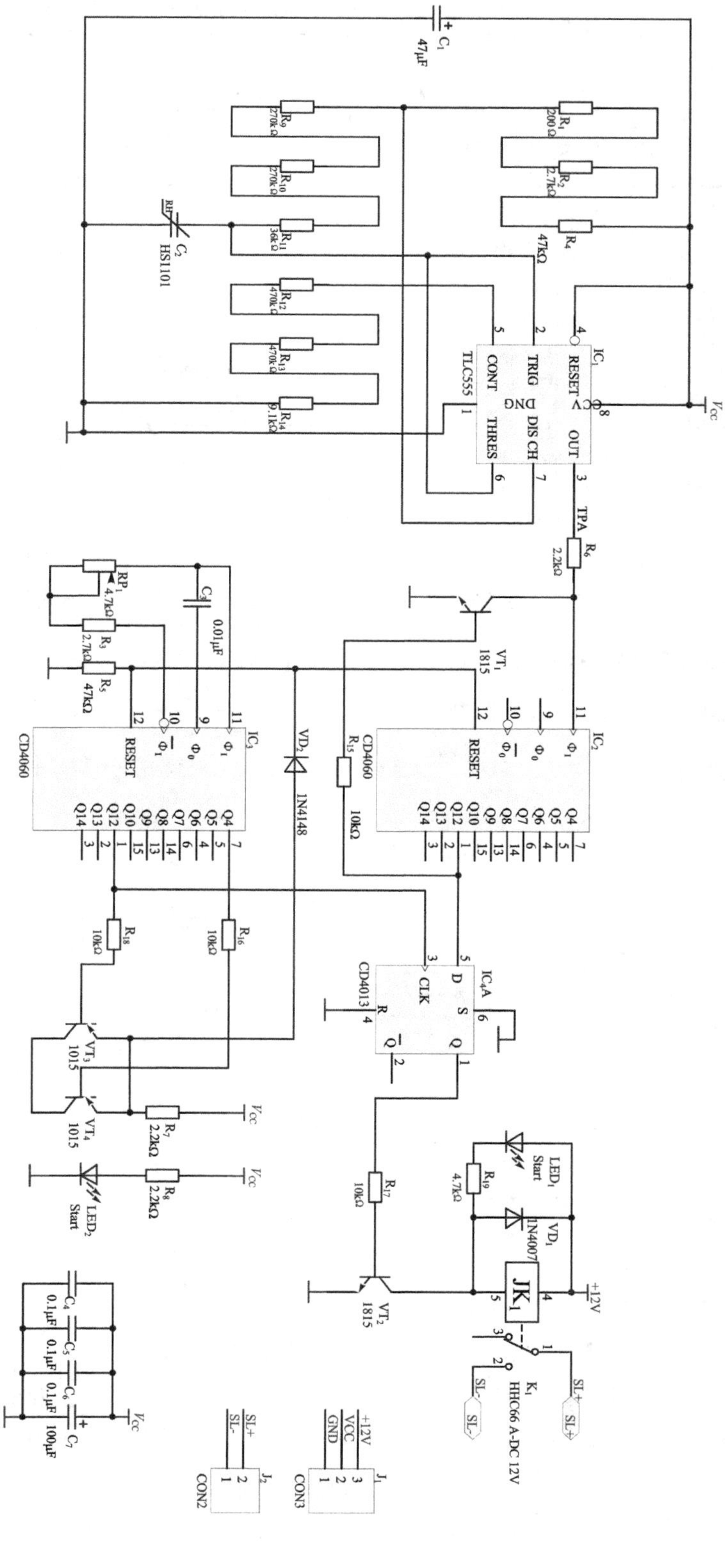

图 4.3.1　环境湿度控制器电路原理图

表 4.3.2 CD4060 输出端引脚不同分频系数

引脚 （序号）	Φ_0 (9)	Q_4 (7)	Q_5 (5)	Q_6 (4)	Q_7 (6)	Q_8 (14)	Q_9 (13)	Q_{10} (15)	Q_{12} (1)	Q_{13} (2)	Q_{14} (3)
输出频率 （Hz）	32 768	2 048	1 024	512	256	128	64	32	8	4	2

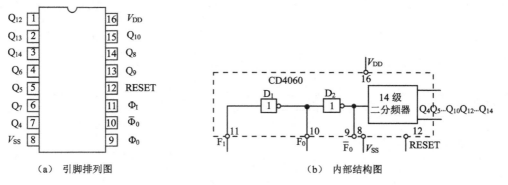

（a） 引脚排列图　　　　　　　　　　（b） 内部结构图

图 4.3.2 CD4060 14 位二进制串行计数器/分频器

CD4060 的典型振荡电路如图 4.3.3 所示，图 4.3.3（a）为 CD4060，通过外部简单的 RC 元件可实现 RC 振荡，其振荡频率计算公式为 $f = \dfrac{1}{2.3RC}$，输出方波频率有 $2^4 \sim 2^{10}$、2^{12}、2^{13} 和 2^{14} 次方可选。图 4.3.3（b）为 CD4060 与 32 768Hz 的石英晶体振荡器组成的振荡电路，能方便地产生精度高、稳定性好的信号。

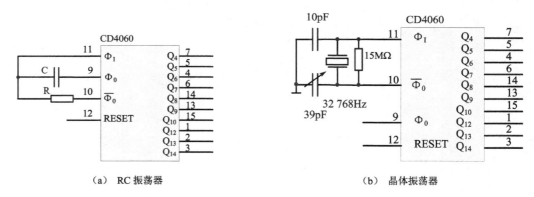

（a） RC 振荡器　　　　　　　　　　（b） 晶体振荡器

图 4.3.3 CD4060 典型振荡电路

2. 环境湿度控制器电路的功能描述

对湿敏电容轻微哈气，使湿敏电容周围的相对湿度增大，湿度/频率转换电路输出频率降低，当脉冲频率低于设定值（对应相对湿度 90%RH）时，湿度控制电路启动输出（K_1 吸合，LED_1 点亮），停止对湿敏电容哈气，湿敏电容脱湿后（脱湿时间约 20s），湿度控制电路停止输出（K_1 断开，LED_1 熄灭）。

环境湿度控制器电路的印制电路板装配图如图 4.3.4 所示，材料清单列表见表 4.3.3。

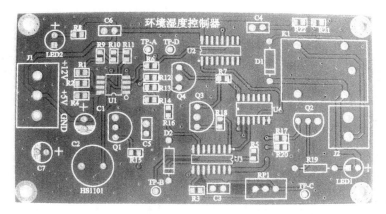

图 4.3.4　环境湿度控制器电路印制电路板装配图

表 4.3.3　元器件材料清单列表

序　号	标　称	名　称	规　格	序　号	标　称	名　称	规　格
1	C_1	电解电容	47μF	22	*R_{15}	电阻	10kΩ
2	C_2	湿敏电容	HS1101	23	*R_{16}	电阻	10kΩ
3	C_3	电容	0.01μF	24	*R_{17}	电阻	10kΩ
4	C_4	电容	0.1μF	25	*R_{18}	电阻	10kΩ
5	C_5	电容	0.1μF	26	R_{19}	电阻	4.7kΩ
6	C_6	电容	0.1μF	27	RP_1	可调电阻	4.7kΩ
7	C_7	电解电容	100μF	28	VD_1	二极管	1N4007
8	*R_1	电阻	200	29	VD_2	二极管	1N4148
9	*R_2	电阻	2.7kΩ	30	LED_1	发光二极管	Start
10	*R_3	电阻	2.7kΩ	31	LED_2	发光二极管	Start
11	*R_4	电阻	47kΩ	32	VT_1	三极管	1815
12	*R_5	电阻	47kΩ	33	VT_2	三极管	1815
13	*R_6	电阻	2.2kΩ	34	VT_3	三极管	1015
14	*R_7	电阻	2.2kΩ	35	VT_4	三极管	1015
15	*R_8	电阻	2.2kΩ	36	*U_1	集成块	TLC555
16	*R_9	电阻	270kΩ	37	*U_2	集成块	CD4060
17	*R_{10}	电阻	270kΩ	38	*U_3	集成块	CD4060
18	*R_{11}	电容	36kΩ	39	*U_4	集成块	CD4013
19	*R_{12}	电阻	470kΩ	40	K_1	继电器	HHC66 A-DC 12V
20	*R_{13}	电阻	470kΩ	41	J_1	插座	CON3
21	*R_{14}	电阻	9.1kΩ	42	J_2	插座	CON2

注：表格中名称旁边标有*号的元器件为贴片元器件

三、任务完成

1. 元器件的识别与检测

全部元器件在安装之前必须按照两用环境湿度控制器电路材料清单进行检查，然后用万用表等工具对所有元器件进行测试检查，检查合格后再进行装配。将检测结果填入表 4.3.4

中。

表 4.3.4　元器件的识别与检测

序　号	标　称	名　称	检查结果	序　号	标　称	名　称	检查结果
1	C_1	电解电容		22	*R_{15}	电阻	
2	C_2	湿敏电容		23	*R_{16}	电阻	
3	C_3	电容		24	*R_{17}	电阻	
4	C_4	电容		25	*R_{18}	电阻	
5	C_5	电容		26	R_{19}	电阻	
6	C_6	电阻		27	RP_1	可调电阻	
7	C_7	电解电容		28	VD_1	二极管	
8	*R_1	电容		29	VD_2	二极管	
9	*R_2	电阻		30	LED_1	发光二极管	
10	*R_3	电阻		31	LED_2	发光二极管	
11	*R_4	电阻		32	VT_1	三极管	
12	*R_5	电阻		33	VT_2	三极管	
13	*R_6	电阻		34	VT_3	三极管	
14	*R_7	电阻		35	VT_4	三极管	
15	*R_8	电阻		36	*U_1	集成块	
16	*R_9	电阻		37	*U_2	集成块	
17	*R_{10}	电阻		38	*U_3	集成块	
18	*R_{11}	电阻		39	*U_4	集成块	
19	*R_{12}	电阻		40	K_1	继电器	
20	*R_{13}	电阻		41	J_1	插座	
21	*R_{14}	电阻		42	J_2	插座	

注：表格中名称旁边标有*号的元器件为贴片元器件

2. 元器件的装配和焊接

环境湿度控制器电路既有直插式元器件，也有贴片式元器件，均可参照"项目 1"有关要求并根据环境湿度控制器项目的电路装配图和材料清单进行装配与焊接。焊接安装好后的环境湿度控制器如图 4.3.5 所示。

3. 环境湿度控制器电路的测量与调试

以上安装和焊接步骤全部完成后，对照环境湿度控制器电路图进行检查，正确无误后，才能进行通电检查和各项测量与调试。

（1）接上电源

J_1 接入+5V、+12V 和 GND 工作电源。

（2）湿度/频率转换电路的测量与调试

测量电路板 TP-A 点的频率范围，TP-A 点的频率应该在_____Hz～_____Hz 范围内。在电路正常工作时，测量 TP-A 点的波形，将测量结果记录在表 4.3.5 中。

图 4.3.5　环境湿度控制器电路实物图

表 4.3.5　TP-A 点的波形

波　形	频　率	幅　度
	周期	量程挡位

测量 K_1 吸合时 TP-B 点的波形，将测量结果记录在表 4.3.6 中。

表 4.3.6　TP-B 点的波形

波　形	频　率	幅　度
	周期	量程挡位

（3）基准频率的测量与调整

调节 RP_1 可改变 RC 振荡频率，将 RC 振荡电路的振荡频率调整为对应相对湿度 90%RH 时的频率，应该为_____ Hz。测量该频率时，如果把频率计的探头直接接入 RC 振荡电路即 TP-C 点，会严重引起振荡电路频率漂移，可以通过测量 4 级分频后的脉冲信号（TP-B 点）来测量该信号，将测量结果记录在表 4.3.7 中。

（4）频率比较电路的测量与调整

对湿敏电容轻微哈气，使湿度增大，湿度转换电路输出信号的_____发生变化，当 TP-A 点的频率_____ TP-C 点的频率时，继电器 K_1 吸合，LED1 点亮，抽湿风扇开始转动。

表 4.3.7　基准频率的测量与调整

波　形	频　率	幅　度
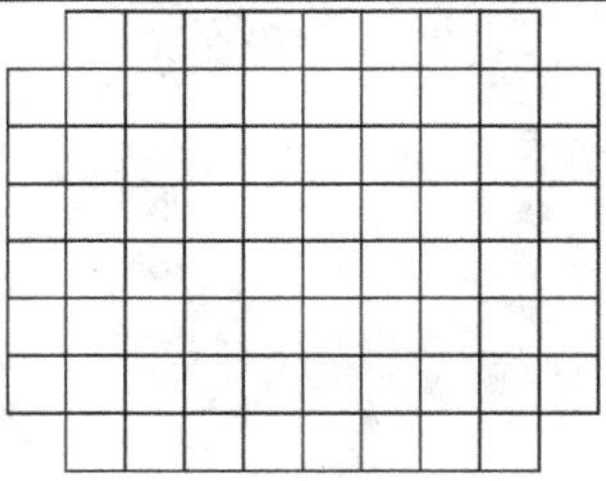		
	周期	量程挡位

（5）电路调试成功后

① 测量 K_1 吸合时整机的总电流：_____。

② 测量 K_1 吸合时 LED_1 的端电压：_____，测量 LED_2 的端电压_____。

③ K_1 释放时，测量 VT_1、VT_2 各脚电压，将所测数据填入表 4.3.8 中。

表 4.3.8　VT_1、VT_2 各脚电压

三极管	VT_1			VT_2		
引脚	C	B	E	C	B	E
电压（V）						

4. 环境湿度控制器电路的检测

案例 1　RP_1 开路。

（1）故障描述

（2）故障分析

（3）故障检修的方法和步骤

（4）故障排除

案例 2　VD_2 接反。

（1）故障描述

（2）故障分析

（3）故障检修的方法和步骤

（4）故障排除

四、相关知识

1. 湿敏电容 HS1101

HS1101 湿敏电容传感器外形如图 4.3.6 所示，它具有测量精度高、互换性好、工作稳定等特点，HS1101 为容性器件，环境相对湿度在 55%RH 时，HS1101 的典型容量为 180pF，湿度响应曲线见图 4.3.7。

图 4.3.8 为 HS1101 典型应用电路图。此电路为典型的 555 非稳态电路，HS1101 作为电容变量接在 555 集成定时器的 $\overline{TR}$ 与 TH 两引脚上，引脚 7 用做电阻 R_4 的短路，等量电容 HS1101 通过 R_2 与 R_4 充电到门限电压约 $0.67V_{CC}$，通过 R_2 放电到触发电平约 $0.33\ V_{CC}$，然后 R_4 通过引脚 7 短路到地，传感器由不同的电阻 R_4 与 R_2 充放电使其循环工作。输出频率表见表 4.3.1。

图 4.3.6 湿敏电容 HS1101

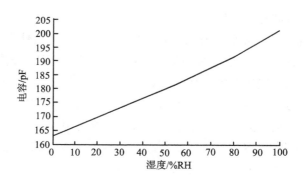

图 4.3.7 湿度响应曲线

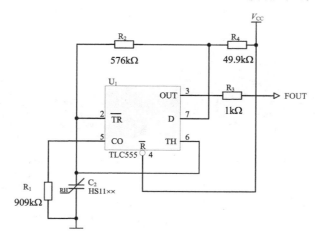

图 4.3.8 HS1101 典型应用电路

2. 继电器

继电器是一种控制常用的机电元件，可以看做一种由输入参量（如电、磁、光、声等物理量）控制的开关。继电器实际上是用较小的电流去控制较大电流的一种"自动开关"，故在电路中起着自动调节、安全保护及电路转换等作用。

根据驱动方式，继电器主要有电磁继电器、固态继电器及干簧管继电器等几大类型。

（1）电磁继电器

电磁继电器是具有隔离功能的自动开关元件，如图 4.3.9 所示，它广泛应用于遥控、通信、自动控制、机电一体化等电力电子设备中，是重要的控制元件之一。

（a）各种电磁继电器　　　　　　（b）内部结构

图 4.3.9 电磁继电器

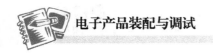

（2）固态继电器

固态继电器简称 SSR，是一种由固态半导体器件组成的新型无触点的电子开关器件。固态继电器是一种两个接线端为输入端，另两个接线端为输出端的四端器件，中间采用隔离器件实现输入输出的电隔离。它的输入端仅要求很小的控制电流，驱动功率小，能用 TTL、CMOS 等集成电路直接驱动，其输出回路采用较大功率晶体管或双向晶闸管的开关特性来接通或断开负载，达到无触头、无火花的接通或断开电路的目的。

固态继电器按使用场合不同可分为直流型（DC-SSR）和交流型（AC-SSR）两种，它们只能分别作直流开关和交流开，而不能混用。

按开关形式可分为常开型和常闭型；按隔离形式可分为混合型、变压器隔离型和光电隔离型，以光电隔离型为最多。常见固态继电器外形如图 4.3.10（a）所示，其电路图形符号如图 4.3.10（b）所示。

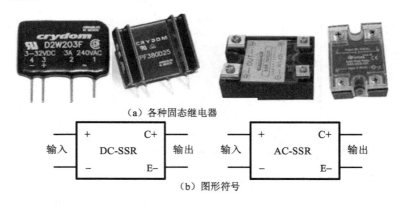

（a）各种固态继电器

（b）图形符号

图 4.3.10　固态继电器

（3）干簧管继电器

干式舌簧开关管简称干簧管，如图 4.3.11 所示。它是把两片既导磁又导电的材料做成的簧片平行地封入充入惰性气体（如氮气、氦气等）的玻璃管中组成开关元件。两簧片的端部重叠并留有一定间隙以构成接点。

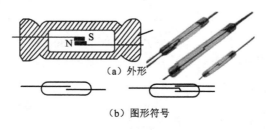

（a）外形

（b）图形符号

图 4.3.11　干簧管

干簧管继电器是由干簧管和绕在其外部的电磁线圈等构成的，如图 4.3.12 所示。当线圈通电后（或永久磁铁靠近干簧管）形成磁场时，干簧管内部的簧片将被磁化，开关触点会感应出磁性相反的磁极。当磁力大于簧片的弹力时，开关触点接通；当磁力减小至一定值或消失时，簧片自动复位，使开关触点断开。

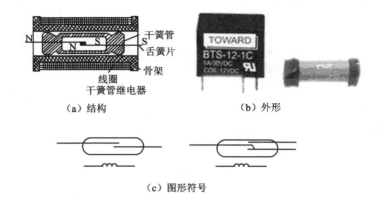

（a）结构　　　　　　（b）外形

（c）图形符号

图 4.3.12　干簧管继电器

（4）继电器的识别与检测

① 继电器的命名。常见小型继电器的型号命名组成如图 4.3.13 所示。

第四部分表示防护特征

第三部分表示序号

第二部分表示形状特征

第一部分表示主称类型

图 4.3.13　小型继电器的型号命名

例如：继电器 JZC33F 各组成部分的含义如下：

对于继电器的"常开、常闭"触点，可以这样来区分：继电器线圈未通电时处于断开状态的静触点，称为"常开触点"，又称"动合触点"；处于接通状态的静触点称为"常闭触点"，又称"动断触点"。

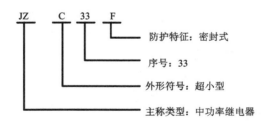

防护特征：密封式

序号：33

外形符号：超小型

主称类型：中功率继电器

常用电磁继电器的触点有三种基本形式：动合触点（常开触点）、动断触点（常闭触点）、转换触点（动合和动断切换触点），如图 4.3.14 所示。

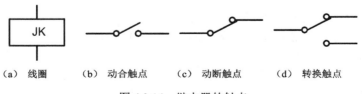

（a）线圈　　　（b）动合触点　　　（c）动断触点　　　（d）转换触点

图 4.3.14　继电器的触点

继电器在电路原理图中通常用字母"K"表示，常见几种继电器的电路符号如图 4.3.15 所示。

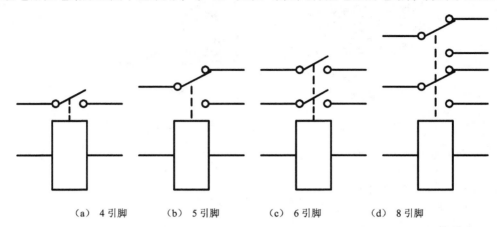

(a) 4 引脚　　　(b) 5 引脚　　　(c) 6 引脚　　　(d) 8 引脚

图 4.3.15　继电器的电路图形符号

如图 4.3.16 所示为环境湿度控制器电路中继电器的连接图。

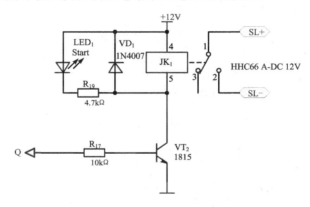

图 4.3.16　环境湿度控制器电路中继电器的使用

JK$_1$ 为继电器的铁芯和线圈，线圈一边连接电源，另一边接三极管 VT$_2$ 的集电极。继电器的触点 1 与 2 为动合触点，触点 1 接 SL+（+12V），触点 2 接 SL−，触点 1 与 3 为动断触点，触点 3 悬空。当三极管 VT$_2$ 基极为高电平时，VT$_2$ 导通，集电极电流经继电器 JK$_1$ 的线圈，继电器由释放状态转为吸合状态，触点 1 由原来接触点 3 改接触点 2，触点 1 与触点 2 连通，即接通风扇运转回路，风扇开始转动。当三极管 VT$_2$ 基极为低电平时，VT$_2$ 截止，继电器由吸合状态转为释放状态，触点 1 由接触点 2 改接触点 3，即风扇运转回路断开，风扇停止转动。

图 4.3.17　型号为 HK4100F-DC5V-SH 的继电器

　　② 电磁继电器的主要技术指标。其主要技术指标有直流电阻、线圈额定工作电压、触点额定工作电压和电流、吸合电流、释放电流等。主要技术指标中线圈额定工作电压、触点额定工作电压和电流是最主要的，通常在继电器的外壳上标注，如图 4.3.17 所示是型号为 HK4100F-DC5V-SH 的继电器，主要技术参数说明如下。

a．触点参数。

触点形式：1C（SPDT）；

触点负载：3A 220V AC/30V DC；

阻抗：≤100mΩ；

额定电流：3A；

电气寿命：≥10 万次；

机械寿命：≥1000 万次；

b．线圈参数。

阻值（±10%）：120Ω；

线圈功耗：0.2W；

额定电压：DC 5V；

吸合电压：DC 3.75V；

释放电压：DC 0.5V；

工作温度：−25℃～+70℃；

绝缘电阻：≥100MΩ；

线圈与触点间耐压：4000VAC/1min；

触点与触点间耐压：750VAC/1min。

③ 电磁继电器的检测。

a．检测触点电阻：用万用表的电阻挡，测量常闭触点与动点电阻，其阻值应为 0；而常开触点与动点的阻值就为无穷大。由此可以区别出哪个是常闭触点，哪个是常开触点。

b．检测线圈电阻：电磁式继电器线圈的阻值一般为 25Ω～2kΩ。额定电压低的电磁继电器线圈的阻值较低，额定电压高的电磁继电器线圈的阻值较高。可用万用表 R×10Ω挡测量继电器线圈的阻值，从而判断该线圈是否存在开路现象。若测得其阻值为无穷大，则线圈已断路损坏；若测得其阻值低于正常值很多，则是线圈内部有短路故障。如果线圈有局部短路，用此方法，不易发现。

④ 固态继电器的检测。在交流固态继电器的壳体上，输入端一般标有"＋"、"－"及"INPUT"字样，而输出端则不分正、负，但有的器件标有"LOAD"字样。而对于直流固态继电器，一般在输入和输出端均标有"＋"、"－"，有的器件还标有"IN"（输入）、"OUT"（输出）字样，以示区别。

a．判别固态继电器的输入、输出端：对无标识或标识不清的固态继电器的输入、输出端的确定方法是，将指针式万用表置于 R×10k 挡，将两表笔分别接到固态继电器的任意两脚上，看其正、反向电阻值的大小，当测出其中一对引脚的正向阻值为几十欧至几十千欧、反向阻值为无穷大时，此两引脚即为输入端。黑表笔所接就为输入端的正极，红表笔所接就为输入端的负极。经上述方法确定输入端后，输出端的确定方法是：对于交流固态继电器，剩下的两引脚便是输出端且没有正与负之分。对直流固态继电器仍需判别正与负，方法是：与输入端的正、负极平行相对的便是输出端的正、负极。

b．判别固态继电器的好坏：置万用表 R×10k 挡，测量继电器的输入端电阻，正向电阻值应在十几千欧，反向电阻为无穷大，表明输入端是好的。然后用同样挡位测继电器的输出端，其阻值均为无穷大，表明输出端是好的。如与上述阻值相差太远，表明继电器有故障。

五、任务评价

1. 安装情况功能评价

（1）评价标准

① 元件的选择与整形。要求印制电路板插件位置正确，元器件极性正确，元器件、导线安装及字标方向均应符合工艺要求；接插件、紧固件安装牢固，印制电路板安装对位；无烫伤和划伤处，整机清洁无污物。

A 级：装配不符合工艺处要求少于 5 处。

B 级：装配不符合工艺要求为 5～10 处。

C 级：装配不符合工艺要求为 10～20 处。

D 级：装配不符合工艺要求为 20 处以上。

② 焊接的质量。要求电子产品的焊点大小适中，无漏焊、假焊、虚焊、连焊，焊点光滑、圆润、干净、无毛刺；引脚加工尺寸及成形符合工艺要求；导线长度、剥头长度符合工艺要求，芯线完好，捻头镀锡。

A 级：焊接疵点处少于 5 处。

B 级：焊接疵点处为 5～10 处。

C 级：焊接疵点处为 10～20 处。

D 级：焊接疵点处 20 处以上。

③ 功能的完整性。环境湿度控制器电路各部分电路功能正常，包括湿度/频率转换电路、基准脉冲发生电路、频率比较电路和湿度控制输出电路。

A 级：所有功能都能完成并十分完整。

B 级：完成其中两项及以上。

C 级：只完成其中一项及以上。

D 级：一项也没有完成。

（2）评价基本情况

将安装情况的评价结果记录在表 4.3.9 中。

表 4.3.9　安装情况的评价表

评价分类	A	B	C	D
元器件识别				
元件焊接				

2. 测量与调试情况评价

（1）仪器的正确选择与使用

能正确并且熟练地使用仪器设备进行数据的测量，无违反操纵规程等现象，所记录的数据正确、规范。

A 级：测量方法正确，能正确记录所有波形和数据。

B 级：测量方法不熟练，所测波形或数据有 2～3 个错误。

C 级：所测试波形或数据有 3 个以上的错误。

D 级：所测试波形或数据有一半或以上是错误的。

（2）评价记录

将检测评价的结果记录在表 4.3.10 中。

表 4.3.10 数据测试评价表

评价分类		A	B	C	D
湿度/频率转换电路的测量与调试	仪器选择				
	量度范围选择				
	数据记录				
基准频率的测量与调整	仪器选择				
	量度范围选择				
	数据记录				
频率比较电路的测量与调整	仪器选择				
	量度范围选择				
	数据记录				

3. 故障情况分析评价

（1）评价标准

① 故障的发现。

A 级：能准确定位故障点到具体器件。

B 级：能判断出是哪部分电路出故障。

C 级：知道有存在的几种可能性（其中有一种是故障）。

D 级：不能觉察出故障所在位置。

② 故障的排除。

A 级：能及时排除故障。

B 级：对电路的某个模块区域的元件需要多次尝试更换才能排除故障。

C 级：对整体电路的元件需要多次尝试更换才能排除故障。

D 级：不能排除故障。

（2）评价记录

将评价的结果记录在表 4.3.11 中。

表 4.3.11 故障排除能力测试评价表

评价分类		A	B	C	D
案例 1	故障描述				
	元器件损坏部位				
	仪器使用				
	损坏元器件判定				
	重现电路功能				
案例 2	故障描述				
	元器件损坏部位				
	仪器使用				
	损坏元器件判定				
	重现电路功能				

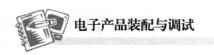

4．教师总体评价

六、任务小结

1．总结分析环境湿度控制器中各部分电路的工作原理。

2．小结在环境湿度控制器电路装配与调试过程中的难点和关键点，出现故障时是如何处理的。

项目 4.4　波形检测与报警电路的装配与调试电子振荡提示器

一、任务名称

本任务为波形检测与报警电路的装配与调试。波形检测与报警电路的装配与调试由波形振荡电路、整形电路、音乐报警电路和单片机控制电路等几部分组成。通过本综合训练加深对电子产品装配全过程的了解，训练动手能力，培养工程实践观念。

二、任务描述

1．波形检测与报警电路组成

波形检测与报警电路原理图如图 4.4.1 所示。

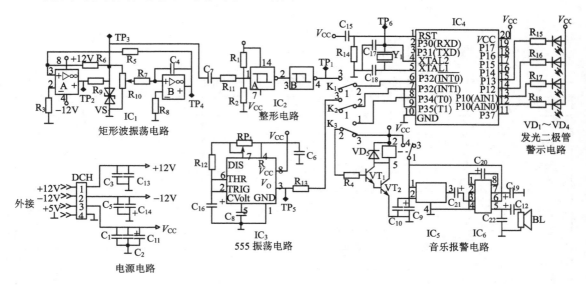

图 4.4.1　波形检测与报警电路原理图

波形检测与报警电路以单片机 AT89C2051 为核心检测振荡器的输出波形并发出相应的报警提示。振荡器由 LM358、CD40106 构成的矩形波振荡电路和 555 振荡电路构成；报警提示电路由发光二极管警示电路和音乐报警电路构成。

矩形波振荡电路是由一块 LM358 集成运放芯片外加电阻、电容等构成，运算放大器 A 构成的电路为滞回比较器，用于输出矩形波；A 的输出端（引脚 1）把输出信号经 R_9、R_6 反馈到输入端（引脚 3），形成正反馈电路，运算放大器 B 输出端（引脚 7）的输出信号经 R_5 反馈回滞回比较器，控制运算放大器 A 的工作状态。由于在 A 的输出端 TP_3 接有双向稳压二极管 VS_1 进行限幅，所以该点的波形为矩形波。而由运算放大器 B、C_4 和相关电阻组成的电路为积分电路，B 的输出端（引脚 7）输出三角波信号。调节 R_{10} 可以影响该积分电路的充、放电时间，从而改变输出波形的频率。

集成施密特触发器 CD40106 和电阻 R_1、R_2 构成波形整形电路，将矩形波振荡器输出波形进行整形，输出稳定的矩形波。

555 振荡电路构成多谐振荡器，输出矩形脉冲，调节 RP_1 可以改变输出波形的频率。

波形检测与报警提示电路的核心控制器件为单片机 AT89C2051，通过对它编程，根据检测到的波形发出相应的报警提示。音乐报警电路由音乐集成芯片 FD9300 和功放集成音频功率放大器 LM386 构成，音乐集成芯片输出端通过耦合电容 C_{21} 接至 LM386 的输入端第 3 脚，音乐集成芯片输出的低频音乐信号经 LM386 进行功率放大，由 LM386 输出端 5 脚通过 C_{19} 输送到扬声器。

图 4.4.2 为波形检测与报警电路 PCB 装配图。所用到的元器件等材料清单列表如表 4.4.1 所示。

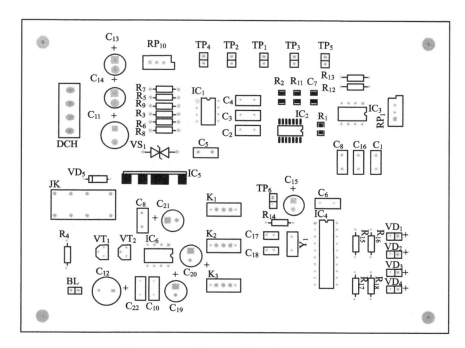

图 4.4.2　波形检测与报警电路 PCB 装配图

表 4.4.1　波形检测与音乐报警电路

序　号	标　称	名　称	规　格	序　号	标　称	名　称	规　格
1	BL	扬声器	8Ω	35	*R_1	电阻器	100kΩ
2	C_1	电容器	104	36	*R_2	电阻器	100kΩ
3	C_2	电容器	104	37	R_3	电阻器	10kΩ
4	C_3	电容器	104	38	R_4	电阻器	10kΩ
5	C_4	电容器	104	39	R_5	电阻器	10kΩ
6	C_5	电容器	104	40	R_6	电阻器	10kΩ
7	C_6	电容器	104	41	R_7	电阻器	10kΩ
8	*C_7	电容器	104	42	R_8	电阻器	10kΩ
9	C_8	电容器	104	43	R_9	电阻器	5.1kΩ
10	C_9	电容器	104	44	*R_{11}	电阻器	51kΩ
11	C_{10}	电容器	104	45	R_{12}	电阻器	5.1Ω
12	C_{11}	电解电容	470μF/16V	46	R_{13}	电阻器	1kΩ
13	C_{12}	电解电容	470μF/16V	47	R_{14}	电阻器	10kΩ
14	C_{13}	电解电容	100μF/16V	48	R_{15}	电阻器	300Ω
15	C_{14}	电解电容	100μF/16V	49	R_{16}	电阻器	300Ω
16	C_{15}	电解电容	10μF/16V	50	R_{17}	电阻器	300Ω
17	C_{16}	电容器	105	51	R_{18}	电阻器	300Ω
18	C_{17}	电容器	30	52	RP_1	电位器	5kΩ
19	C_{18}	电容器	30	53	RP_{10}	电位器	10kΩ
20	C_{19}	电解电容	10μF/16V	54	TP_1	测试点	
21	C_{20}	电解电容	10μF/16V	55	TP_2	测试点	
22	C_{21}	电解电容	100μF/16V	56	TP_3	测试点	
23	C_{22}	电容器	473	57	TP_4	测试点	
24	DCH	扣线插座	CON4	58	TP_5	测试点	
25	IC_1	集成器件	LM358	59	TP_6	测试点	
26	*IC_2	集成器件	CD40106	60	VD_1	发光二极管	红
27	IC_3	集成器件	NE555	61	VD_2	发光二极管	黄
28	IC_4	CPU	AT89C2051	62	VD_3	发光二极管	绿
29	*IC_5	音乐集成器件	FD9300	63	VD_4	发光二极管	红
30	IC_6	音放集成器件	LM386N	64	VD_5	二极管	4148
31	JK	继电器	HRS1H-S-DC5V	65	VT_1	三极管	9013
32	K_1	拨动开关	1×2	66	VT_2	三极管	9013
33	K_2	拨动开关	1×2	67	VS_1	双向稳压管	8.2V
34	K_3	拨动开关	1×2	68	Y_1	晶体振荡器	12MHz

注：表格中名称旁边标有*号的元器件为贴片元器件

2. 波形检测与报警电路的功能描述

波形检测与报警电路通过对单片机进行编程，实现彩灯的循环闪烁，检测矩形波振荡器和 555 振荡电路的输出波形，并根据检测的结果发出相应的报警提示信号（如灯亮或灭、音乐起等），可用做彩灯音乐的控制电路。

三、任务完成

1. 元器件的识别与检测

全部元器件在安装之前必须按照波形检测与报警电路的电路图和材料清单进行检查，然后用万用表等工具对所有元器件进行测试检查，检查合格后再进行装配。将检测结果填入表4.4.2中。

表4.4.2 元器件的识别与检测

序号	标称	名称	检测结果	序号	标称	名称	检测结果
1	BL	扬声器		35	*R_1	电阻器	
2	C_1	电容器		36	*R_2	电阻器	
3	C_2	电容器		37	R_3	电阻器	
4	C_3	电容器		38	R_4	电阻器	
5	C_4	电容器		39	R_5	电阻器	
6	C_5	电容器		40	R_6	电阻器	
7	C_6	电容器		41	R_7	电阻器	
8	*C_7	电容器		42	R_8	电阻器	
9	C_8	电容器		43	R_9	电阻器	
10	C_9	电容器		44	*R_{11}	电阻器	
11	C_{10}	电容器		45	R_{12}	电阻器	
12	C_{11}	电解电容		46	R_{13}	电阻器	
13	C_{12}	电解电容		47	R_{14}	电阻器	
14	C_{13}	电解电容		48	R_{15}	电阻器	
15	C_{14}	电解电容		49	R_{16}	电阻器	
16	C_{15}	电解电容		50	R_{17}	电阻器	
17	C_{16}	电容器		51	R_{18}	电阻器	
18	C_{17}	电容器		52	RP_1	电位器	
19	C_{18}	电容器		53	RP_{10}	电位器	
20	C_{19}	电解电容		54	TP_1	测试点	
21	C_{20}	电解电容		55	TP_2	测试点	
22	C_{21}	电解电容		56	TP_3	测试点	
23	C_{22}	电容器		57	TP_4	测试点	
24	DCH	扣线插座		58	TP_5	测试点	
25	IC_1	集成器件		59	TP_6	测试点	
26	*IC_2	集成器件		60	VD_1	发光二极管	
27	IC_3	集成器件		61	VD_2	发光二极管	
28	IC_4	CPU		62	VD_3	发光二极管	
29	*IC_5	音乐集成器件		63	VD_4	发光二极管	
30	IC_6	音放集成器件		64	VD_5	二极管	
31	JK	继电器		65	VT_1	三极管	
32	K_1	拨动开关		66	VT_2	三极管	
33	K_2	拨动开关		67	VS_1	双向稳压管	
34	K_3	拨动开关		68	Y_1	晶体振荡器	

注：表格中名称旁边标有*号的元器件为贴片元器件

2. 元器件的装配和焊接

波形检测与报警电路既有直插式元器件，也有贴片式元器件，元器件引脚成形要求均可参照"项目 1"有关要求进行，并根据波形检测与报警电路的 PCB 图和元器件装配图和材料清单进行装配与焊接。

波形检测与报警电路项目的 PCB 图与元器件装配图如图 4.4.2 所示，材料清单如表 4.4.2 所示。

安装好的波形检测与报警电路板如图 4.4.3 所示。

3. 波形检测与报警电路测量与调试

以上安装和焊接步骤全部完成后，对照波形检测与报警电路的电路图进行检查，正确无误后，才能进行通电检查和电路功能的测量与调试。

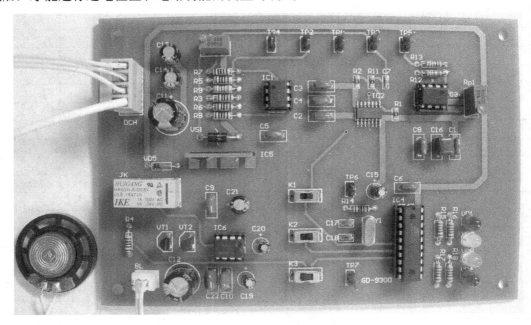

图 4.4.3 安装好的波形检测与报警电路板

（1）接上电源

DCH 接入+5V、＋12V 和 GND 工作电源。用万用表测试 IC_3 的 8 脚（U_1）、IC_1 的 4 脚电压（U_2）和 8 脚电压（U_3），将测得的数据填入表 4.4.3 中。

表 4.4.3 电压测量值记录

U_1	U_2	U_3

（2）矩形波振荡器及整形电路的测量与调试

把 K_1 拨到 1 位置，使 2、1 相连，接通电源，测量 TP_3 波形为_____波，调整 R_{10}，波形_____发生变化；测量 TP_1 波形为_____波；测量 TP_4 波形为_____波。将测量所得的结果填在相应的表 4.4.4～表 4.4.6 中。

表 4.4.4　电路在正常工作时，测量测试点 TP_3

波　形	周　期	幅　度
	量程挡位	量程挡位

表 4.4.5　电路在正常工作时，测量测试点 TP_1

波　形	周　期	幅　度
	量程挡位	量程挡位

表 4.4.6　电路在正常工作时，测量测试点 TP_4

波　形	周　期	幅　度
	量程挡位	量程挡位

（3）555 振荡电路的测量与调试

把 K_2 拨到 1 位置，使 2、1 相连，接通电源，TP_5 有_____出现，调整 RP_1，波形_____发生变化，将测得的数据填入表 4.4.7 中。

表 4.4.7　电路在正常工作时，测量测试点 TP_5

波　形	周　期	幅　度
	量程挡位	量程挡位

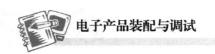

（4）音乐报警电路的测量与调试

把 K_3 拨到 3 位置，使 2、3 相连，接通电源，可听到音乐播放声音。测试音乐播放时输入、输出信号的电压波形，观察这两个信号的变化规律是否相同，幅度是否相同。记录观察结果：输入、输出信号变化规律_____，输出信号的幅度_____输入信号的幅度。

（5）正确完成以上电路的安装与调试后进行整机电路功能的检测，并记录检测的结果。

① 置拨动开关 K_1 于 2 与 3 相连，调节 R_{10}，使 TP_1 的输出方波频率大于 100Hz 时，电路出现什么现象？_____。

置拨动开关 K_2 于 2 与 3 相连，调节 RP_1，使 TP_5 的输出脉冲波频率大于 1000Hz 时，电路出现什么现象？_____。

② 如果 VD_1 和 VD_2 同时点亮时，电路出现什么现象？_____。

③ 调节 R_{10}，测试点 TP_4 的波形有什么样的变化？_____。

④ 电路在正常工作时，测量测试点 TP_6 波形，并将测试结果记录在表 4.4.8 中。

表 4.4.8　电路在正常工作时，TP_6 波形

波　　形	周　　期	幅　　度
	量程挡位	量程挡位

4．波形检测与报警电路的检测

案例 1　晶体振荡器 Y_1 损坏。

（1）故障描述

（2）故障分析

（3）故障检修的方法和步骤

（4）故障排除

案例 2　555 振荡电路输出检测不到波形。

（1）故障描述

（2）故障分析

（3）故障检修的方法和步骤

（4）故障排除

案例 3　矩形波振荡电路输出检测不到波形。

（1）故障描述

（2）故障分析

（3）故障检修的方法和步骤

（4）故障排除

四、相关知识

1. 双向稳压二极管

双向稳压二极管在正向电压和反向电压下都能起到稳定电压的作用，所以经常应用在双向限幅电路中，如方波、三角波、正弦波发生器中，在电路中用字母 VS 表示，实物图和图形符号如图 4.4.4 所示。

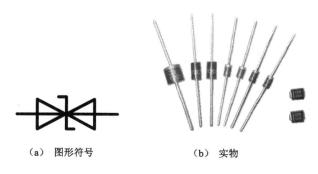

（a）图形符号   （b）实物

图 4.4.4　双向稳压二极管

2. 施密特触发器

施密特触发器又称施密特反相器，是脉冲波形变换中经常使用的一种电路。它在性能上有两个重要的特点：一是输入信号从低电平上升的过程中电路状态转换时对应的输入电平，与输入信号从高电平下降过程中对应的输入转换电平不同；在电路状态转换时，通过电路内部的正反馈过程使输出电压波形的边沿变得很陡。

利用这两个特点不仅能将边沿变化缓慢的信号波形整形为边沿陡峭的矩形波，而且可以将叠加在矩形脉冲高、低电平上的噪声有效地清除。

如图 4.4.5 所示，是用两个非门和电阻构成的施密特触发器，设 $u_T \approx u_{DD}/2$，且 $R_1 < R_2$，当 $u_i = 0$ 时，$u_o' \approx u_{DD}$，$u_o \approx 0$；随着 u_i 增加，$u_i' \approx u_i R_2/(R_1+R_2)$，当 $u_i' = u_T$ 时，电路发生正反馈，电路状态迅速转换为 $u_o \approx u_{DD}$。u_i 上升过程中电路状态发生转换时对应的输入电平为上限阈值电压，有 $u_{T+} = (1+R_1/R_2) u_T$。当 $u_i = u_{DD}$ 时，$u_o' \approx 0$，$u_o \approx u_{DD}$；随着 u_i 减少，当 $u_i' = u_T$ 时，电路发生正反馈，电路状态迅速转换为 $u_o \approx 0$。u_i 下降过程中电路状态发生转换时对应的输入电平为下限阈值电压，有 $u_{T-} = (1-R_1/R_2) u_T$。上限阈值电压与下限阈值电压之差称为回差电压 Δu_T，有 $\Delta u_T = u_{T+} - u_{T-} = 2 u_T R_1/R_2$。

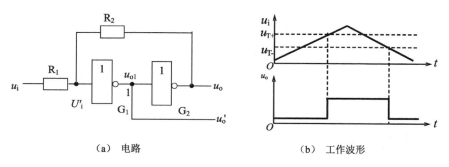

（a）电路   （b）工作波形

图 4.4.5　施密特触发器电路及其工作波形

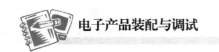

图 4.4.6 所示是 CMOS 集成施密特触发器 CD40106 引脚排列图、逻辑符号与电压传输特性曲线。CC40106 由 6 个斯密特触发器电路组成。每个电路均为两输入端具有斯密特触发器功能的反相器，触发器在信号的上升沿和下降沿的不同点开、关。

在波形检测与报警电路中 CD40106 与电阻 R_1、R_2 构成波形整形电路，将矩形波振荡器输出波形进行整形输出稳定的矩形波。

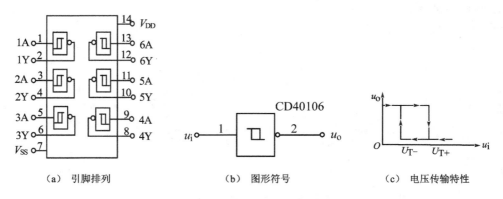

（a）引脚排列　　　　（b）图形符号　　　　（c）电压传输特性

图 4.4.6　CMOS 集成施密特触发器 CD40106

3. AT89C2051 单片机及其引脚

AT89C2051 是精简版的 51 单片机，精简掉了 P0 口和 P2 口，只有 20 个引脚，但其内部集成了一个很实用的模拟比较器，特别适合开发精简的 51 应用系统，毕竟很多时候开发简单的产品时用不了全部 32 个 I/O 口，用 AT89C2051 更合适，芯片体积更小，而且 AT89C2051 的工作电压最低为 2.7V，因此可以用来开发两节 5 号电池供电的便携式产品。

AT89C2051 的实物图及引脚配置如图 4.4.7 所示。

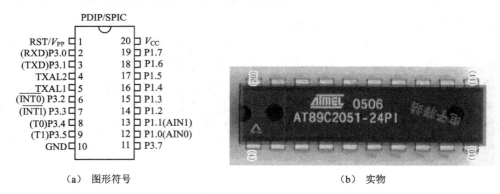

（a）图形符号　　　　　　　　　（b）实物

图 4.4.7　AT89C2051 单片机

AT89C2051 单片机的 20 个引脚功能描述如下。

（1）主电源引脚（2 根）

● V_{CC}（Pin20）：电源输入，接＋5V 电源；

● GND（Pin10）：接地线。

（2）外接晶振引脚（2 根）

● XTAL1（Pin5）：片内振荡电路的输入端；

- XTAL2（Pin4）：片内振荡电路的输出端。

（3）控制引脚（1 根）

- RST/VPP（Pin1）：复位引脚，引脚上出现 2 个机器周期的高电平将使单片机复位。

（4）可编程输入/输出引脚（15 根）

- P1 口：8 位准双向 I/O 口线，P1.0～P1.7，共 8 根。

引脚 P1.2～P1.7 提供内部上拉电阻，P1.0 和 P1.1 要求外部上拉电阻。P1.0 和 P1.1 还分别作为片内精密模拟比较器的同相输入（AIN0）和反相输入（AIN1）。P1 口输出缓冲器可吸收 20mA 电流并能直接驱动 LED 显示器。当 P1 口引脚写入"1"时，可用做输入端。当引脚 P1.2～P1.7 用做输入并被外部拉低时，它们将因内部的上拉电阻而流出电流。

- P3：8 位准双向 I/O 口线，P3.0～P3.5 与 P3.7，共 7 根。

P3 口的 P3.0～P3.5 与 P3.7 是 7 个带有内部上拉电阻的双向 I/O 口引脚。P3.6 用于固定输入片内比较器的输出信号，并且它作为一个通用 I/O 引脚而不可访问。P3 口的输出缓冲器可接收 20mA 的灌电流。当 P3 口写入"1"时，它们被内部上拉电阻拉高并可用做输入端。用做输入端时，被外部拉低的 P3 口将因内部的上拉电阻而流出电流。

P3 口还用于实现 AT89C2051 的各种第二功能，如表 4.4.9 所列。P3 口还接收一些用于闪速存储器编程和程序校验的控制信号。

表 4.4.9 P3 口的特殊功能

引 脚 口	功 能
P3.0	RXD 串行输入端口
P3.1	TXD 串行输入端口
P3.2	INT0 外中断 0
P3.3	INT1 外中断 1
P3.4	T0 定时器 0 外部输入
P3.5	T1 定时器 1 外部输入

4. 石英晶体振荡器的识别与检测

石英晶体振荡器简称石英晶体，俗称为晶振，如图 4.4.8 所示，它是利用具有压电效应的石英晶体片制成的。这种石英晶体薄片受到外加交变电场的作用时会产生机械振动，当交变电场的频率与石英晶体的固有频率相同时，振动便变得很强烈，这就是晶体谐振特性的反应。利用这种特性，就可以用来稳定频率和选择频率，取代 LC（线圈和电容）谐振回路、滤波器等。

图 4.4.8 常用石英晶体振荡器

石英晶体振荡器的图形符号及内部等效电路如图 4.4.9 所示，晶振串一只电容接在集成电路两只引脚上，则为串联谐振型；一只脚接集成电路，另一只脚接地的，则为并联型。石英晶体振荡器在电路中通常用字母"X""G""Z"或"Y"表示。

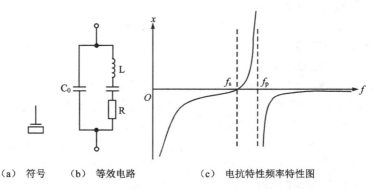

（a）符号　（b）等效电路　（c）电抗特性频率特性图

图 4.4.9　石英晶体振荡器图形符号及内部等效电路

石英晶体振荡器的主要参数有标称频率、负载电容、激励电平、工作温度范围及温度频差等。

检测石英晶体，首先从外观上检查，正常石英晶体表面整洁，无裂纹，引脚牢固可靠，电阻值为无穷大。若用万用表测量时的电阻很小甚至接近于零，则说明被测晶体漏电或击穿，已经损坏。若所测电阻无穷大，说明石英晶体没有击穿漏电，但不能断定晶体是否损坏。此时，可根据不同频率的晶体的电容量不同进一步检测，用数字万用表的电容挡测量石英晶体的电容值，再对照资料即可确定石英晶体是否损坏。

常用的几种检测晶振的方法介绍如下。

（1）电阻法测量

用万用表 R×10k 挡测量石英晶体振荡器的正、反向电阻值，正常时均应为∞（无穷大）。若测得石英晶体振荡器有一定的阻值或为 0，则说明该石英晶体振荡器已漏电或击穿损坏。但反过来则不能成立，即若用万用表测得阻值为无穷大，则不能完全判断石英晶体良好；此时，可改用另一种方法进一步判断。

（2）电容量法测量

通过用电容表或具有电容测量功能的数字万用表测量石英晶体振荡器的电容量，可大致判断出该石英晶体振荡器是否已变值。例如，遥控发射器中常用的 45kHz、480kHz、500kHz 和 560kHz 石英晶体振荡器的电容近似值分别为 296～310pF、350～360pF、405～430pF、170～196pF。若测得石英晶体振荡器的容量大于近似值或无容量，则可确定是该石英晶体振荡器已变值或开路损坏。

5. 音乐集成电路

音乐集成电路是一种乐曲发生器，它可以向外发送固定存储的乐曲或者语音。目前，音乐集成电路片已发展成许多系列，在一片音乐集成电路片内，有的存储一首乐曲，有的存储多首乐曲，而且在控制功能上也各不相同。近几年还有各种中文语音集成电路片问世，如在汽车中安装的语音告警电路就是这种音乐集成电路片。

从电路的角度来说，音乐集成电路片是一种高度集成的固态电路，应用非常广泛，如音乐贺卡、音乐门铃、汽车倒车示警、声控娃娃、语音提示、有语言提示功能的冰箱等，可以说，音乐集成电路片已经进入了人们的日常生活和生产领域之中，如图 4.4.10（a）为所示音乐 LX9300H（与 FD9300 引脚相同）集成电路及其引脚说明，图 4.4.10（b）为本任务中的 FD9300 的应用原理图。

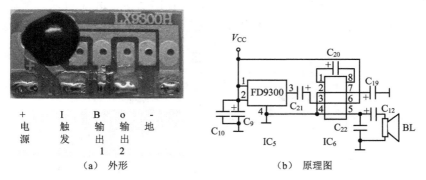

图 4.4.10　音乐集成电路

6. LM386 集成功率放大器的应用电路

LM386 是小功率音频集成功放，采用 8 脚双列直插式塑料封装，如图 4.4.11 所示。4 脚为接"地"端；6 脚为电源端；2 脚为反相输入端；3 脚为同相输入端；5 脚为输出端；7 脚为去耦端；1、8 脚为增益调节端。外特性：额定工作电压为 4～16V，当电源电压为 6V 时，静态工作电流为 4mA，适合用电池供电。频响范围可达数百千赫兹。最大允许功耗为 660mW（25℃），不需散热片。工作电压为 4V，负载电阻为 4Ω时，输出功率（失真为 10%）为 300mW。工作电压为 6V，负载电阻为 4Ω、8Ω、16Ω时，输出功率分别为 340mW、325mW、180mW。

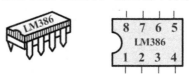

图 4.4.11　LM386 集成功率放大器

（1）用 LM386 组成 OTL 应用电路

用 LM386 组成 OTL 应用电路如图 4.4.12 所示。4 脚接"地"，6 脚接电源（6～9V）。2 脚接地，信号从同相输入端 3 脚输入，5 脚通过 220μF 电容向扬声器 R_L 提供信号功率。7 脚接 20μF 去耦电容。1、8 脚之间接 10μF 电容和 20kΩ电位器，用来调节增益。

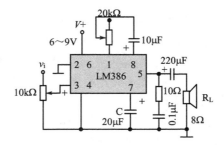

图 4.4.12　LM386 组成 OTL 应用电路

（2）用 LM386 组成 BTL 电路

用 LM386 组成 BTL 电路如图 4.4.13 所示。两集成功放 LM386 的 4 脚接"地"，6 脚接电源，3 脚与 2 脚互为短接，其中输入信号从一组（3 脚和 2 脚）输入，5 脚输出分别接扬声器 RL，驱动扬声器发出声音。BTL 电路的输出功率一般为 OTL、OCL 的 4 倍，是目前大功率音响电路中较为流行的音频放大器。图中电路最大输出功率可达 3W 以上。其中，500kΩ 电位器用来调整两集成功放输出直流电位的平衡。

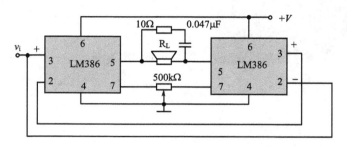

图 4.4.13　LM386 组成 BTL 电路

7．波形变换

（1）积分电路与微分电路

积分运算和微分运算互为逆运算，在自控系统中，常用积分电路和微分电路作为调节环节；此外，积分电路和微分电路还广泛应用于波形的产生和变换电路以及仪器仪表中。以集成运放作为放大电路，利用电阻和电容作为反馈网络，可以实现这两种运算电路。

如图 4.4.14 所示，为集成运放构成的积分电路，即图中由运算放大器 B、C_4 和相关电阻组成的电路，该电路可以把矩形脉冲波转换为锯齿波或三角波。

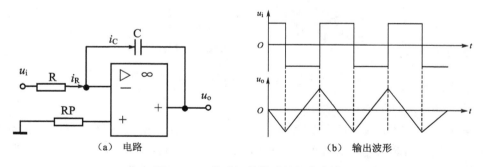

（a）电路　　　　　　　　　　（b）输出波形

图 4.4.14　集成运放构成的积分电路

积分电路是利用电容的充、放电特性实现脉冲波形变换的，RC 积分电路是由电阻 R 和电容器 C 串联作为输入端，电容器 C 两端作为输出端构成的，如图 4.4.15（a）所示。输出信号取自于电容器两端的电压，其充、放电状态如实地反映到输出端上，由于时间常数 τ（=RC）较大（$\tau \gg T_W$，T_W 为输入脉冲的宽度，通常取 $\tau \geq 3T_W$），电容器充、放电较慢，输入信号波形和输出信号波形如图 4.4.15（b）所示。

在上面所讲的 RC 积分电路中，如果把 R 和 C 的位置互换，如图 4.4.16（a）所示，微分电路是利用电容的充、放电特性取出波形的上升或下降的变化部分，即当输入脉冲发生突变

（上升沿和下降沿跳变）时，输出端才出现变化，所以微分电路多用于将波形变成触发脉冲，把矩形波变为尖脉冲波。电路的输入、输出波形如图 4.4.16（b）所示。该电路要求时间常数 $\tau << T_W$，一般取 $\tau = (\frac{1}{3} \sim \frac{1}{5})T_W$，也就是说要保证在 T_W 内让电容器 C 充放电，因为电容器充放电需要 $(3 \sim 5)\tau$ 的时间才能基本完成，所以 τ 越小，电容器充放电越快，形成的尖脉冲波形越窄；反之则越宽。

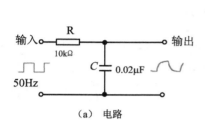

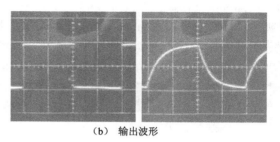

（a）电路　　　　　　　　　　　　（b）输出波形

图 4.4.15　积分电路

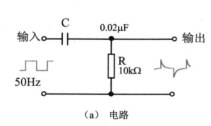

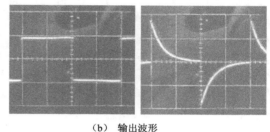

（a）电路　　　　　　　　　　　　（b）输出波形

图 4.4.16　微分电路

由集成运放构成的微分电路如图 4.4.17 所示。

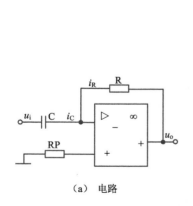

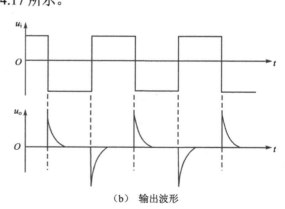

（a）电路　　　　　　　　　　　　（b）输出波形

图 4.4.17　集成运放构成的微分电路

（2）限幅电路

在实际应用中，往往只需要取出信号的一部分，从而实现波形的变换，这样的电路称为限幅电路，也称为削波电路。限幅电路可使输出电压为一稳定的确定值。

这部分内容参考"项目 2.2→任务 3→四、→5.→（3）"。

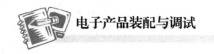

8. 滤波电路

任何一个满足一定条件的信号（非正弦信号），都可以看做许多不通频率、不同相位和不同振幅的正弦信号的叠加，其中与信号频率相同、振幅最大的正弦波信号称为信号的基波，组成信号的其他不通频率的正弦波信号称为信号的频率成分或谐波成分，非正弦波信号的跳变部分主要是由高次谐波分量叠加而成的，边沿越陡，高频分量的频率就越高；非正弦波信号的平坦部分主要由低频谐波分量构成，平坦部分越宽，低频分量的频率就越低。滤波是信号处理中的一个重要概念。只允许一定频率范围内的信号成分正常通过，而阻止另一部分频率成分通过的过程称为滤波，其电路称为滤波电路。

滤波的方法一般采用无源元件电阻、电容或电感，利用其对电压、电流的特性达到滤波的目的，这是滤波的一种方式，称为无源滤波。另一种是有源滤波，我们知道，在滤波过程中，一定会对信号产生衰减，为了在滤波过程中补偿这一信号的衰减，在滤波电路中加入了放大电路，这就是有源滤波。

（1）高通滤波电路

允许信号中较高频率的成分通过的滤波电路，称为高通滤波电路。如图 4.4.18 所示为一阶高通滤波电路及幅频特性。当频率趋向于 0 时，电容相当于开路，信号不能通过集成运放输出，随着频率的不断升高，电容的容抗越来越小，信号则越来越易于通过集成运放输出，因此，是高通滤波电路。为了使幅频特性更接近理想情况，可采用二阶高通滤波电路，如图 4.4.19 所示。

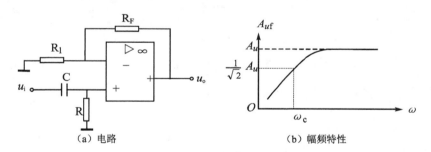

（a）电路　　　　　　　　　　　　（b）幅频特性

图 4.4.18　一阶高通滤波电路及幅频特性

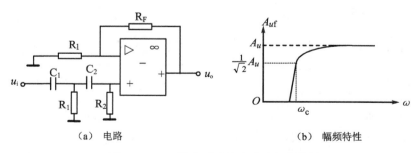

（a）电路　　　　　　　　　　　　（b）幅频特性

图 4.4.19　二阶高通滤波电路及幅频特性

（2）低通滤波电路

当允许信号中较低频率的成分通过滤波电路时，这种电路称为低通滤波电路。如图 4.4.20 所示为一阶低通滤波电路及幅频特性。当频率趋向于 0 时，电容相当于开路，信号能够顺利通过集成运放输出，随着频率的不断升高，电容的容抗越来越小，相当于短路，高频信号被电容短路而不能输出，因此是低通滤波器。

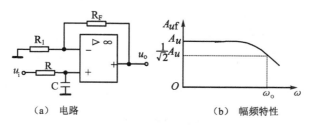

（a）电路　　　　　　　　（b）幅频特性

图 4.4.20　一阶低通滤波电路及幅频特性

一阶有源低通滤波器的幅频特性与理想特性相差较大，滤波效果不够理想，采用二阶或高阶有源滤波器可明显改善滤波效果。图示为用二级 RC 低通滤波电路串联后接入集成运算放大器构成的二阶低通有源滤波器及其幅频特性。为了使幅频特性更接近理想情况，可采用二阶低通滤波电路，如图 4.4.21 所示。

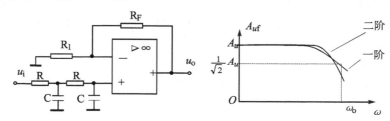

图 4.4.21　二阶低通滤波电路及幅频特性

五、任务评价

1. 安装情况功能评价

（1）评价标准

① 元件的选择与整形。要求印制电路板插件位置正确，元器件极性正确，元器件、导线安装及字标方向均应符合工艺要求；接插件、紧固件安装牢固，印制电路板安装对位；无烫伤和划伤处，整机清洁无污物。

A 级：装配不符合工艺处要求少于 5 处。

B 级：装配不符合工艺要求为 5～10 处。

C 级：装配不符合工艺要求为 10～20 处。

D 级：装配不符合工艺要求为 20 处以上。

② 焊接的质量。要求电子产品的焊点大小适中，无漏焊、假焊、虚焊、连焊，焊点光滑、圆润、干净、无毛刺；引脚加工尺寸及成形符合工艺要求；导线长度、剥头长度符合工艺要求，芯线完好，捻头镀锡。

A 级：焊接疵点处少于 5 处。

B 级：焊接疵点处为 5～10 处。

C 级：焊接疵点处为 10～20 处。

D 级：焊接疵点处 20 处以上。

③ 功能的完整性。波形振荡电路、整形电路、音乐报警电路和单片机控制电路均能正

常工作。

A 级：所有功能都能完成并十分完整。

B 级：完成其中两项及以上。

C 级：只完成其中一项及以上。

D 级：一项也没有完成。

（2）评价基本情况

将安装情况的评价结果记录在表 4.4.10 中。

表 4.4.10　安装情况的评价表

评价分类	A	B	C	D
元器件识别				
元件焊接				

2．测量与调试情况评价

（1）仪器的正确选择与使用

能正确并且熟练地使用仪器设备进行数据的测量，无违反操纵规程等现象，所记录的数据正确、规范。

A 级：测量方法正确，能正确记录所有波形和数据。

B 级：测量方法不熟练，所测波形或数据有 2～3 个错误。

C 级：所测试波形或数据有 3 个以上的错误。

D 级：所测试波形或数据有一半或以上是错误的。

（2）评价记录

将检测评价的结果记录在表 4.4.11 中。

表 4.4.11　数据测试评价表

评价分类		A	B	C	D
电源电路的测量	仪器选择				
	量度范围选择				
	数据记录				
矩形波振荡器及整形电路的测量与调试	仪器选择				
	量度范围选择				
	数据记录				
555 振荡电路的测量与调试	仪器选择				
	量度范围选择				
	数据记录				
音乐报警电路的测量与调试	仪器选择				
	量度范围选择				
	数据记录				

3．故障情况分析评价

（1）评价标准

① 故障的发现。

A 级：能准确定位故障点到具体器件。

B 级：能判断出是哪部分电路出故障。

C 级：知道有存在的几种可能性（其中有一种是故障）。

D 级：不能觉察出故障所在位置。

② 故障的排除。

A 级：能及时排除故障。

B 级：对电路的某个模块区域的元件需要多次尝试更换才能排除故障。

C 级：对整体电路的元件需要多次尝试更换才能排除故障。

D 级：不能排除故障。

（2）评价记录

将评价的结果记录在表 4.4.12 中。

表 4.1.12　故障排除能力测试评价表

评价分类		A	B	C	D
案例 1	故障描述				
	元器件损坏部位				
	仪器使用				
	损坏元器件判定				
	重现电路功能				
案例 2	故障描述				
	元器件损坏部位				
	仪器使用				
	损坏元器件判定				
	重现电路功能				
案例 3	故障描述				
	元器件损坏部位				
	仪器使用				
	损坏元器件判定				
	重现电路功能				

4．教师总体评价

六、任务小结

1．总结分析波形检测与报警电路中各部分电路的工作原理。

2．小结在波形检测与报警电路装配与调试过程中的难点和关键点，出现故障时是如何处理的。

反侵权盗版声明

电子工业出版社依法对本作品享有专有出版权。任何未经权利人书面许可，复制、销售或通过信息网络传播本作品的行为；歪曲、篡改、剽窃本作品的行为，均违反《中华人民共和国著作权法》，其行为人应承担相应的民事责任和行政责任，构成犯罪的，将被依法追究刑事责任。

为了维护市场秩序，保护权利人的合法权益，我社将依法查处和打击侵权盗版的单位和个人。欢迎社会各界人士积极举报侵权盗版行为，本社将奖励举报有功人员，并保证举报人的信息不被泄露。

举报电话：（010）88254396；（010）88258888

传　　真：（010）88254397

E-mail： dbqq@phei.com.cn

通信地址：北京市万寿路 173 信箱

　　　　　电子工业出版社总编办公室

邮　　编：100036